Serge Bellu

BUGATTI

Inszenierung einer Legende

Delius Klasing Verlag

© E-T-A-I, 2008
Die französische Originalausgabe
mit dem Titel »Bugatti, Journal d'une saga«
erschien bei E-T-A-I, Boulogne-Billancourt Cedex.

Bibliografische Information der Deutschen Nationalbibliothek
Die Deutsche Nationalbibliothek verzeichnet diese Publikation
in der Deutschen Nationalbibliografie; detaillierte bibliografische
Daten sind im Internet über http://dnb.d-nb.de abrufbar.

1. Auflage
ISBN 978-3-7688-3356-1
Die Rechte für die deutsche Ausgabe
liegen beim Verlag Delius, Klasing & Co. KG, Bielefeld

Aus dem Französischen von Dr. Marcus Würmli
Lektorat: Felix Wagner, Daniel Solfrian
Schutzumschlaggestaltung und Layout: Gabriele Engel
Druck und Bucheinband: Kunst- und Werbedruck, Bad Oeynhausen
Printed in Germany 2011

Delius Klasing Verlag, Siekerwall 21, D - 33602 Bielefeld
Tel.: 0521/559-0, Fax: 0521/559-115
E-Mail: info@delius-klasing.de
www.delius-klasing.de

Vorwort

Das Schicksal von Bugatti

Im Jahre 1998 feierte die Marke Bugatti unter der Ägide der Volkswagen-Gruppe ihre Wiederkehr. 1956 war ein Bugatti bei einem Rennen zum letzten Mal öffentlich aufgetreten. Zwischen 1987 und 1995 hatte man in Italien vergebens versucht, die Marke dauerhaft wiederzubeleben. Nach der langen Zeit der Inaktivität konnte die Marke nun unter den Fittichen eines großen Konzerns wieder erstehen. Um dieser zweiten Wiedergeburt ein noch stärkeres symbolisches Gewicht zu verleihen, entschied die Leitung von Volkswagen, die Firma Bugatti solle zu ihrem historischen Sitz in Molsheim im Elsass zurückkehren.

Nach einer längeren Vorbereitungszeit ging der Bugatti des 21. Jahrhunderts schließlich in die Produktion. Er zählt heute im weltweiten Vergleich zu den absoluten Spitzenprodukten. Mit seinem elitären Geist und seiner extremen technischen Raffinesse reiht sich der Bugatti Veyron 16.4 würdig ein in die Reihe seiner Vorfahren. Seiner Marke verleiht er aber nun eindeutig ein modernes Gesicht. Das Bemühen um Raffinesse und Antikonformismus prägte seit jeher das Schicksal der Familie Bugatti. Diese einzigartige dramatische Geschichte mit ihren Bravourstücken zeichnen wir in diesem Buch nach.

Die Geschichte begann mit dem Aufstieg von Ettore Bugatti, der das künstlerische Talent von seinem Großvater Carlo geerbt hatte. Sein Vater verfeinerte es und sein Bruder Rembrandt dramatisierte es. Rembrandt war das einzige Familienmitglied gewesen, das auf einem der bedeutenden Zweige der bildenden Kunst, der Bildhauerei, tätig war. Ettore Bugatti begann zu Anfang des 20. Jahrhunderts mit seiner Tätigkeit auf dem Gebiet des Autobaus. Zunächst arbeitete er für einige aufstrebende Firmen, doch sein ausgeprägter Individualismus führte ihn dazu, ein eigenes Unternehmen zu gründen. Mit der Unterstützung treuer Freunde und bald auch seines Lieblingssohnes Jean schrieb Ettore Bugatti eine Erfolgsgeschichte, die zwischen den beiden Weltkriegen nur gerade zwei Jahrzehnte umfasste. Das reichte aber aus, um ein Werk zu schaffen, das dem Auto den Zugang zur Sphäre der Kunst verschaffte.

Sozusagen Tag für Tag verfolgen wir in diesem Buch den Beitrag, den diese entwurzelte Familie zu den angewandten Künsten geleistet hat. Wir bekommen eine Vorstellung von der Vielfalt des Werks von Ettore und Jean Bugatti, die damals eine wichtige Stütze waren für die gesamte französische Industrie. Dabei verteidigten sie die Farben der Tricolore auch auf sportlichem Gebiet. Die Dramaturgie der Markengeschichte gliedert sich in sechs Akte, die an die großen Perioden eines menschlichen wie industriellen Abenteuers erinnern.

Palnéca, Januar 2008

Inhalt

AKT I
Bugatti vor den Bugattis
(vor 1910)

Ettore Bugatti war fasziniert von zwei Erscheinungen, die das ganze 20. Jahrhundert bestimmten: Maschinen und Geschwindigkeit. So wurde er zur bekanntesten Persönlichkeit einer erstaunlichen Dynastie von Künstlern und Handwerkern.

Er setzte die Mechanik wie einen Zweig der bildenden Kunst ein. Seine Vorstellungen vom Automobil entwickelte er zunächst im Auftrag mehrerer neu gegründeter Firmen.

Carlo Bugatti.

AKT 1
SZENE 1
Die Wurzeln

Die künstlerische Neigung, verstärkt durch den festen Willen zur Originalität, reicht mehrere Jahrzehnte vor Ettore Bugatti zurück. Giovanni Luigi Bugatti zeigt in der Mitte des 19. Jahrhunderts als Erster diese Talente und weist dem unvergleichlichen Carlo Bugatti den Weg. Als Innenarchitekt, Designer von Möbeln und Räumen entwirft dieser Gegenstände, die außerhalb aller Stilarten und Bewegungen seiner Zeit stehen.

Klappstühle in der Art eines Sgabello mit hoher Rückenlehne, durchbrochen gearbeitet und eingelegt, um 1890.

Die Geburt einer Dynastie

Ein Schauspiel eigens geschaffen zur Freude der Augen

Flaubert

So weit man sich zurückerinnern kann, pflegt die Familie Bugatti einen ausgeprägten Antikonformismus.

In den ersten Jahrzehnten des 19. Jahrhunderts wird ein noch rätselhafter Vorfahr fassbar. Er lebt in der Lombardei. Eines ihrer Kerngebiete ist der Comersee, auf Italienisch auch »Lario« genannt. Er liegt zwischen den Alpen und der Po-Ebene und besitzt seit jeher strategische Bedeutung, sodass er immer wieder Begehrlichkeiten der Mächtigen weckt. Erst lebten hier Gallier, dann Römer, schließlich Lombarden. Im 16. Jahrhundert herrschten die Sforza in Mailand und in deren Umgebung. Dann kamen die Franzosen, die Spanier und die Österreicher. Ruhe kehrt erst mit der Gründung des Königreiches Italien ein.

Im 19. Jahrhundert wird die Lebensfreude zur Berufung des Comersees. Seine Ufer bilden einen wundervollen Übergang zwischen der Herbheit des Gebirges und dem Trübsinn der flachen Niederung. Die lombardische Aristokratie siedelt sich am Seeufer an, baut Palazzi und legt Gärten an. Im milden Klima kann eine mediterrane Flora gedeihen. Azaleen und Rhododendron, Kamelien aus fernen Ländern wachsen hier zwischen Ölbäumen und Lorbeer. Hinter Argegno öffnet sich der Blick auf die Gipfel im Hintergrund, und man erkennt die einzige Insel des Sees, Comacina. Das Schmuckkästchen wird heute von der Mailänder Accademia delle Belle Arti verwaltet, an der mehrere Generationen der Bugatti studierten. Etwas weiter nördlich liegt am Capo del Balbianello die gleichnamige Villa und erinnert an eine Galionsfigur. Vielleicht erkannte

Stendhal hier, »dass man lieben und unglücklich sein muss, um die Schönheit dieses Sees richtig schätzen zu können.« Am östlichen Ufer wacht das Dorf Bellaggio über das Zusammentreffen der beiden südlichen Arme des Sees. Der Blick von der Villa Serbelloni sei »ein Schauspiel eigens geschaffen zur Freude der Augen«, schreibt Flaubert. Die romantische Verklärung führt dazu, dass der See zu einem festen Punkt der klassischen Italienreise wird, wie sie etwa Franz Liszt, Pjotr Iljitsch Tschaikowski und andere Künstler absolvieren.

Vor diesem Hintergrund der Lebensfreude und Lebenslust bearbeitet Giovanni Luigi Bugatti Holz und Stein, modelliert, baut und schmückt monumentale Kamine aus. Er ist in der ganzen Lombardei bekannt. Er hat Verbindungen zur Aristokratie, wird von Mäzenen unterstützt, entdeckt neue Welten und lebt mit seiner Familie in einem künstlerischen Umfeld.

So viel zum offiziellen beruhigenden und schmeichelhaften Familienporträt. Aber Giovanni Luigi hat noch eine andere, verborgene Seite. Er rennt Hirngespinsten hinterher, pflegt Obsessionen, besonders eine fixe Idee, die an ihm nagt und seine ganze Familie beunruhigt: Er verwendet seine ganze Energie auf die Suche nach dem Perpetuum mobile! Für seine Forschungen verschleudert er das Familienvermögen ... Der Ruin traumatisiert seine Kinder, allen voran Carlo.

Mit seiner Frau Amalia Salvioni hat Giovanni Luigi Bugatti zwei Töchter, Caroline und Luigia Perina, genannt Bice, sowie einen Sohn, Carlo.

Der Comer See im Norden von Mailand, an der Grenze der Lombardei, ist die Wiege der Familie Bugatti.

Der Phantast Carlo Bugatti

Carlo Bugatti in seiner Werkstätte, um 1900 (rechte Seite).

Runder Spiegel mit Konsole, um 1890.

Rahmen für das Bild »Ruhende Wachen« von Riccardo Pellegrini (1896).

Carlo Bugatti kommt am 12. Februar 1856 in Mailand auf die Welt. Sein Vater Giovanni Luigi erkennt früh das künstlerische Talent seines Sohnes und drängt ihn dazu, Kunst zu studieren. Im Alter von 19 Jahren wird er von der Kunstakademie Brera in Mailand, der berühmten Accademia delle Belle Arti, als Schüler aufgenommen.

In der Akademie freundet er sich mit einem anderen Studenten an, Giovanni Segantini. Dieser wird Maler und heiratet Carlos jüngere Schwester Luigia Pierina. Zu Ende des 19. Jahrhundert gehört es zum guten Ton, einen Teil seiner Studien in Paris absolviert zu haben. So zögert Giovanni Luigi nicht, seinen Sohn in die französische Hauptstadt zu schicken, damit er Kurse an der Ecole des Beaux-Arts an der Rue de Seine belegen kann.

Anfänglich fühlt sich Carlo besonders von der Architektur, ihrer Strenge und ihren Techniken, angezogen. Aber er wendet sich bald dem Bau von Möbeln zu. Seine praktische Ausbildung zum Kunsttischler erhält er im Piccolo Stabilimento di Lavorazione del Legno eines gewissen Mentasti an der Via San Marco 40 in Mailand.

Im Jahre 1880 ist Carlo Bugatti 24 Jahre alt. Und in diesem Jahr trifft er die wichtigsten Entscheidungen. Er heiratet Teresa Lorioli, eröffnet sein eigenes Atelier an der Via Castelfidardo 6 in Mailand und schafft sein erstes bekannt gewordenes Werk: ein Schlafzimmer für seine Schwester anlässlich ihrer Heirat mit seinem Studienfreund Giovanni Segantini.

Die beiden Männer arbeiten zusammen. Giovanni Segantini malte florale Ornamente, die Carlo Bugatti sehr gefallen. Sie inspirieren ihn zu eigenen Malereien erst auf Holz, dann auf Pergament. Im Jahre 1888 nimmt Carlo Bugatti zusammen mit seinem Freund an einer »Italienischen Ausstellung« in London teil, wo er ein Ehrendiplom bekommt. Zur Jahrhundertwende gestaltet er ein vertäfeltes orientalisierendes Zimmer für Cyril Flower, den späteren Lord Battersea, in dessen Haus nahe dem Marble Arch in London. Damit beginnt seine internationale Karriere. Carlo Bugatti erhält immer mehr prestigeträchtige Aufträge, etwa von Giacomo Puccini und Giovanni Giacometti.

Carlo Bugatti zeigt zunehmend seine vielseitige Begabung. 1894 gestaltet er eine Reihe von Musikinstrumenten, merkwürdige Mandolinen mit vier Saiten und flachem Boden. In der Mitte der 1890er-Jahre richtet er eine neue Werkstätte an der Via Marcona 13 ein, immer noch in Mailand, obwohl er sich immer öfter nach Paris begibt. Er meldet sich dort sogar am 22. Januar 1894 an und mietet an der Avenue de Suffren 80, nahe beim Champ de Mars, eine Wohnung.

Seine künstlerische Sprache wird klarer, und er verwendet verschiedene Werkstoffe nebeneinander: Ebenholz, Walnuss, Knochen, Messing, getriebenes Kupfer, Zinn, Elfenbein, Perlmutt, Seide und Pergament. Vor allem Pergament: Er liebt dieses weiche und fragile Material und verwendet es immer wieder bei seinen Schöpfungen. Pergament umhüllt die Formen zahlloser verzierter orientalisierender Objekte, zu denen er sich vom Islam und der fernöstlichen Kunst inspirieren lässt. Angefangen vom Kunstschmied bis zum Posamentierer braucht Carlo Bugatti alle denkbaren Handwerker. Sein Katalog füllt sich mit Möbeln und unwahrscheinlichen Objekten, Schränken, Paravents, Sofas, Konsolen, Kredenzen, Spiegeln...

Seine Zitate vermehren sich, vermischen sich, widersprechen sich sogar: Hommagen an den Japonismus, Erinnerungen ans Mittelalter, maurische Anmutungen, byzantinische Schriften, orientalische, fernöstliche, sehr mysteriöse Anspielungen. Üppiges Dekor, lyrische Ablenkungsmanöver, stilistische Effekte, aus dem Ärmel geschüttelte Tricks. Beobachter und Kritiker übertreffen sich geradezu in ihren Vergleichen. Carlo Bugatti destabilisiert, macht trunken, verführt. Für die Journalistin Edmonde Charles-Roux »ist Carlos Bugatti derjenige, der den Maghreb verwestlicht hat.«

Das Mobiliar von Carlo Bugatti lässt mit seinen asymmetrischen Anordnungen und seinen Kraftlinien immer noch dessen Vorliebe für die Architektur erkennen. Später erscheinen ovale Formen unterschiedlichster Art, bearbeitet, kombiniert, verändert. Das Dekor ist immer noch überreich. Auf den freien Flächen, die von einer strikten Geometrie bestimmt werden, kann der Künstler sein ornamentales Repertoire entwickeln, seine geschmacklichen Vorlieben dokumentieren und von seinen Phantasiegebilden erzählen. Carlo Bugatti geht vom Figürlichen zur Geometrie über, von den Bambuswäldern zu den Rosetten, ohne Übergang. Seine ersten Stücke sind gekonnte Assemblagen neben- und übereinander liegender geometrischer Formen. Dann werden seine Möbel immer mehr zu Skulpturen. Das gilt etwa für die Salonstühle in der »Camera a Chiocciola« (»Schneckenzimmer«) anlässlich der Internationalen Ausstellung für modernes Kunsthandwerk in Turin 1902. Das anthropomorphe Design macht es möglich, dass ein Mantel oder ein anderes langes Kleidungsstück zwischen Lehne und Sitzfläche frei herabfällt.

Eloge auf den Eklektizismus

Opiumträume in Miniatur- palästen

Opiumträume in Miniaturpalästen, Arkaden aus kleinen Säulchen, an Minarette erinnernde Scheiben. Carlo Bugatti entwickelt eine Formensprache am Rande der künstlerischen Bewegungen seiner Zeit, aber immerhin im Rahmen des Jugendstils, der zu Ende des 19. Jahrhunderts geradezu explodiert. Carlo Bugatti zählt dabei zu den künstlerischen Eklektikern. Ähnlich wie Antoni Gaudì in Katalonien oder Hector Guimard in Frankreich schafft er ein ganz persönliches Oeuvre, organisch, erleuchtet, verschwenderisch, in barocker lyrischer Tonart, und die letzten Partituren verfasst er im ersten Jahrzehnt des 20. Jahrhunderts. Dieser Stil erfährt schließlich in der Architektur und in der angewandten Kunst in den wilden Zwanzigerjahren eine Vereinfachung. Im Jahre 1904 kommt eine neue Wendung: Carlo Bugatti übergibt sein Geschäft einem Mitarbeiter, der mit der Produktion der Möbel fortfährt. Die Firma C. Bugatti & C. wird zu A. De Vecchi & C. (Già C. Bugatti & C.) Fabbrica Italiana Mobili Artistici. Carlo Bugatti verlässt die Nr. 13 an der Via Marcona in Mailand und die Lombardei und lässt sich im 13. Pariser Arrondissement, direkt neben der Fabrik Delahaye, nieder. Von nun an produziert Carlo Bugatti keine Möbel mehr, sondern widmet sich Silberarbeiten, Schmuckstücken oder Bronzen, wie sie seine letzten Möbel schmücken. Er wendet sich dabei nicht an Goldschmiede, sondern lieber an Gießer, besonders Adrien-Aurélien Hébrard, der bereits mit Carlos Sohn Rembrandt zusammenarbeitet. Am 15. September 1906 unterzeichnet Carlo Bugatti einen Vertrag mit der Werkstatt Hébrard. So kommt es zu einer engen Zusammenarbeit während fast zehn Jahren. Von der Innenarchitektur zum Mobiliar, von den Möbeln zu den Accessoires, von der Funktionalität zum Dekor: Carlo Bugatti treibt eine berufliche Laufbahn voran, für die es damals noch nicht die Bezeichnung »Designer« gibt. Seine Metallarbeiten ergeben ein fantastisches Bestiarium mit Elefantenköpfen,

Die Camera a Chiocciola, das »Schneckenzimmer«, in Turin 1902.

Dreiteiliger Paravent aus schwarz lackiertem Holz, Einlegearbeiten aus Knochen und Metall, mit Pergamentüberzug.

Kredenz mit Spiegel: Obstbaumholz mit Einlegearbeiten aus Metall und Kupferdekor.

Schwarz lackierter Holzschrank mit Kupferdekor, teilweise mit Pergament überzogen.

Insekten, Fröschen und tiergesichtigen Wasserspeiern. Saucieren, Gießkannen, Lampen oder Teekannen zählen nun zu seinen neuen Objekten.

Im Jahre 1910 verlässt Carlo Bugatti Paris. Der Gesundheitszustand seiner Frau zwingt ihn dazu. Die Familie lässt sich im Kurort Pierrefonds im nordostfranzösischen Departement Oise nieder, erst im Viertel Richer, dann auf den Anhöhen des Waldes von Haucourt, wo Carlo Bugatti ein Anwesen kauft. Nach Kriegsbeginn übernimmt er das Bürgermeisteramt ohne offiziellen Auftrag, »weil seine italienische Staatsbürgerschaft es ihm leichter macht, Verhandlungen mit den deutschen Besatzern zu führen.« Das schreibt der eigentliche Bürgermeister von Pierrefonds, der Enkel des Autobauers Adolphe Clément-Bayard. Carlo Bugatti spielt eine wichtige Rolle in der Gemeinde, erfüllt die Aufgaben des Bürgermeisters, kümmert sich um die Verletzten, die von der ganz nahen Front herantransportiert werden, wacht über die Pferde und den Friedhof, der bei einem Bombardement verwüstet wird.

Kurz vor dem Waffenstillstand verlässt Carlo Bugatti Pierrefonds, zum Bedauern der dankbaren Bevölkerung. Todesfälle überschatten sein Dasein als Rentner: Seinen Sohn Rembrandt verliert er 1916, seine Tochter Deanice 1932, seine Frau Thérèse drei Jahre danach. Als Wohnort für seinen Lebensabend wählt er Molsheim.

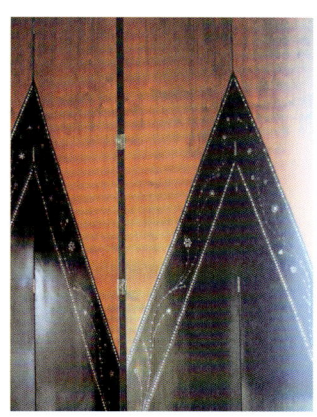

Vierteiliger Paravent aus gewachstem und schwarz lackiertem Holz, eingelegt mit Perlmutt und Metall, Ausschnitt.

Vitrinenschrank, Ausschnitt, Handgriffe aus vergoldeter Bronze (1902).

Schreibtisch aus Holz mit seitlichen Scheiben, diese mit Pergament überzogen und mit getriebenem Kupfer verziert.

Studie zu einem dekorativen
Motiv, Bleistift und Aquarellfarben
auf Papier.

Runder Tisch, mit Pergament
überzogen.

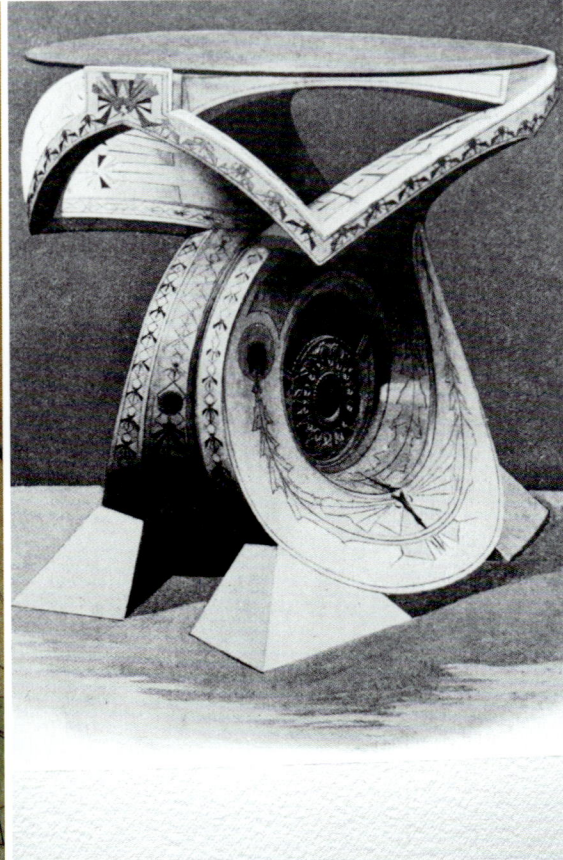

Schreibtisch und Stuhl, Holz
schwarz lackiert, mit Metall
eingelegt, teilweise von
Pergament überzogen, seitliche
Beschläge aus getriebenem
Kupfer.

Stuhl aus Holz, mit Pergament
überzogen, Beschläge aus
getriebenem Kupfer.

Stühle aus der Camera a Chiocciola, dem »Schneckenzimmer«.

Bonheur du jour, kleiner Schreibtisch, teilweise mit gefärbtem Pergament überzogen.

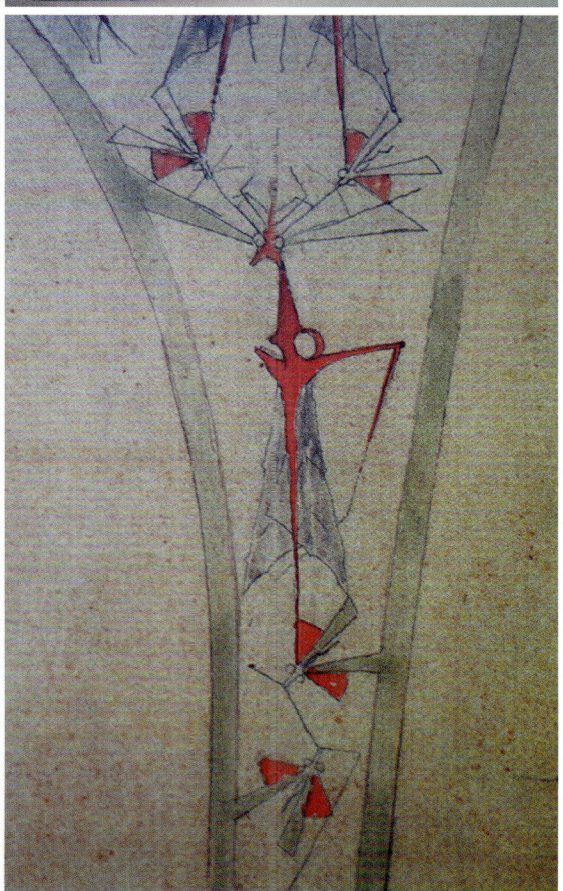

Vase, Silberschmiedearbeit, 1907.

Geometrische Motive, Studie, Aquarell auf Papier.

AKT I

SZENE 2

Die dritte Generation

Die beiden Söhne von Carlo Bugatti erben dessen kreativen Geist und fahren darin fort, jeder auf seine Weise. Rembrandt Bugatti verschreibt sich der klassischen bildenden Kunst und wird ein bekannter Tierbildhauer, während Ettore durch ein intuitives Verstehen der Mechanik zum Autobau kommt.

Rembrandt Bugatti in Antwerpen, um 1910.

Gegensätzliche Persönlichkeiten

Der aufgerichtete Elefant über dem Kühler des Bugatti Royale stammt von Rembrandt Bugatti (rechte Seite).

Thérèse Lorioli und Carlo Bugatti haben drei Kinder: die Tochter Deanice, die 1880 in Mailand auf die Welt kommt, sowie zwei Söhne, Ettore Arco Isidoro, der ein Jahr darauf geboren wird, und Rembrandt, geboren am 16. Oktober 1885. Carlo Bugatti verteilt die Rollen. In seiner Logik soll der Ältere in die Fußstapfen des Vaters treten und die Stammlinie der Künstler fortführen.

Aber das Schicksal entscheidet anders. Die Wahl des Vornamens für den Jüngsten hätte die Auguren aufmerksam machen sollen. Nach der Geburt staunen die Freunde der Familie über den großen Kopf des Neugeborenen. Weil die Eltern beunruhigt sind, schlägt der Maler Ercole Rosa, der Pate des Babys, den Namen Rembrandt vor, »um dem Schicksal auf die Sprünge zu helfen«. Rembrandts Mutter erholt sich kaum von ihrer Schwangerschaft und bekommt auch noch eine Bauchfellentzündung. Die junge magere Frau kann sich kaum um ihren Sohn kümmern, der auch später selbst von seiner Familie nie ganz akzeptiert wird.

Ettore ist für die Kunstakademie vorgesehen,

Rembrandt nicht. So wird er zum Autodidakten. Glücklicherweise gewinnt er die Zuneigung und den Schutz des Familienfreundes Paolo Troubetzkoy. Der italienisch-russische Bildhauer ist 19 Jahre älter als Rembrandt und damals schon ziemlich berühmt. In dessen Atelier am Corso Vittoria entdeckt Rembrandt die Magie der Werkstoffe. Hier lernt er das Handwerk des Bildhauers und die Ausdruckskraft der bildhauerischen Gesten kennen. Unter der Leitung des russischen Fürsten begreift er, dass er mit seinen Händen das Leben formen, die Materie umformen und ihr Bewegung verleihen kann.

Rembrandt Bugatti ist ein gequälter, verzweifelter Einzelgänger, aber er wird ein bekannter Tierplastiker. Sein Werk gerät allerdings bald in Vergessenheit und wird erst in den Siebzigerjahren des 20. Jahrhunderts wiederentdeckt.

Zu seinen Lebzeiten hält man ihn oft für einen eitlen Possenreißer, der sich sehr um seine äußere Erscheinung kümmert. Sein Blick verrät aber stets ein abgrundtiefes Gefühl der Enttäuschung.

Pferde und Gespanne, die zweite Leidenschaft von Ettore Bugatti.

Rembrandt Bugatti, der Bildhauer

Im Jahre 1903 reist Rembrandt nach Paris. Er ist noch keine 18 Jahre alt und schreibt sich bald in die Société Nationale des Beaux-Arts ein, der er später vier seiner Werke vermacht. Ohne Zweifel fällt er im Rahmen dieser Gesellschaft dem Gießer Adrien-Aurélien Hébrard auf. Er ist zu jener Zeit für seine Arbeiten im Wachsausschmelzverfahren sehr bekannt.

Vielleicht wird Rembrandt dem Gießer Hébrard auch von seinem Meister, dem Fürsten Paolo Troubetzkoy, vorgestellt. Durch diesen lernt er auch Giacomo Puccini und Leo Tolstoj kennen. Jedenfalls schließt er am 22. Juli 1904 einen Werkvertrag mit Hébrard. Im folgenden Jahr bekommt er seine erste eigene Kunstausstellung im Betrieb des Gießers an der Rue Royale 8, nahe der Place de la Concorde. Er zeigt das Werk *L'Entrée du Marché aux Chevaux* sowie ungefähr dreißig Gipsfiguren.

»Bugatti ist 1904 der einzige fauvistische Bildhauer, weil er durch das Spiel des Lichts die Farbe im Werkstoff zum Ausdruck bringen will. Und er ist einer der Ersten, die von 1908 an ihre Formen erneuern, sie vereinfachen und aus kubistischen Grundformen neu zusammensetzen,« betont Véronique Fromanger des Cordes, die sich 1981 um den Verkauf der Skulpturen der Sammlung Alain Delon kümmert.

Im Jahre 1907 verlässt Rembrandt Bugatti Paris und behält dort nur eine kleine Wohnung an der Rue Magdebourg. Er verändert seinen Stil, verwendet nunmehr einfache Volumina, verinnerlicht sein Thema. Er verbringt die hellsten (oder dunkelsten?) Stunden seiner Existenz im Zoo von Antwerpen. Vom 15. Mai bis zum 10. Juni 1910 stellt die Société Royale de Zoologie seine Werke aus. Nach Frankreich kehrte er nur noch zurück, um sich mit seinem Galeristen zu treffen, doch die Beziehungen zu ihm werden immer schlechter. Seine wirtschaftliche Situation und auch seine Stimmung verschlimmern sich ebenfalls.

In den Briefen aus Belgien erwähnt er oft Molsheim, das ihm als ferner, unzugänglicher Hafen des Friedens erscheint. Aber der nervenschwache und resignierte Künstler zieht es vor, sich in seiner Einsamkeit von Antwerpen zu verschließen.

Bei einem Besuch in Paris 1916 nimmt er sich das Leben.

Gehender Panther, Bronze 1904.

Tierbilder

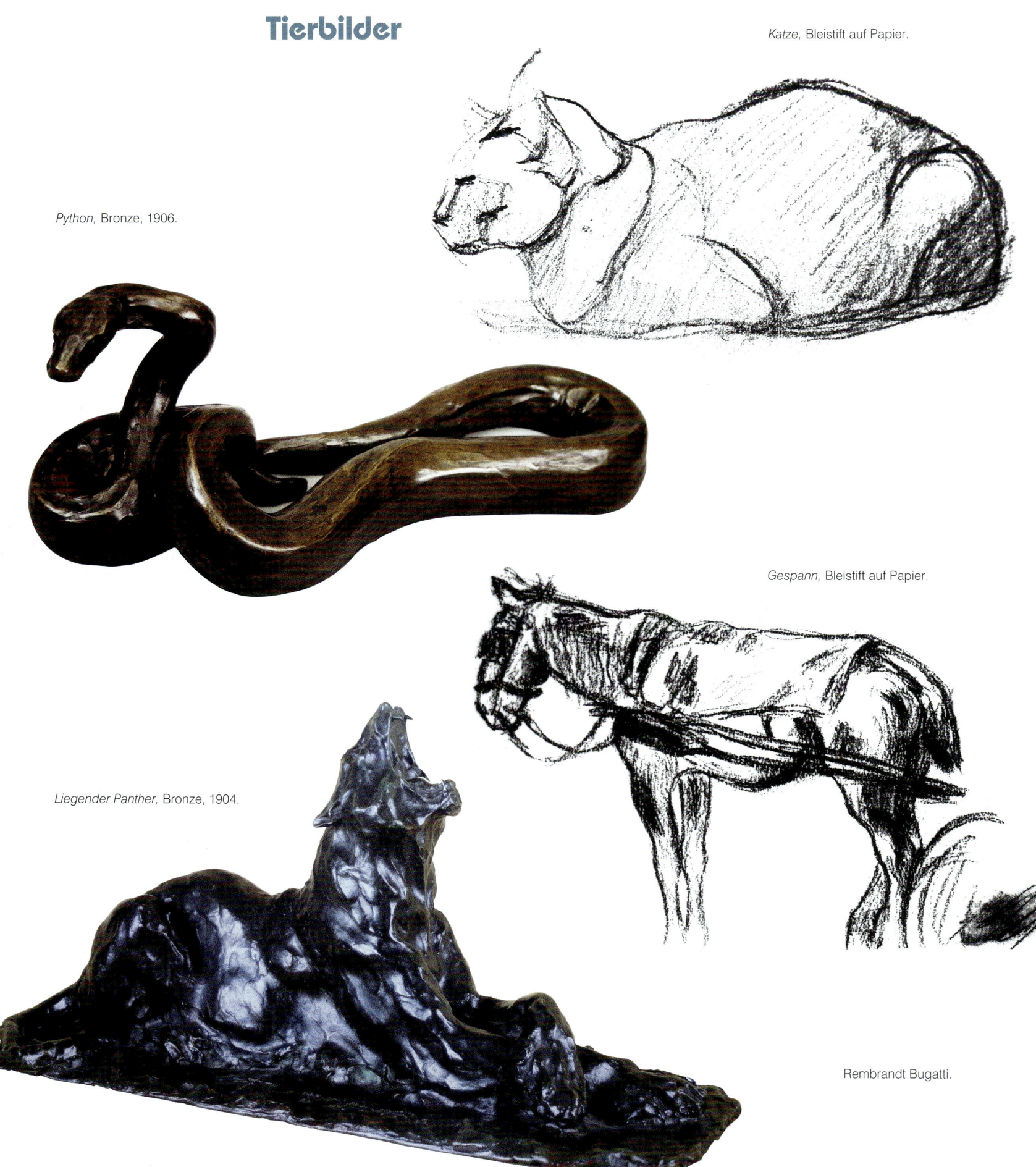

Katze, Bleistift auf Papier.

Python, Bronze, 1906.

Gespann, Bleistift auf Papier.

Liegender Panther, Bronze, 1904.

Rembrandt Bugatti.

Ausgewählte Stücke

Großer Königstiger, Bronze, 1913.

Stute mit ihrem Füllen im Trott, Bronze, 1907.

Rembrandt Bugatti.

Weißer Elefant, Bronze, 1908.

Braunbär, Bronze, 1910.

Zwei kleine Leoparden, Bronze, 1911.

Ruhender Athlet, Bronze, 1907.

Ettore Isidoro Arco Bugatti

Rembrandts älterer Bruder heißt Ettore Isidoro Arco. Er kommt am 15. September 1881 an der Via Castello Sforzesco in Mailand auf die Welt. Er ist das zweite Kind der Familie Bugatti, denn die Tochter Deanice war zwei Jahre zuvor geboren worden. Italien ist damals noch eine ganz junge Nation: Vittorio Emmanuele war im Februar 1861 zum König ausgerufen worden. Die wirkliche Vereinigung Italiens kam erst 1870 mit der Eroberung Roms.

Carlo Bugatti ist davon überzeugt, dass der junge Ettore die Künstlerdynastie weiterführen wird. Er will in Ettore das sehen, was er für eine Familientradition hält, und dessen künstlerische Ader weiterentwickeln, damit er sein Erbe übernehmen kann. Carlo Bugatti glaubt fest daran, auch Ettore würde sich durch die Gestaltung von Objekten selbst verwirklichen, wie sein Vater und sein Großvater. Aber er denkt dabei nicht an die neuen Objekte, die Carlo faszinieren! Während die industrielle Revolution die europäische Wirtschaft auf den Kopf stellt, bewegt sich Carlo Bugatti in einer Welt von Künstlern und Kunsthandwerkern, in einem Universum des Luxus und der Verfeinerung, das das Maschinenzeitalter vorerst nicht erschüttern kann.

So ergibt es sich als logische Konsequenz, dass Ettore die Accademia Brera in Mailand besucht, wo auch sein Vater seine künstlerische Ausbildung bekommen hatte. Unter seinen Professoren ist auch Paolo Troubetzkoy, ein Bildhauer und Freund des Vaters.

Aber die Geschichte nimmt einen anderen Verlauf. Sie bestimmt den jüngeren Bruder Rembrandt zum künstlerischen Erben. Zu Carlos Verzweiflung verlässt Ettore Bugatti die Akademie, um in einer Fahrradfabrik zu lernen und dort seinen Weg zum eigenen

Ettore besucht die Accademia di Brera in Mailand

Ausdruck zu finden! Ettore Bugatti sollte weder Ingenieur noch Künstler werden, sondern eine Art mechanisches Genie, das einen technikbetonten Stil entwickelt. Seine Intuition ersetzt die Ingenieursausbildung, die er nie bekommt. Der Patron, wie ihn seine Angestellten stets nennen, fertigt unzählige Skizzen an. »Die Zeichnung ist die einzige große Meisterin im Automobilbau,« sagt er. Ingenieure, die ihm zur Seite stehen, wirken da ausgleichend, wo er seine Schwächen hat. Und später gibt sein Sohn Jean dem Stil eine Richtung, lenkt die Technik in geordnete Bahnen und treibt die industrielle Aktivität voran.

Nie gab es eine besser gelungene Verschmelzung zwischen Kunst und Technik als bei Ettore Bugatti, unterstützt von seinem Sohn Jean. Die unbewusste Suche nach einer der Mechanik innewohnenden Schönheit bildet den Kern seiner Produktion. Hinter einer Silhouette, die an den berühmten Schauspieler Jules Raimu erinnert, verbirgt sich ein Grandseigneur, gerecht und stolz, autoritär und großzügig, charakterfest und empfindsam.

Die Passion auch für das Pferd erscheint paradox in diesem Leben, das von der Leidenschaft für die Mechanik bestimmt wird. Ettore Bugatti liebt das Reiten ebenso wie die Wissenschaft vom Pferd. Die Bildsymbolik der Marke assoziiert Vollblut und Automobil, und der Slogan lautet »Das Vollblut des Automobils«. In den 1920er-Jahren entwirft der Grafiker Charles Loupot ein stilisiertes Vollblutpferd für die Werbung.

Ettore Bugatti reitet gerne auf Brouillard, einem prächtigen Selle Français, aber er liebt auch den Esel Totoche, den ihm der Graf Florio geschenkt hat. In unmittelbarer Nähe zur Villa, den Dependancen und der Hardtmühle stehen auch die Stallungen und der Reitplatz, auf dem der Patron oft anzutreffen ist. Das Zaumzeug lässt er in seinen

Werkstätten fertigen. Zusammen mit seinem Sohn Jean nimmt Ettore Bugatti schließlich für unterschiedliche Fahrgestelle auch Karosserien in sein Angebot auf, die sich an Pferdewagen und Kutschen anlehnen.

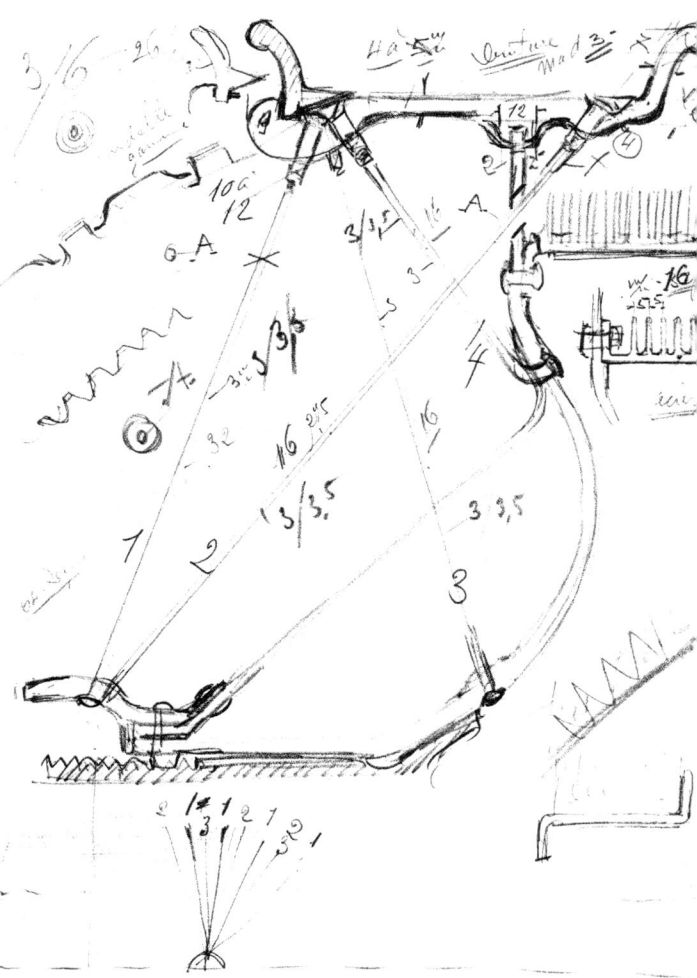

Ettore Bugatti ist um seine äußere Erscheinung sehr besorgt.

»Die Zeichnung ist die einzige große Meisterin im Automobilbau,« sagt Ettore Bugatti.

AKT I

SZENE 3

Kunst und Industrie

Während sein Vater ihn für die künstlerische Laufbahn bestimmt, begeistert sich Ettore Bugatti schon sehr früh für die Mechanik. Er macht sich in Zusammenarbeit mit einigen Pionieren der europäischen Industrie mit den Geheimnissen der Autotechnik bekannt, ohne das Fach aber von Grund auf zu studieren. Ettore Bugatti lernt viel und kann dann sein eigenes Unternehmen gründen.

Der Motor des Typs 10,
aufgenommen 2003 in Pebble Beach.

1898–1900: Die Anfänge

Mailand, März 1898
Erste Schritte auf dem Gebiet der Mechanik

Unwillig und auf jeden Fall gegen seine Erwartungen akzeptiert Carlo Bugatti, dass sein Sohn Ettore, angeregt von einem Freund der Familie, eine Lehre in der Fahrradfabrik Prinetti & Stucchi beginnt. Das ist zu Beginn des Jahres 1898; Ettore ist damals noch keine siebzehn Jahre alt.

Die kleine Firma Prinetti & Stucchi an der Via Tortona 1 in Mailand existiert seit 1874 und fertigt in Lizenz auch motorisierte drei- und vierrädrige Gefährte des seit 1882 bestehenden französischen Unternehmens De Dion-Bouton & Cie. Das Tricycle De Dion & Bouton ist in Frankreich sehr beliebt, und zwischen 1895 und 1901 werden davon rund 15 000 Stück gebaut. Sie besitzen einen Einzylindermotor (211 cm³, 62 x 70 mm, 1,5 PS), der sich durch eine verhältnismäßig große Drehzahl und eine elektrische Zündung auszeichnet. Zu Beginn erfolgt die Kühlung nur über waagerechte Rippen, ohne zirkulierendes Wasser. Die Firma Prinetti & Stucchi bezeichnet sich selbst als Unica Grande Fabbrica Italiana, was auch fast stimmt, weil Italien erst spät eine Autoindustrie zu entwickeln beginnt. Während Gottlieb Daimler und Carl Benz in Deutschland,

De Dion-Bouton, Panhard & Levassor, Peugeot und andere in der Zeit zwischen 1886 und 1891 die Grundlagen für die Autoindustrie ihrer Länder legen, steckt Italien noch in den allerersten Anfängen. Die Forschungsarbeiten von Michele Lanza oder Enrico Bernardi, die um 1895 bekannt werden, begründen keine neue Industrie. Man muss für einen ernsthaften Beginn der Autoindustrie in Italien auf Giovanni Agnelli und sein Unternehmen Fiat warten.

Schon bald überrascht der junge Lehrling seine Arbeitgeber durch seine Lebhaftigkeit, seine Neugier, seinen Wunsch, die Mechanik zu verstehen und sie zu verändern. Ettore Bugatti vertieft sich in Handbücher, verschlingt technische Werke und beginnt, an allen Motoren, die ihm in die Hände fallen, herumzubasteln, besonders natürlich an denen der Tricycles der in Lizenz gefertigten De Dion-Bouton. Schon ist der junge Ettore von der Geschwindigkeit fasziniert …

Turin, 17. Juli 1898
Der Beginn

Der junge Ettore Bugatti nimmt mit einem selbst umgebauten Tricycle an seinem ersten Rennen teil. Das Tricycle wird von zwei und nicht nur von einem De-Dion-Bouton-Motor angetrieben. Die beiden Einzylinder sind quer hinter der Achse der Hinterräder eingebaut. Das Rennen beginnt in Turin und kehrt nach 190 km quer durch Weinberge und die Städte Asti und Alessandria dorthin zurück. Anscheinend kommt Ettore Bugatti nicht am Ziel an.

Nizza-Castellane, 1. März 1899
Erster Erfolg

Ein neuer Versuch von Ettore Bugatti jenseits der Grenze, dieses Mal von Erfolg gekrönt! Auf der 120 km langen Strecke von Nizza nach Castellane erringt der kühne Fahrer den ersten Sieg seiner Karriere!

Das Tricycle Prinetti & Stucchi.

Verona-Mantua, 12. März 1899
Bestätigung

Erneut am Steuer seines selbst umgebauten Tricycle gewinnt Ettore ein Rennen von Verona nach Mantua. Unter seinen Rivalen ist auch der Graf Biscaretti di Ruffia, der Zweiter wird. Fast sechzig Jahre später gründet er das nach ihm benannte Automuseum in Turin.

Pinerolo-Turin, 8. Mai 1899
Das unschlagbare Tricycle!

Der unermüdliche Ettore Bugatti geht ins nächste Rennen. Dieses Mal führt es über 90 km durch das Zentrum des Piemont. Ein neuer Triumph! Bugatti kommt als Erster an der Spitze eines Feldes von 42 Tricycles an.

Padua-Treviso, 15. Mai 1899
Das erste Quadricycle

Ettore Bugatti will noch mehr. Er benutzt beim Rennen von Padua nach Treviso ein neues Gefährt. Es handelt sich um ein vierrädriges Quadricycle von Prinetti & Stucchi mit vier De-Dion-Bouton-Motoren. Zwei davon werden oberhalb hinter der Hinterachse, zwei direkt davor eingebaut. Ettore Bugatti betrachtet diesen Prototyp als seinen Typ 1.

»Die Ergebnisse waren wenig zufrieden stellend. In der gleichen Zeit baute ich einen zweiten Wagen mit einem Vierzylindermotor, den ich vorne anbrachte«, schrieb Ettore

Der Einzylindermotor De Dion-Bouton, für den sich Ettore Bugatti interessiert.

Bugatti später. Während er auf die Konkretisierung dieses Projekts im Jahre 1901 wartet, erzielt er in Treviso nach einem Rennen über 175 km die absolut schnellste Zeit!

Paris-Bordeaux, 24. Mai 1899
Höllenhund

Für das Rennen Paris-Bordeaux greift Ettore Bugatti auf sein Tricycle zurück. Leider muss er das Rennen in der zweiten Etappe aufgeben. Er kollidiert mit einem Hund. Den Sieg holt sich ein Auto von Panhard & Levassor. Für Ettore Bugatti geht die Zeit bei Prinetti & Stucchi bald vorbei, denn die Firma beschließt, nur noch Nähmaschinen zu produzieren.

Brescia-Verona, 11. September 1899
Immer weiter

Ettore Bugatti bestreitet mit seinem Tricycle das 223 km lange Rennen, das den Weg zurück nach Verona umfasst. Er wird Zweiter in der Klasse der dreirädrigen Gefährte.

Das Quadricycle von Prinetti & Stucchi.

Eine der ersten Ausfahrten des Typs 2 auf einem Strand an der Adria.

1900–1902: Erste Ehrungen

Ferrara, September 1900
Zusammenarbeit mit Gulinelli

Nachdem Ettore Bugatti die Firma Prinetti & Stucchi verlassen hat, steht er angesichts seiner ehrgeizigen Ziele und Ambitionen erst einmal ganz allein da. Er will mit seinen Entwicklungen auf dem Gebiet des Autobaus fortfahren und träumt schon von einem ausgefeilten Modell. Doch Vater Carlo weigert sich, die Projekte seines Sohnes zu finanzieren. Er darf nur dessen Werkstatt benutzen, um die Pläne für das künftige Auto voranzutreiben.

Das Geld dazu stammt von den Brüdern Gulinelli. Sie gehören einer Adelsfamilie an, die ursprünglich im Gebiet von Ferrara beheimatet ist. Ettore Bugatti lernt sie durch Zufall bei Ausritten kennen, die beide ebenso lieben wie er selbst. Die Brüder Gulinelli fühlen sich von der gerade entstehenden Autoindustrie angezogen. In Italien ruht die

Hoffnung auf Giovanni Agnelli. Er dient als Vorbild für die wagemutigsten Unternehmer, denn er gründet im Juli 1899 die Fabbrica Italiana Automobili Torino (Fiat). Die Brüder Gulinelli unterstützen Ettore Bugatti, damit er seinen zweiten Prototyp bauen kann. Er beginnt damit im Oktober. Erst stellt er Holzteile her, die als Modelle für den Guss dienen sollen. Auch den Vierzylindermotor konzipiert er selbst.

Mailand, 5. bis 27. Mai 1901
Der Prototyp Nr. 2

Zu Jahresbeginn wird die Firma Bugatti e Gulinelli gegründet. Der Typ 2 wird zur vorgesehenen Zeit fertig, um am Stand von Giuseppe Ricordi an der *Esposizione Internazionale dell'Automobile e del Ciclo* in Mailand ausgestellt zu werden. Es handelt sich um einen zweisitzigen Leichtwagen (Voiturette), 650 kg schwer mit einem

Vierzylindermotor mit 3 Litern Hubraum (3054 cm³, 90 x 120 mm), der eine Spitzengeschwindigkeit von 60 km/h erlaubt. Die Kraftübertragung erfolgt über eine Kette und ein Vierganggetriebe.

Das Auto gefällt den Besuchern wegen seiner bemerkenswerten Leichtigkeit, seinem Ebenmaß und seiner Modernität. Es folgen die ersten Anerkennungen, und Bugatti nimmt den Pokal der Stadt Mailand entgegen. Die Presse spricht vom »besten italienischen Auto«.

Der frühe Tod eines der Brüder Gulinelli hat allerdings zur Folge, dass die vorgesehene Serienfertigung des Typs 2 nicht in Gang kommt. Ettore Bugatti sieht sich gezwungen, neue Partner zu finden.

Turin, 5. Mai 1902
Auszeichnung für Carlo Bugatti

Während Ettore nach neuen Geldgebern sucht, die seine Aktivitäten auf dem Gebiet des Autobaus finanzieren, bekommt sein Vater eine internationale Anerkennung für seine Kreationen. Die *Prima Esposizione Internazionale d'Arte Decorativa Moderna* markiert einen wichtigen Wendepunkt in Carlo Bugattis Karriere. Er hat für die Ausstellung vier Zimmer eingerichtet und zeigt seine gesamte Möbelproduktion. Vor allem das berühmte »Schneckenzimmer« mit seinen Voluten und anderen runden Formen stammt von ihm. Als Werkstoffe verbindet er Eiche, Bronze und polychromes Pergament miteinander.

Ettore Bugatti überprüft die Festigkeit mechanischer Teile für das Gulinelli-Auto.

Niederbronn, 26. Juni 1902
Kontakt zu De Dietrich

Nachdem sich Ettore Bugatti mit dem Typ 2 in Mailand einen guten Ruf erworben hat, nimmt ein Beauftragter des Barons Eugène de Dietrich, des Besitzers des gleichnamigen Stahlunternehmens, Kontakt zu ihm auf. Der mächtige Mann hat Fabriken diesseits und jenseits der deutsch-französischen Grenze. Der französische Zweig steht unter der Leitung seines Schwiegersohns Édouard de Turckheim und befindet sich im französischen Ort Lunéville. Eine zweite Fabrik hat ihren Sitz in Niederbronn, zwischen Haguenau und Sarreguemines gelegen, mithin in der Region Elsass-Lothringen, die seit dem Deutsch-Französischen Krieg 1871 zum Deutschen Reich gehört.

De Dietrich stellte Lokomotiven und andere Produkte der Schwerindustrie her. Bei den Autos baute er in Lizenz Modelle von Turcat-Méry (Marseille), Amédée Bollée (Le Mans) und Vivinus (Brüssel). Eugène de Dietrich möchte auch die Lizenz für den Bau des Typs 2 von Bugatti erwerben, der an der Mailänder Messe ausgestellt war. Aber er zeigt sich auch am Bau größerer Modelle interessiert. Um den Industriellen zu überzeugen, macht sich Ettore Bugatti mit seinem Auto auf ins ferne Elsass. Trotz der schlechten Straßen und der wirklich langen Reise bekommt er keinerlei Probleme. Eugène de Dietrich ist überzeugt und unterzeichnet am 26. Juni 1902 einen Arbeitsvertrag mit Ettore Bugatti. Carlo muss dem Vertragswerk noch zustimmen, weil Sohn Ettore zu

Ettore Bugatti am Steuer des Prototyps des Typs 2 im Mai 1901 in Mailand.

jenem Zeitpunkt noch nicht volljährig ist ...
Die Übereinkunft wird für die Dauer von sieben Jahren geschlossen. Für jedes verkaufte
Auto bekommt Ettore Bugatti eine Tantieme
(400 Francs für eines mit 10 PS, 500 Francs
für das Auto mit 15 PS usw.). Der Vertrag
sieht die Konzeption zweier neuer Modelle
vor:

▶ Der Typ 3, 24/28 PS, als Antrieb ein Motor
mit 5307 cm³ (114 x 130 mm), soll im Lauf
des zweiten Trimesters 1902 fertig sein.

▶ Der Typ 4, 30/35 PS mit einem Hubraum

von 7433 cm³ (130 x 140 mm), soll für den
Pariser Autosalon 1903 fertig werden.

Ettore Bugatti siedelt sich im August zusammen mit seiner Verlobten Barbara Maria
Giuseppina Mascherpa Bolzoni in Niederbronn an. Bei De Dietrich lernt er Émile
Mathis kennen, der seit 1898 im Unternehmen beschäftigt ist. Die beiden Männer sind
ungefähr gleich alt, Mathis 22 Jahre, Bugatti
ein Jahr jünger, und sie teilen sich dieselbe Leidenschaft für die Mechanik und das
Autofahren.

Der Typ 3 von Bugatti ist
der De Dietrich 24/28 PS.
Wir sehen ihn hier als
viersitzigen Tonneau mit
einem flachen Dach.

Ein De Dietrich 24/28 PS mit der
hinteren Wagenhälfte in Form
einer Limousine.

Frankfurt, 31. August 1902
Rückkehr zum Sport

Bevor sich Ettore Bugatti den Tourenwagen widmet, bekommt er den Auftrag, einen Rennwagen mit 20 PS zu bauen. Er soll an einem Rennen in Frankfurt teilnehmen. Das Auto beruht auf einem originellen Konzept, denn der Sitz des Fahrers befindet sich hinter der Hinterachse und liegt sehr niedrig, was den Schwerpunkt des gesamten Gefährts absenkt. Das verbessert die Straßenlage und das Fahrverhalten.

Dieser De Dietrich schlägt sich gut, besonders gegen den viel größeren und leistungsstärkeren, aber doch weniger wendigen Mercedes-Simplex 40 PS von C.G. Densmore. Merkwürdigerweise wird dieser Rennwagen in der Aufzählung der von Bugatti entworfenen Autos nicht aufgeführt. Einige betrachten ihn als einen Vorläufer des Prototyps 3, mit dem er tatsächlich den 5,3-Liter-Motor gemeinsam hat.

Semmering, 7. September 1902
Erfolg am Berg

In der Woche nach dem Sieg in Frankfurt begibt sich Ettore mit demselben Auto De Dietrich 20 PS nach Österreich zu einem Bergrennen am Semmering. Ein bekanntes Foto aus jener Zeit zeigt Ettore Bugatti am Steuer, neben ihm Émile Mathis. Bugatti wird Vierter, direkt hinter Ferdinand Porsche, der sein von Lohner gebautes Elektroauto fährt.

Niederbronn, 4. Oktober 1902
Der Typ 3, ein Personenwagen

Der Typ 3 ist das erste Modell von Bugatti, das im Katalog von De Dietrich auftaucht. Es kommt im zweiten Trimester 1902 auf den Markt und wird ohne Zweifel am Pariser Autosalon gezeigt. Dort tritt auch die Marke Mercedes erstmals in Erscheinung. Der Name wird im Juni 1902 offiziell eingetragen.

1903: Die Arbeit bei De Dietrich

Das für das Rennen Paris–Madrid gebaute Auto nach der Veränderung: Die Sitze befinden sich nun in einer komfortableren Position weiter vorne.

Der De Dietrich 50/60 PS, dem die Teilnahme am Rennen Paris–Madrid verweigert wird.

Diese Replik des Typs 5 entstand unter der Aufsicht von Richard Day, dem Konservator des Bugatti Trust in Prescott.

Paris, 20. Mai 1903
Der gestohlene Traum Paris–Madrid

De Dietrich meldet ungefähr zehn Wagen aus seiner Produktion für das viel versprechende Rennen Paris–Madrid an: Abgesehen von den Wagen mit 30 bzw. 45 PS aus Lunéville will er auch, dass die Fabrik in Niederbronn durch ein ehrgeizigeres Modell vertreten ist, und das bedeutet: durch eine Schöpfung von Ettore Bugatti. Er entwickelt dazu den Typ 5 50/60 PS, der von einem enormen Motor mit 12 868 cm³ (160 x 160 mm) angetrieben wird. Das Chassis besteht aus Rohren, in denen das Kühlwasser zirkuliert. Der Fahrer und sein Mechaniker sitzen ganz hinten,

auf abgesenkten Sitzen hinter der Hinterachse wie beim 20-PS-Auto von Frankfurt vom August 1902. Aber es handelt sich nicht um denselben Wagen, sondern um eine ganz neue Schöpfung.

Ettore Bugatti findet sich mit seinem Auto mit der Nummer 142 bei den Tuilerien in Paris zum Wiegen vor dem Rennen ein. Doch der technische Leiter, der alle Teilnehmer unter die Lupe nimmt, ist der Ansicht, dieser De Dietrich könne nicht teilnehmen! Er hält das Auto für zu gefährlich, weil der Fahrer aufgrund seiner ungewöhnlichen Position ganz hinten zu wenig sehe. Das Auto nimmt somit nicht am Rennen Paris–Madrid teil, das übrigens umstritten und tragisch ausgeht. Es wird in Bordeaux abgebrochen. Die Behörden verfügen dies, weil sich mehrere schlimme Unfälle ereignen. Einer davon kostet Marcel Renault das Leben.

Ettore Bugatti vertut aber durch seinen Paris-Aufenthalt keine Zeit. In der französischen Hauptstadt lernt er Ernest Friderich (deutsche Schreibweise: Ernst Friedrich) kennen. Später sollte er einer der treuesten Mitarbeiter werden. Das Auto, das nicht starten darf, wird später umgebaut. Bugatti

bringt die Sitze an einer konventionelleren Stelle an, vor der Hinterachse und auch weiter oben.

Wien, Juni 1903
Export

Die Firma De Dietrich & Cie. nimmt am Autosalon von Wien teil. Die Marke wird von J.Y. von Ritsch vertreten und verfügt über einen eigenen Stand. Dort werden zwei Exemplare des 24/28 PS gezeigt, eines davon als nacktes Chassis. Das zweite Exemplar ist ein Tonneau mit vier Sitzen.

Mailand, 21. November 1903
Die Geburt von Ébé

Aus der Verbindung zwischen Ettore Bugatti und Barbara Bolzoni geht ein erstes Kind hervor. Die Tochter wird L'Ébé Maria Teresa getauft. Der erste Vorname besteht aus den Initialen des Kindsvaters. Während ihres ganzen Lebens wird L'Ébé den Kult um ihren Vater weiter fortführen. Sie kümmert sich um das Familienarchiv, sammelt Fotografien und andere Zeugnisse aus seinem Leben.

Der Stand von De Dietrich am Wiener Autosalon 1903.

Paris, 10. bis 15. Dezember 1903
Markteinführung des Typs 4

Die große Neuigkeit am Stand von De Dietrich am Pariser Autosalon ist der 30/35 PS (oder 30/45 PS nach der englischen Nomenklatur). In der Zählung von Ettore Bugatti handelt es sich um den Typ 4. Das Modell ist mit kurzem oder mit langem Radstand lieferbar.

Ettore Bugatti am Steuer des Tonneau, der am Wiener Autosalon ausgestellt wird.

1904–1905: Zwischenspiel bei Mathis

Niederbronn, 3. Februar 1904
Vorhang!

Eugène de Dietrich ist nicht mehr ganz zufrieden mit seinem jungen Autobauer. Er bemängelt, dass Ettore Bugatti zu viel Zeit für die Vorbereitung seiner Rennwagen verwendet und sich zu wenig der Entwicklung der eigentlichen Tourenwagen widmet. Der Baron entscheidet sich zu einer Trennung, und um alles zu beschleunigen, kündigt er zu Anfang des Jahres 1904 den Vertrag. Offenbar erreichte die Gesamtproduktion der De Dietrich – Bugatti kaum 60 Einheiten.

Straßburg, 1. April 1904
Neues Engagement

In der Firma De Dietrich & Cie. hatte Ettore Bugatti Émile Ernest Charles Mathis kennen gelernt, sich mit ihm angefreundet und ihn sogar zu seinem Trauzeugen bestimmt. Émile Mathis hatte Niederbronn drei Monate vor Ettore Bugatti verlassen, weil er eine eigene Firma zum Bau von Automobilen gründen wollte. So entsteht die Société Alsacienne de Constructions Mécaniques. Sie tut sich mit der EEC Mathis zusammen, die 1898 als Verkaufsgeschäft und Reparaturwerkstätte gegründet worden war.

Nach seinem Weggang von De Dietrich vertreibt Mathis die Produkte aus Lunéville und besitzt dazu die Exklusivlizenz für Deutschland, die Schweiz und Luxemburg. Beide Männer kommen wieder zusammen. Ettore Bugatti trifft Émile Mathis in Straßburg, wo er im familieneigenen Hôtel de Paris an der Rue Nuée-Bleue wohnt. Diese Adresse sollte später zum Redaktionssitz der Zeitung *Les Dernières Nouvelles* d'Alsace werden.

Für seine eigene Autoproduktion wendet sich Émile Mathis natürlich an Ettore Bugatti. Er stellt ihn mit einem Vertrag vom 1. April 1904 an und verteilt damit auch die

Das Chassis des Mathis-Hermès 40/50 PS von 1905.

Rollen: Ettore Bugatti soll Produkte entwickeln und deren Fertigung in den Werkstätten der Société Alsacienne de Constructions Mécaniques in Illkirch-Graffenstaden überwachen, während sich Émile Mathis um die Leitung des Unternehmens und den Vertrieb der Produkte unter der Marke Hermès-Simplex oder Mathis-Hermès kümmert. Der junge, nunmehr 23 Jahre alte Ettore arbeitet nun am Prototyp des Typs Hermès.

Paris, 9. bis 25. Dezember 1904
Das Angebot von Mathis-Hermès

Am Pariser Autosalon präsentiert Mathis drei Modelle. Sie werden von der Société Alsacienne de Constructions Mécaniques produziert und passen folgendermaßen in die gängige Nomenklatur der Bugatti-Typen:

▶ Typ 6: 40/50 PS, 7430 cm³, 130 x 140 mm.
▶ Typ 6b: 50/60 PS, 9230 cm³, 140 x 150 mm.
▶ Typ 7: 90 PS, 12 880 cm³, 160 x 160 mm.

Das Design dieser Hermès-Modelle erscheint wie die logische Fortführung der De-Dietrich-Wagen. Die Motoren allerdings sind verändert: Nur noch die Einlassventile liegen oben. Die Produktion dieser Mathis-Hermès dauert nur kurze Zeit und erstreckt sich über kaum ein Jahr.

Kesselberg, August 1905
Mathis im Rennen

An der Rennwoche am Kesselberg in Bayern nimmt ein Mathis mit 90 PS teil, ein Typ 7.

Ein Torpedo auf einem Chassis Hermès-Simplex 40/50 PS.

1906–1908: Erfahrungen bei Deutz

Straßburg, 1. April 1908
Der Bruch

Ettore Bugatti und Émile Mathis verlängern ihren Vertrag nicht über das zweite Jahr hinaus. Sie sind sich nicht einig über die Planung der Produkte, die sie anbieten wollen. Die Entscheidung fällt auch im Licht des eher unbefriedigenden Verkaufserfolgs, denn innerhalb eines Jahres werden nur rund 60 Stück abgesetzt.

Illkirch-Graffenstaden, Juni 1906
Die Unabhängigkeit

Ettore Bugatti eröffnet ein unabhängiges Entwicklungsbüro ganz in der Nähe seiner früheren Firma, der Société Alsacienne de Constructions Mécaniques in Illkirch-Graffenstaden. Er wird unterstützt von Augustin de Vizcaya, dem Leiter der Darmstädter Bank, und vom Mechaniker Ernest Friderich, der die kleine Werkstätte neben dem Entwicklungsbüro leitet. Beide Männer gehören in den Zwanzigerjahren zur nächsten Umgebung von Ettore Bugatti.

Dieser stürzt sich in die Entwicklung des Typs 8. Er wird von einem Vierzylindermotor (65 PS, 9900 cm³, 145 x 150 mm) mit oben liegender Nockenwelle angetrieben. Diese wird von einer senkrechten Königswelle mit doppelten Kegelrädern angetrieben;

bananenförmige Stößel wirken dabei auf die Ventilschäfte ein. Mit dieser Technik taucht erstmals eine Besonderheit auf, mit denen später die Autos der Marke Bugatti ausgestattet werden.

Die Kraftübertragung geschieht über eine Kette, ein Vierganggetriebe und eine Mehrscheibenkupplung.

Mailand, 25. Februar 1907
Frau Bugatti

Fünf Jahre nach ihrem ersten Zusammentreffen und drei Jahre nach der Geburt ihrer Tochter L'Ébé heiraten Ettore Bugatti und Barbara Maria Giuseppina Mascherpa Bolzoni.

Bad Homburg, 13. und 14. Juni 1907
Ein Hermès am Rennen um den Kaiserpreis

Am Rennen um den Kaiserpreis im Taunus nimmt auch ein Hermès-Simplex 45/60 PS teil. Er hat praktisch keine Karosserie, sondern nur zwei an den Längsträgern befestigte Schalensitze. Vor dem Start sieht man, wie Ettore Bugatti am Steuer eines Torpedo Hermès Persönlichkeiten aus der Welt des Autos, Verwandte und Freunde herumkutschiert, etwa Rembrandt Bugatti, Ernest Friderich, die Rennfahrer Felice Nazzaro und Louis Wagner, dem jungen Konstrukteur Vincenzo Lancia, Giovanni Agnelli, den Gründer von Fiat – nicht zu vergessen Émile Mathis, der versucht, die Differenzen zwischen ihm und Ettore Bugatti zu vergessen.

Graffenstaden, 14. Juli 1907
Lidias Geburt

Keine zwei Jahre nach der Geburt von L'Ébé bringt Barbara Bugatti ihre zweite Tochter auf die Welt. Sie bekommt die etwas klassischeren Vornamen Lidia Germania Ettorina Maria. Der dritte dieser Namen zeugt vom mächtigen Stolz des Vaters …

Im Vorfeld des Kaiserpreises 1907 fährt Ettore Bugatti einen Deutz vom Typ 8a. Neben ihm Pierre Maréchal; hinter ihm sitzen Felice Nazzaro, Vincenzo Lancia, Rembrandt Bugatti, Émile Mathis, Louis Wagner. Hinten steht Giovanni Agnelli, links im Bild Lodovico Scarfiotti, Direktor bei Fiat, und Ernest Friderich.

Köln, 1. September 1907
Deutz tritt auf den Plan

Die Leitung der Gasmotoren-Fabrik Deutz erfährt davon, dass Ettore Bugatti den neuen Typ 8 gebaut hat, und ist begeistert von diesem Projekt. Die Firma spielt bei der Entstehung der deutschen Autoindustrie eine Pionierrolle und möchte selbst in die Produktion ganzer Wagen einsteigen. Dazu möchte Deutz Bugattis Prototyp als Lizenz übernehmen und in Serie fertigen. Die Anfrage kommt von Gustav Langen, dem technischen Direktor von Deutz.

So schließt man einen Vertrag über fünf Jahre. Ettore Bugatti wird zum Direktor der Fertigungsabteilung ernannt, behält sich aber vor, neue Modelle mit geringerem Hubraum für andere Autobauer zu entwickeln, sofern sie nicht mit den Produkten von Deutz in Konkurrenz treten. Es gelingt Ettore Bugatti auch, jene Arbeiter einstellen zu lassen, die für ihn schon bei Mathis tätig waren. Ettore Bugatti verlässt somit das Elsass und zieht in die damalige preußische Provinz Westfalen. Am 1. September 1907 beginnt er offiziell seine Arbeit bei der Gasmotoren-Fabrik Deutz in Köln. Dieser berühmte Betrieb zählte zu Ende des 19. Jahrhunderts auch Gottlieb Daimler und Wilhelm Maybach zu ihren Mitarbeitern. Die Familie Bugatti sollte nun für etwas mehr als zwei Jahre in Mülheim am Rhein im Norden Kölns leben.

Berlin 5. Dezember 1907
Der Typ 8

Als Vorpremiere wird der Typ 8 am Autosalon von Berlin gezeigt. Es vergehen aber noch mehrere Monate bis zur Serienfertigung.

Köln, Mai 1908
Deutz-Modelle, entworfen von Bugatti

Ettore Bugatti ist nun technischer Leiter der Gasmotoren-Fabrik Deutz und zeichnet für zwei Modelle verantwortlich, die im

Katalog dieser Firma vom Frühjahr 1908 an aufscheinen:

► Typ 8a 38/65 PS: Motor mit 9900 cm³ Hubraum (145 x 150 mm), Kraftübertragung durch eine altertümlich wirkende Kette.

► Typ 8b 24/25 PS, Interimsversion, Hubraum 6400 cm³ (124 x 130 mm), Kraftübertragung je nach Wunsch mit Kette oder Kardanwelle.

Der für den Kaiserpreis 1907 präparierte Rennwagen Hermès-Simplex 45/60 PS.

Bad Homburg, 9. bis 17. Juni 1908
Unglückliches Rennen

Am Steuer eines Deutz nimmt Ettore Bugatti an der Prinz-Heinrich-Fahrt teil. Leider kommt sein Torpedo von der Straße ab und prallt gegen einen Baum. Der Fahrer kommt ohne Schaden davon.

Ettore Bugatti vor dem Start zur Prinz-Heinrich-Fahrt neben seinem Deutz, Juni 1908.

1909: Die Geburt des »kleinen Vollbluts«

Ettore Bugatti am Steuer des Deutz anlässlich der Prinz-Heinrich-Fahrt 1909.

Der Motor des Typs 9 von Deutz, 1909.

Der Deutz mit dem runden Windlauf bei der Prinz-Heinrich-Fahrt, 1909.

Mülheim, 14. Januar 1909
Die Geburt von Jean Bugatti

Gianoberto Carlo Rembrandt Ettore Bugatti kommt auf die Welt, wird aber Jean genannt. Er wird nur knapp über 40 Jahre alt werden und das Werk seines Vaters auf eigenständige und doch respektvolle Weise fortführen.

Köln, Februar 1909
Der Typ 9 für Deutz

Der Typ 9c 19/35 PS ist leichter als der Typ 8 und hat einen Motor mit nur 4960 cm³ Hubraum (110 x 130 mm). Für die Übertragung der Kraft sorgt eine Kardanwelle, eine Neuigkeit unter den bisherigen Modellen von Bugatti. Das Vierganggetriebe ist an den Längsträgern des Chassis befestigt und bildet damit eine versteifende Querverstrebung.

Köln, März 1909
Der Begriff des »kleinen Vollbluts«

Ettore Bugatti langweilt sich bei Deutz. Er zerstreut sich, indem er ein Auto in einer Werkstatt neben seinen Stallungen baut. Dieses Mal trägt der Prototyp seinen Namen und nichts anderes dazu. Es ist der erste »Pur Sang« (»Vollblut«) – diesen Begriff lässt sich Bugatti im Patentbüro der Stadt Köln eintragen! Er entwickelt das Auto mithilfe seines Freundes Ernest Friderich, der im Januar nach der Ableistung seines Militärdienstes ins zivile Leben zurückkehrt.

Dieser Typ 10 überrascht durch seine geringe Größe. Er sieht wie eine Kopie des Isotta-Fraschini von 1908 aus, der am Grand-Prix-Rennen des ACF (Automobile Club France) in Dieppe in der Klasse der Leichtwagen (»Voiturettes«) teilnimmt. Tatsächlich sind die Kennziffern ihrer Vierzylindermotoren mit oben liegender Nockenwelle (62 x 100 mm) identisch, doch das ist die einzige Übereinstimmung.

Dieses ultraleichte Kleinauto existiert heute noch. Lange Zeit bleibt es im Besitz der Familie Bugatti und wird »Baignoire« (»Badewanne«) genannt. Es wandert mit ihr im zweiten Weltkrieg nach Bordeaux aus. Das Stück gelangt schließlich 1975 in die Sammlung Bill Harrah in Nevada. Das funkelnde

aufregende Exemplar mit seinen kupfer-
farbenen Röhren und seiner Karosserie aus
poliertem Metall gehört heute der Familie
Lyon.

Bad Homburg, Juni 1909
Prinz-Heinrich-Fahrt

Die Gasmotoren-Fabrik Deutz meldet drei
Wagen für die zweite Auflage der Prinz-
Heinrich-Fahrt an. Die drei Torpedos mit
den Nummern 610, 612 und 639 kommen bis
ins Ziel und beweisen damit ihre Zuverlässigkeit. Die Nr. 610 zeichnet sich vor den beiden anderen durch ihren runden Windlauf
aus.

Molsheim, 15. Dezember 1909
Fuß fassen im Elsass

In einer gemeinsamen Erklärung vom 16. November 1909 trennen sich Deutz und Bugatti zu Ende ihrer Vertragsperiode im Dezember. Deutz gibt kurz darauf, im Januar 1911,
die Produktion von Autos auf. Ettore Bugatti kehrt ins Elsass zurück und will ein neues
Auto bauen, diesmal aber unter seinem eigenen Namen. Zwei Freunde helfen ihm, den

geeigneten Standort zu finden: Camille Wagner, ein Brauer aus Mutzig, und Augustin de
Vizcaya, Direktor der Darmstädter Bank.
Sie finden einen idealen Standort für die Fabrik ihres Freundes, eine Textilfärberei in
der Gemeinde Dorlisheim nahe Molsheim.

Ein Torpedo von Deutz bei
der Prinz-Heinrich-Fahrt
1909.

Der Pariser Vertreter von Bugatti,
ein Herr Huet, am Steuer des
Typs 10, 1909.

AKT II
Der Aufstieg
(1910–1930)

Ettore Bugatti gründet 1910 im damals noch deutschen Elsass sein eigenes Unternehmen. Sehr schnell werden Autorennen zu einem wichtigen Teil seiner industriellen Aktivität.
In der Zeit kurz vor dem Ersten Weltkrieg zahlt sich diese Strategie aus und führt dazu, dass die Marke im internationalen Vergleich bald einen Spitzenplatz einnimmt. Dieser Schwung wird nur durch die Folgen der weltweiten Wirtschaftskrise gebremst.

Start zum Großen Preis
von Monaco 1930.

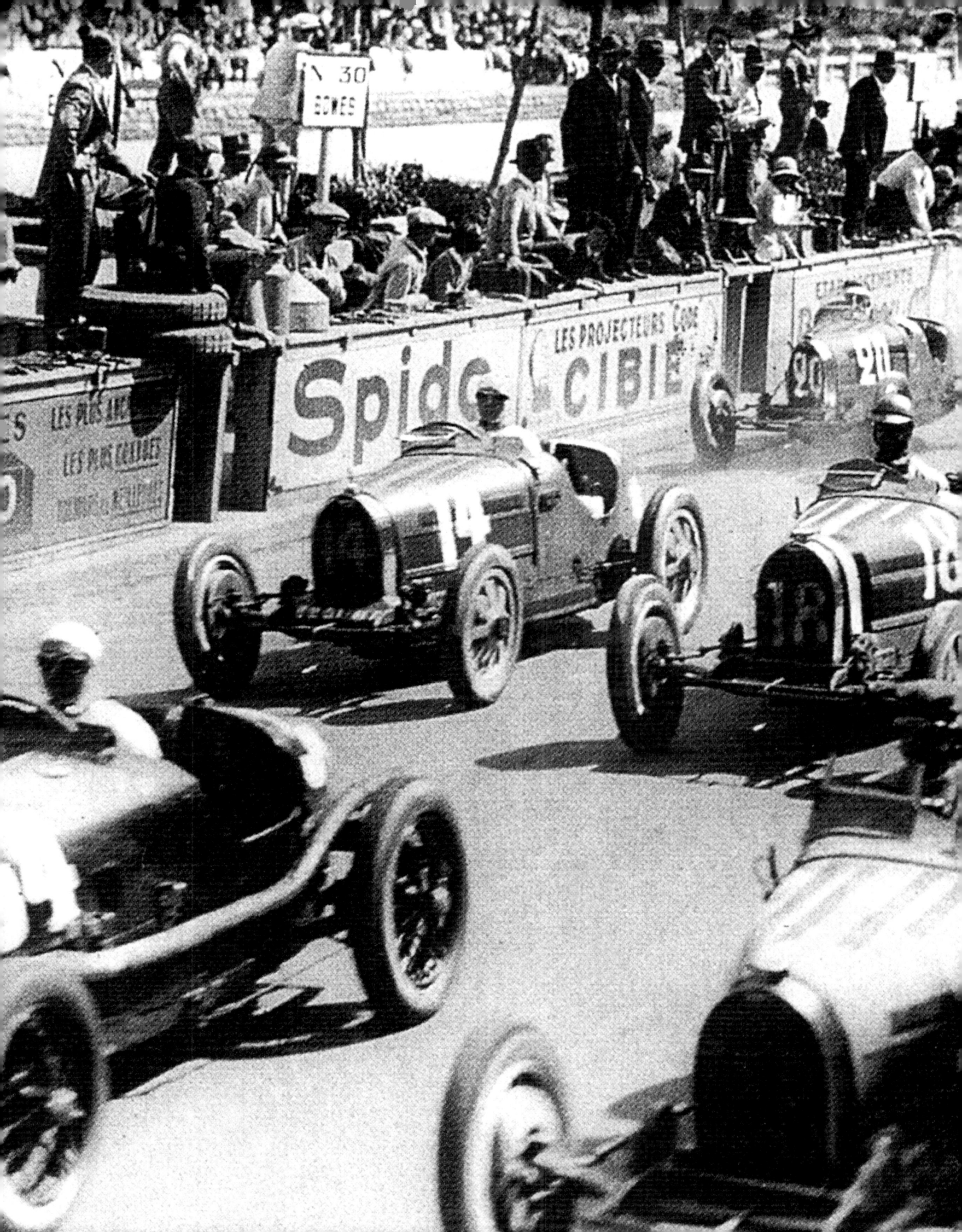

AKT II
SZENE 1

Die deutsche Periode
1910–1918

Kaum hat sich Ettore Bugatti vom Vertrag mit der Firma Deutz befreit, stürzt er sich in das Abenteuer einer eigenen Automarke und schafft aus dem Stand eine vollständige Angebotspalette. Seine eigenen Wurzeln liegen in Italien, sein Herz wohnt in Frankreich, und seine Fabrik steht in Deutschland. So führt Ettore Bugatti ein kosmopolitisches und auch heimatloses Leben. Es normalisiert sich erst nach dem ersten Weltkrieg, als das Elsass und Lothringen zu Frankreich zurückkehren. Bugatti ist zu Beginn somit eine deutsche Automarke.

Der Peugeot Type BP1, auch »Bébé«
genannt, wird von 1912 bis 1916 in
der Fabrik in Beaulieu in insgesamt
3095 Stück gefertigt.

1910: Niederlassung in Molsheim

Dorlisheim, 1. Januar 1910
Die Entstehung der Marke Bugatti

Darritchons Auto beim Bergrennen von Gaillon.

Ettore Bugatti am Steuer des Deutz 5 Liter bei der Prinz-Heinrich-Fahrt, 1910.

Ettore Bugatti gründet sein Unternehmen in Dorlisheim bei Molsheim. Vom Frühjahr an produziert er dort den Typ 13, einen Abkömmling des Typs 10 aus dem Jahr 1909. Parallel dazu schließt Ettore Bugatti die Entwicklung seiner beiden letzten Projekte für die Firma Deutz ab, mit der er weiterhin freundschaftliche Beziehungen unterhält:

▶ Typ 21, 40 PS, Vierzylindermotor mit 3564 cm³, 90 x 140 mm, Kraftübertragung durch Kardanwelle.

▶ Prototyp 5 Liter, 19/100 PS, Vierzylinder, 5027 cm³, 100 x 160 mm, 100 PS bei 2400 U/min. Der Kühlergrill zeigt die Form eines Steigbügels, und dieses Motiv wird Erfolg haben …

Bad Homburg 19. Juni 1910
Ausgestochen von Porsche!

Ettore Bugatti lenkt einen selbst konzipierten Torpedo Deutz 5 Liter 19/100 PS bei der dritten und vorletzten Auflage der Prinz-Heinrich-Fahrt. Den Sieg trägt ein anderer berühmter Mann davon: Ferdinand Porsche am Steuer eines ebenfalls selbst entwickelten Austro-Daimler.

Gaillon, 21. Oktober 1910
Erste Versuche

Die Produktion in der Autofabrik Bugatti läuft nur langsam an. Um seine Autos be-

Werbung für die »E. Bugatti Automobilfabrik« aus dem Jahre 1910.

kannt zu machen, lässt Bugatti einen der ersten Torpedos des Typs 13 am Bergrennen von Gaillon teilnehmen. Den zweiten Platz in der Klasse der Tourenwagen holt sich ein gewisser Darritchon am Steuer »eines Kleinautos mit dem Namen Bugatti … Es sieht eher wie ein Spielzeug und nicht so sehr wie ein richtiges Autos aus.« Das schreibt der Journalist W. F. Bradley in der Zeitschrift *The Motor*. Es handelt sich in der Tat um einen kleinen zweisitzigen Torpedo des Typs 13. Er sieht dem Typ 10 sehr ähnlich, hat aber eine weiche Karosserie.

Paris, 2. bis 18. Dezember 1910
Entwurf eines Programms

Für den Pariser Autosalon, wo Bugatti bereits einen Stand hat, entwirft er einen ersten Katalog. Die Generalvertretung für die Pariser Region hat die Garage Huet am Square Saint-Ferdinand Nr. 3 im 17. Arrondissement inne. Das Angebot besteht nunmehr aus drei Versionen:

▶ Typ 13 mit demselben Chassis wie der Typ 10, aber mit einem von 1208 auf 1327 cm³ vergrößerten Hubraum. Als Karosserie steht zur Verfügung ein Sporttorpedo mit oder ohne Windschutzscheibe. Der erste Typ 13 trägt die Seriennummer 361.

▶ Typ 15 als Sporttorpedo, zwei Sitze mit Notsitz, und als viersitzigen tulpenförmigen Torpedo.

▶ Typ 17 als viersitziger Sporttorpedo und als viersitzige Limousine mit Fahrersitz innen, gestaltet von Widerkehr auf dem Chassis Nr. 366. Dieses Auto fährt Madame Bugatti.

Molsheim, 31. Dezember 1910
Bilanz des ersten Jahres

Die Produktion der Autofabrik Bugatti bleibt im Lauf dieser ersten zehn Monate auf 6 Exemplare beschränkt (Chassis Nr. 361–366). Eines davon befindet sich im Technischen Museum Prag, das zweite in der Sammlung Peter Hampton in Großbritannien. Es handelt sich dabei um die Limousine mit Fahrersitz innen von Widerkehr (Typ 17), die am Pariser Autosalon zu sehen war.

Daten zu den Typen 13, 15 und 17	
Chassis	Rahmen mit Längsträgern und Querverstrebungen
Karosserie	Stahl
Motor	Vierzylinder-Reihenmotor
Anordnung	Vorne, längs
Hubraum	1327 cm³ (65 x 100 mm)
Ventilsteuerung	Oben liegende Nockenwelle, zwei oben liegende Ventile pro Zylinder
Gemisch	Erst Drehschiebervergaser, dann Zénith 30
Leistung	25 PS (18,4 kW) bei 3000 U/min
Kompression – Kraftübertragung	Durch Kardanwelle, Hinterradantrieb
Gangschaltung	Vier Gänge
Vorderradaufhängung	Starrachse, längs angeordnete Blattfedern
Hinterradaufhängung	Starrachse, längs angeordnete Blattfedern
Bremsen	Trommelbremsen hinten, mechanisch betrieben
Lenkung	Schneckenlenkung
Reifen	6,50 x 65 (Typ 15 und 17: 700 x 65 vorne, 700 x 85 hinten)
Maße	Je nach Karosserie
Radstand x Spurweite	200 x 115 x 115 cm (Typ 15: 240 cm, Typ 17: 255 cm)
Gewicht	450 kg – 18 kg/PS (Typ 15 und 16: 500 bis 600 kg)
Höchstgeschwindigkeit	95 km/h (Typ 15 und 17: 75 bis 85 km/h)
Produktion	75 Stück im Jahre 1911

Ein weiterentwickelter Torpedo mit Scheinwerfern und besser integrierter Spritzwand (oben links).

Torpedo auf kurzem Chassis des Typs 13 (links).

Die zweitürige Limousine mit Fahrersitz innen, realisiert von Widerkehr (unten).

1911: Die erste Rennsaison

Der Stand von Ettore Bugatti am Berliner Autosalon 1911.

Ernest Friderich in seinem Typ 13 nach dem Rennen von Le Mans 1911.

Le Mans, 4. und 5. Juni 1911
Erfolg in der Tourenklasse

Beim berühmten Rennen im Département Sarthe belegen Gilbert und Vizcaya die beiden ersten Plätze in der Tourenklasse.

Le Mans, 22. Juli 1911
Grand Prix von Frankreich

Wegen des Boykotts der französischen Autobauer findet der Grand Prix des Automobile Club de France in den Jahren 1909 und 1910 nicht statt. Der Automobile Club de la Sarthe organisiert an dessen Stelle einen Grand Prix in der Umgebung der Stadt Le Mans. Die Autos fahren zwölfmal einen Rundkurs mit einer Länge von 54 km. Bugatti will an diesem Langstreckenrennen mit einem Typ 13 (Chassis Nr. 415) mit leichter Karosserie ohne Türen teilnehmen. Der zylindrische Treibstofftank ist hinten befestigt. Das Auto trägt die Nummer 14 und ist weiß lackiert, in der Nationalfarbe deutscher Rennwagen. Der Fahrer ist Ernest Friderich. Es herrscht eine brütende Hitze, und die Reifen werden von den 35 °C im Schatten

strapaziert. Die meisten Konkurrenten fahren Motoren mit großem Hubraum. Das hindert Friderich nicht daran, in der achten Runde den dritten Platz hinter dem 6-Liter-Fiat von Victor Héméry und dem De Dietrich von Arthur Duray zu belegen. Der kleine Bugatti ist mit seinem bescheidenen 1,3-Liter-Motor unglaublich wendig in den kurvenreichen Abschnitten. Als Duray aufgeben muss, liegt Friedrich an zweiter Stelle und bekommt die Coupe des Voiturettes, der für Autos mit einer Bohrung von maximal 110 mm und einem Hub von höchstens 200 mm reserviert ist. Durch diese Leistung wird Bugatti überall in Europa bekannt und kann sich so neue Märkte erschließen.

Mont Ventoux, August 1911
Bergrennen

Der Bankier Augustin de Vizcaya nimmt mit seinem Typ 13 (Nr. 1) am Bergrennen am Mont Ventoux teil.

Sochaux, 18. November 1911
Zusammenarbeit mit Peugeot

Ettore Bugatti schlägt sein neuestes Projekt, den Typ 19, erst der Firma Wanderer vor, überlässt die Lizenz zur Produktion dann aber Peugeot. Er weiß, dass sich die Société des Automobiles Peugeot und die Firma

Les Fils de Peugeot Frères 1910 unter einem Dach zusammengeschlossen haben. Aus diesem Projekt geht der Bébé Peugeot hervor, der am Autosalon 1912 erstmals präsentiert wird.

Paris, 31. Dezember 1911
Bilanz des zweiten Jahres

Im Jahre 1911, wie auch schon 1909, macht der Autosalon der Luftfahrtausstellung (Exposition de Locomotion Aérienne) Platz. In diesen Pionierzeiten erlebt die Fliegerei einen ebenso erstaunlichen Aufstieg wie die Autoindustrie. Der Leiter dieser Ausstellung ist André Granet (1881–1974). Der Architekt gründete zusammen mit seinem Partner, dem Piloten Robert Esnault-Pelterie im Jahr zuvor die Association des Industries de la Locomotion Aérienne. André Granet bekommt in dieser Zeit gerade sein Diplom an der École des Beaux-Arts und darf das Innendekor des Grand Palais übernehmen.

Das Angebot von Bugatti ändert sich nicht. An den Serienmodellen bringt er einige technische Veränderungen an. Das Gehäuse des Schaltgetriebes ist nun an vier statt an drei Stellen am Fahrgestell befestigt. Der Treibstofftank wandert nach hinten. Auf Wunsch gibt es Drahtspeichenräder, ebenso Stoßdämpfer.

Nach und nach steigt die Produktion. Sie erreicht über das ganze Jahr 1911 gesehen 75 Einheiten (Seriennummern 367 bis 442).

Ernest Friderich in seinem Bugatti Typ 13 beim Start zum Grand Prix von Frankreich im Juli 1911.

Der Prototyp des Typs 19, der erst Wanderer angeboten wurde und den dann Peugeot in Lizenz baut.

De Vizcaya in seinem Bugatti Typ 13 beim Aufstieg auf den Mont Ventoux im August 1911.

1912: Das 5-Liter-Auto als Star

Marseille, März 1912
Tour de France

Bei der Tour de France, die über 4000 km führt, bekommt Bugatti die Goldmedaille des Automobile Club de Marseille für den kleinsten Motor des gesamten Feldes.

Le Mans, 26. Mai 1912
Die Anfänge des 5-Liter-Autos

Beim Rennen in Le Mans siegt ein ganz neuer Bugatti: der Typ 18 mit einem 5-Liter-Motor und drei Ventilen pro Zylinder. Erstaunlicherweise ist dieser Motor mit einer archaischen Kraftübertragung mithilfe einer Kette ausgestattet. Dafür hat das Auto eine neue Hinterradaufhängung mit Viertelelliptikfedern. Für das Rennen von Le Mans bekommt der Kühler eine Verkleidung, die

dessen aerodynamische Eigenschaften verbessert. Hinten läuft das Auto in eine lange Spitze aus, um die Geschwindigkeit zu erhöhen. Diesen 5-Liter-Wagen steuert G. Dillon-Kavanagh, der Vertreter von Bugatti in Paris. Der Herzog Ludwig Wilhelm von Bayern, ein Freund von Ettore Bugatti, kauft den ersten von fünf produzierten Wagen des Typs 18, das Exemplar mit der Seriennummer 471.

Mont Ventoux, 11. August 1912
Angriff auf den Berg

Das 5-Liter-Auto mit der Seriennummer 471 taucht beim Bergrennen am Mont Ventoux auf. Es fehlt ihm die Stromlinienverkleidung. Dafür hat es am Heck einen Gepäckträger. Ettore Bugatti lenkt den Wagen und wird Vierter.

Ettore Bugatti am Steuer seines 5-Liter-Autos am Mont Ventoux, 1912.

Der 5-Liter-Wagen vom Typ 18 am Start zum Rennen von Le Mans, am Steuer G. Dillon-Kavanagh, Mai 1912.

Der für das Bergrennen von Gaillon präparierte Typ 14, Oktober 1912.

Gaillon, 9. Oktober 1912
Einzige Ausfahrt des Typs 14

Beim Bergrennen von Gaillon an der Grenze zur Normandie tritt zum ersten und einzigen Mal ein neues wichtiges Modell an, der erste Bugatti mit Achtzylindermotor, genannt Typ 14. Erneut zeigt das Auto eine Stromlinienform, läuft hinten spitz zu und trägt vorne am Kühler eine Verkleidung. Bugatti montiert einfach zwei Vierzylindermotoren vom Typ 13 (2654 cm³) als Tandem. Das Auto bekommt die Nummer 9. Weil aber die letzte Abstimmung fehlt, muss es vorzeitig aufgeben.

Daten zum Typ 18	
Chassis	Rahmen mit Längsträgern und Querverstrebungen
Karosserie	Stahl
Motor	Vierzylinder-Reihenmotor
Anordnung	Vorne, längs
Hubraum	5027 cm³ (100 x 160 mm)
Ventilsteuerung	Oben liegende Nockenwelle, drei Ventile pro Zylinder
Gemisch	Zénith-Vergaser
Leistung	95 PS (70 kW) bei 2800 U/min
Drehmoment	–
Verdichtung	–
Kraftübertragung	Über Kette, Hinterradantrieb (Kardanwelle beim Chassis Nr. 714)
Gangschaltung	Vier Gänge
Vorderradaufhängung	Starrachse, längs angeordnete Blattfedern
Hinterradaufhängung	Starrachse, längs angeordnete Viertelelliptikfedern
Bremsen	Trommelbremsen hinten, mechanisch betrieben
Lenkung	Schneckenlenkung
Reifen	880 x 120
Maße	–
Radstand x Spurweite	255 x 125 x 125 cm
Gewicht	1200 kg – 12,6 kg/PS
Höchstgeschwindigkeit	150 km/h
Beschleunigung	–
Produktion	6 Stück von 1912 bis 1914 (Nr. 471, 472, 473, 474, 714 und 715)

1912: Geburt eines Babys

Paris, 17. bis 22 Dezember 1912
Bugatti an mehreren Fronten

Am Stand Nr. 8 stellt Bugatti den »Petit Pur-Sang«, aus, den man als »den Prototyp des leichten Autos« bezeichnet. Die Werbung zeigt ihn als Torpedo.

Das Angebot bei den 5-PS-Wagen bleibt unverändert mit den Typen 13, 15 und 17. Sie stehen weiterhin im Katalog. Einige Wagen bekommen einen ovalen Kühler mit abgerundeten Ecken, doch auf Wunsch gibt es immer noch das eckige Modell.

▶ Typ 13 als zweisitziger Sporttorpedo, mit oder ohne Windschutzscheibe, oder als zweisitziger Bugatti-Torpedo ohne Windschutzscheibe.

▶ Typ 15 als dreisitziger Sporttorpedo Spider oder als viersitziger tulpenförmiger Torpedo.

▶ Typ 17 als viersitziger Sporttorpedo oder als viersitzige Limousine mit Fahrersitz innen.

Peugeot bringt einen der ersten wirklich beliebten Autotypen auf den Markt. Am Pariser Autosalon wird unter der Marke Lion-Peugeot der Typ BP1 vorgestellt, der bald den Übernamen »Bébé Peugeot« bekommt. Dieser Torpedo zeigt mehrere Neuerungen. Zunächst ist da seine frische Art: Die Proportionen sind ungewöhnlich mit sehr großer Spur und vergleichsweise kurzem Radstand. Zwei Personen nimmt das kompakte Stadtauto auf. Der Bébé Peugeot erweist sich wegen seines kleinen modernen Motors als lebhaftes Auto. Zwei Nockenwellen liegen im Inneren des Gehäuses. Im Gegensatz zu anderen Schöpfungen von Ettore Bugatti begnügt sich der Bébé Peugeot mit seitlichen Ventilen. Die Hinterradaufhängung mit Viertelelliptikfedern sind bereits typisch für ein Produkt aus Molsheim. Die Marke Lion-Peugeot verschwindet später zusammen mit dem Bébé, aber das Raubtier, das vom Löwen von Belfort, geschaffen 1880 vom Bildhauer Frédéric-Auguste Bartholdi, inspiriert wird, bleibt immerhin der Nachwelt erhalten!

Molsheim, 31. Dezember 1912
Bilanz

Im Lauf des Jahres 1912 werden über 100 Autos gebaut. Die Exporte setzen ein: Am 25. Mai liefert Bugatti ein Chassis des Typs 15 (Seriennummer 446, das 86. Stück dieses Typs) an Herrn Hasskerl in Straßburg aus, den Bugatti-Vertreter in Deutschland. Fünf Wagen werden an die Firma A. Batalin & Plotnikoff geschickt, die Bugatti nach Russland importieren (Nr. 402, 408, 421, 442 und 494). Das Auto mit der Seriennummer 442 ist ein Typ 13 mit acht Ventilen, ein Modell des Jahres 1911 mit einem Chassis, das hinten durch Scheren verlängert wird. Sie tragen die hintere Verankerung der Federn.

Werbung vom Dezember 1912.

Ein zweisitziger Bugatti Typ 15 (Nr. 446) mit spartanischer Karosserie.

1913: Unterstützung durch eine Berühmtheit

Paris, 18. September 1913
Lieferung an Roland Garros

Roland Garros gehört zu den bekanntesten Persönlichkeiten in Paris. Der Pilot wird durch seine Höhenrekorde und seinen Langstreckenflug zwischen Rom und Tunis im Dezember 1912 bekannt. Die nächste Herausforderung für ihn besteht darin, von Fréjus nach Bizerte zu fliegen. Der Start ist für den 23. September 1913 vorgesehen. Fünf Tage vor diesem Flug übergibt Ettore Bugatti dem Piloten die Schlüssel für das Auto, das dieser im Juli zuvor bestellt hat. Es handelt sich um einen 5-Liter-Wagen mit der Chassisnummer 474. Der Karosserieschlosser Henri Labourdette baut dazu einen sportlichen, zweisitzigen schwarz und elfenbeinfarben lackierten Torpedo. In der Folge dieses prestigeträchtigen Verkaufs wird der 5-Liter-Wagen von Bugatti den Beinamen »Roland Garros« bekommen. Die Engländer nennen ihn schließlich »Black Bess«.

Im Gegensatz zum ersten 5-Liter-Auto, das im Mai 1912 in Le Mans zu sehen war, besitzt der Bugatti 5 Liter von Roland Garros einen 5-Liter-Motor mit dreifach anstelle fünffach gelagerter Kurbelwelle.

Im Ersten Weltkrieg, im Jahre 1918, wird Roland Garros abgeschossen. Sein Auto wird nach Großbritannien exportiert und entzückt nacheinander mehrere Bugattisten, besonders den Obersten Giles sowie Peter Hampton.

Paris, 17. bis 27. Dezember 1913
Der Jahrgang 1914

Der Ford T, der 1908 erstmals in den USA hergestellt wurde und seither in Bordeaux produziert wird, erscheint zum ersten Mal 1913 unter der Kuppel des Grand Palais.
Die Weiterentwicklung des Bugatti-Angebots bleibt angesichts dieses Ereignisses eher unbemerkt. Weiterhin besteht es aus drei Modellen, doch die Typen 22 und 23 lösen nun

den 15 und den 17 ab. Beim Typ 13 wird der Hubraum durch Aufbohren leicht erhöht auf 1368 cm³ (66 x 100 mm). Die Leistung macht einen kleinen Sprung auf 27 PS. Bei den Typen 22 und 23 tritt zu dieser Veränderung auch ein neues Schmiersystem. Das gesamte Angebot ist nun hinten mit Viertelelliptikfedern ausgestattet.

Molsheim, 31. Dezember 1913
Bilanz

Im dritten Jahr nähert sich die Produktion von Bugatti immer mehr dem industriellen Maßstab: insgesamt 175 Stück.

Der 5-Liter-Wagen (Nr. 474) mit der Karosserie von Henri Labourdette gehört Roland Garros (September 1913).

Ein Torpedo des Typs 15 mit langem Radstand und einer Karosserie von Durr, Colmar.

1914–1918: Das Leben geht weiter

Indianapolis, 30. Mai 1914
Ein 5-Liter-Auto auf dem Speedway

Ein Bugatti 5 Liter wird nach Indianapolis geschickt. Es handelt sich um ein spezielles Modell mit einer Kardanwelle zur Kraftübertragung. Durch Aufbohren wird ein Hubraum von 5657 cm³ (100 x 180 mm) erreicht. Ernest Friderich macht die Reise mit, um das Auto zu fahren, aber es fällt durch den Bruch eines Getrieberades aus.

Nr. 34: Typ 18, Ernest Friderich (n. klass.)

Um nichts zu verlieren, wird der weiße Monoposto von Indianapolis zum Straßen-

Der Bugatti 5 Liter Typ 18, der 1914 in Indianapolis startet und später eine neue Karosserie bekommt.

fahrzeug umgebaut und erhält eine Karosserie als Coupé mit zwei Sitzen, mit Kotflügeln und Scheinwerfern.

Molsheim, November 1914
Wirren des Krieges

Der letzte der 90 im Jahre 1914 gefertigten Wagen trägt die Seriennummer 706. Ettore Bugatti ist von der Staatsbürgerschaft her Italiener, besitzt aber als überzeugter Frankophiler eine Firma auf deutschem Boden. So weigert er sich beim Ausbruch des Ersten Weltkrieges am 2. August 1914, Militärdienst in Deutschland zu leisten. Sofort bringt er seine Familie in Sicherheit, nach Stuttgart. Dann kehrt er nach Molsheim zurück, um drei Rennmotoren innerhalb seines Besitztums zu vergraben; es handelt sich um Prototypen mit 16 Ventilen, von denen er nicht will, dass sie dem Feind in die Hände fallen.

Einige Tage darauf erhält er mit Unterstützung einiger Freunde, darunter des Herzogs Ludwig Wilhelm von Bayern und des Grafen Zeppelin, die Erlaubnis, mit seiner ganzen Familie über die Schweiz nach Mailand zu reisen. Zu Beginn des Krieges ist Italien noch neutral. Von dort aus kann Ettore Bugatti seine Kenntnisse in den Dienst Frankreichs stellen, wie er es möchte. Mithilfe von Freunden und ausgestattet mit einer speziellen Erlaubnis lässt er sich zu Winteranfang 1914 in Paris nieder. Nachdem auch Italien im Mai 1915 in den Krieg eingetreten ist, wird Ettore Bugatti in Frankreich zu den Waffen gerufen.

Paris, 3. Januar 1915
Kriegszeiten

Ettore Bugatti lässt sich in Paris in einem repräsentativen Gebäude gleich neben der Oper nieder, dem Grand Hôtel an der Rue Scribe. In seiner Suite beginnt er mit der Entwicklung zweier Flugzeugmotoren: Es geht um einen Achtzylinder-Reihenmotor mit 14,5 Liter und einen 16-Zylinder-U-Motor mit 24,3 Liter.

Um die Prototypen bauen zu können, verfügt er bald über eine Werkstatt. Er bekommt sie leihweise vom Herzog von Gramont in Levallois-Perret an der Rue Chaptal 80. Am 9. Mai 1915 wird Ettore Bugatti das Croix de Guerre verliehen.

Indianapolis, 30. Mai 1915
Amerikanische Tournee

Da die Vereinigten Staaten noch nicht am Krieg teilnehmen, findet das traditionelle 500-Meilen-Rennen von Indianapolis wie gewohnt statt. Charles W. Fuller aus Rhode Island lässt seinen Bugatti 5 Liter mit

Das Grand Hôtel in Paris.

Kettenantrieb daran teilnehmen. Das weiße Auto absolviert nur 20 Runden und hat dann einen Schaden an der Wasserpumpe. Zuvor hatte man dasselbe Auto am 27. Februar in San Francisco bei der Coupe Vanderbilt und am 17. März beim Großen Preis von Kalifornien gesehen.

Nr. 26: Typ 18, George Hill (n. klass.)

Paris, 8. Januar 1916
Rembrandt setzt seinem Leben ein Ende

Rembrandt fühlt sich von der Tuberkulose geschwächt, hat große finanzielle und auch persönliche seelische Probleme. Er besucht an diesem traurigen Samstagmorgen ein letztes Mal die Messe in der Église de la Madeleine. Auf dem Markt vor der Kirche kauft er einen Veilchenstrauß und kehrt dann in sein Atelier an der Rue Joseph-Bara im 6. Arrondissement in Paris zurück. Es liegt nahe den Jardins du Luxembourg, zwei Schritte von der Werkstatt von Ossip Zadkine

Der U16-Motor für die Luftfahrtindustrie.

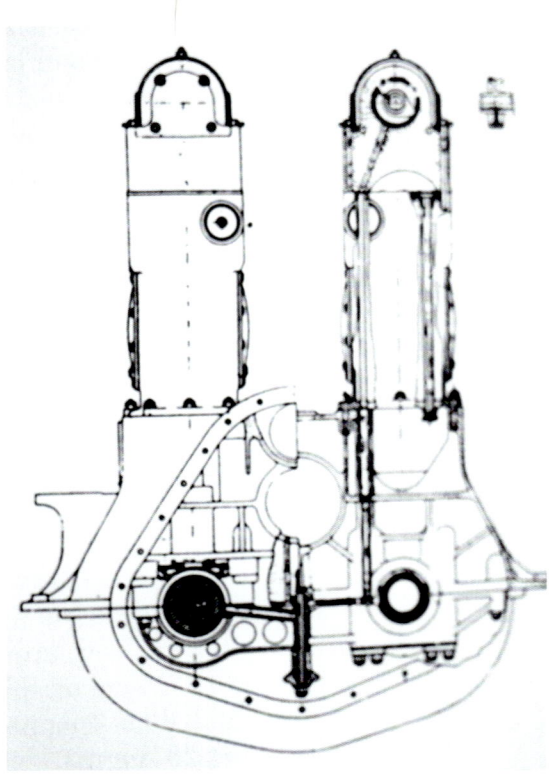

seinem introvertierten und obsessiven Talent überflogen hatte. Damit ist Ettore Bugatti der letzte Überlebende der Dynastie.

Paris, 1. Juni 1916
Rückwärtige Basis

Ettore Bugatti kauft eine Wohnung an der Rue Boissière 20 im 16. Arrondissement in einem stattlichen Gebäude, das der Architekt Gustave Rives 1896 gebaut hatte. Die Familie Bugatti wohnt im ersten Stock. Im Erdgeschoss wird provisorisch ein Büro eingerichtet. Hierhin wird sich Ettore Bugatti 1936 beim Streik seiner Arbeiter in Molsheim zurückziehen. Hier führt er seine Arbeiten auch während des Zweiten Weltkriegs weiter.

Paris, 23. Oktober 1917
Sechzehn Zylinder für die Luftfahrt

entfernt. Er schreibt einen langen Brief an seinen Bruder und öffnet den Gashahn.

Am Nachmittag findet man den Leblosen und bringt ihn ins Hôpital Laennec, doch auf dem Transport stirbt er. Die Trauerfeier findet in der Kirche Notre-Dame-des-Champs statt. Der Freund von Guillaume Apollinaire, Amedeo Modigliani und André Derain verlässt damit eine Welt, die er mit

Ettore Bugatti hatte 1916 die Lizenz für einen Achtzylindermotor an die italienische Firma Diatto verkauft. Deswegen konzentriert er sich jetzt auf einen 16-Zylinder-Motor, ebenfalls für die Luftfahrt. Die ersten Probeläufe finden am 23. Oktober in der Werkstatt in Levallois-Perret statt. Der U-förmige Block besteht aus zwei parallelen Reihen mit je acht Zylindern (24,3 Liter, 110 x 160 mm, 432 PS bei 1980 U/min).

Die Wohnung in der Rue Boissère in Paris.

Bugatti lässt einen Vertrag mit der Firma Hispano-Suiza sausen und wird dann von der amerikanischen Armee kontaktiert, die am 6. April 1917 in den Krieg eintritt. Eine amerikanische Kommission unter der Leitung von Major Raynal C. Bolling wird nach Frankreich geschickt, um an den Probeläufen im Herbst 1917 teilzunehmen.

New York, 23. Dezember 1917
Reise nach Amerika

Eine von Bugatti organisierte Reisegruppe verlässt am 14. Dezember Bordeaux und fährt nach New York. Mehrere Luftfahrtspezia-

listen sind dabei, ebenso Ernest Friderich. Er konnte seinen Dienst quittieren, nachdem er im Mai 1915 das Croix de Guerre erhalten hatte. Ein Teil der französischen Reisegruppe fährt zur Firma Packard nach Detroit, um die Arbeiten am amerikanischen Liberty-Motor zu verfolgen. Die anderen Männer, darunter Friderich, besuchen am 15. Januar 1918 die Firma Duesenberg in Elizabeth in New Jersey. Der Betrieb hat den Auftrag, dem Bugatti-Motor die letzte Abstimmung zu verleihen. Nach vielen Komplikationen beginnt die Produktion erst einige Wochen vor dem Waffenstillstand.

Ernest Friderich am Steuer seines Bugatti Typ 18 beim 500-Meilen-Rennen von Indianapolis, 1914.

AKT II
SZENE 2

Der Aufschwung
1919–1923

Kurz vor dem Waffenstillstand wird Bugatti eine französische Firma. Sie erlebt einen schnellen Aufschwung, weil sie Produkte anbietet, die Motorsportlern zusagen. Bugatti engagiert sich auf dem höchsten Niveau der internationalen Konkurrenz und nimmt mit einzigartigen, besonders aerodynamisch ausgeklügelten Wagen an den prestigeträchtigsten Grand-Prix-Rennen teil.

Der Typ 30 von Pierre de Vizcaya beim Start zum Grand Prix des Automobile Club de France 1922.

Michele Baccoli beim Grand Prix de France, 1920.

1919–1920: Wiederaufnahme

Molsheim, Januar 1919
Rückkehr ins Elsass

Während in Versailles die Friedenskonferenz beginnt, stellt Bugatti mit seiner Familie den Besitz in Molsheim wieder her. Er liegt nun in einem Elsass, das bald wieder französisch sein wird. Im März beginnt die Produktion unter der Leitung von Ernest Friederich, der im Dezember aus Amerika zurückgekehrt war.

Paris, 9. bis 19. Oktober 1919
Der erste Autosalon nach dem Krieg

Im letzten Augenblick bekommt Ettore Bugatti noch einen Platz, um seine Produkte am Autosalon auszustellen. Sein Angebot ähnelt sehr stark dem vor Kriegsbeginn, fünf Jahre zuvor. Man findet die drei Modellreihen wieder, alle mit demselben Vierzylindermotor mit 1368 cm³ Hubraum (66 x 100 mm). Er verfügt allerdings über ein neues System der Ventilsteuerung, das aus der Zeit unmittelbar vor Kriegsausbruch stammt: Die oben

liegende Nockenwelle bedient nunmehr vier Ventile pro Zylinder. Diese Entwicklung kann man von außen leicht erkennen, denn der Auspuff liegt nun rechts.

Die drei am Salon gezeigten Modelle sind:
▶ Typ 13, Rennwagen mit 200 cm Radstand.
▶ Typ 22, Radstand 225 cm, als Torpedo.
▶ Typ 23, Radstand 240 cm, als Stadtcoupé mit Karosserie aus Rohrgeflecht.

Am Salon nimmt auch die italienische Firma Diatto teil. Sie kam 1905 zum Autobau und zeigt einen Torpedo, der mit Bugattis Lizenz gefertigt wird. Er ruht auf einem Chassis des Typs 23 mit einem Radstand von 2,55 Meter und besitzt einen Motor mit 1453 cm³. Ein Jahr später sollte auch Bugatti diesen Hubraum auf den Markt bringen. Die klassische Vorderansicht des Diatto lässt keine Verwandtschaft mit den Bugattis erkennen. Die beiden Marken waren sich schon im Krieg nähergekommen, als es um einen Flugzeugmotor ging.

Der Typ 13 von Ernest Friderich am Start zum Grand Prix de la Sarthe 1920.

Le Mans, 29. August 1920
Rückkehr zum Rennsport

Der Automobile Club de l'Ouest organisiert das erste große Rennen der Nachkriegszeit: den Grand Prix de la Sarthe. Die Coupe Internationale des Voiturettes ist für Wagen mit einem Gewicht von 350 bis 500 kg und einem Hubraum von maximal 1,4 Liter reserviert. 21 Autos nehmen an diesem Rennen teil. Bugatti meldet drei Modelle an, die er mit neuen Motoren mit 16 Ventilen ausstattet. Er hatte sie schon vor dem Krieg entworfen und während des Konflikts sorgfältig versteckt. Drei Motoren hatte er erst vergraben. Dann hatte er zwei weitere auf neue Fahrgestelle montiert und sie mit der Eisenbahn nach Italien geschickt. Irgendwo im Tessin blieben sie dann stecken … Pierre Marco trieb sie nach dem Waffenstillstand schließlich wieder auf.

Die drei Wagen des Typs 13 starten für 24 Runden zu je 17 km. Auf halbem Weg führen sie, aber einer davon wird disqualifiziert, weil Ettore Bugatti den Fehler macht, selbst den Wasserstand zu überprüfen. Dazu hat er kein Recht. Friderich hält seinen Vorsprung und gewinnt mit einem Schnitt von 92 km/h vor zwei Bignan, einem Majola und dem zweiten überlebenden Bugatti. Das Siegerauto verfügt – im Gegensatz zu den beiden anderen Bugattis - über einen Motor mit doppelter Zündung.

Nr. 1, Typ 13, Pierre de Vizcaya (Disqualifikation)
Nr. 12, Typ 13, Michele Baccoli (5.)
Nr. 23, Typ 13, Ernest Friderich (1.)

Molsheim, September 1920
Ende einer Reihe

Das letzte Fahrgestell mit einem Motor mit acht Ventilen (Nr. 843) verlässt die Fabrik. 80 Exemplare dieses Typs (Nr. 764–843) wurden nach dem Waffenstillstand noch verkauft.

Molsheim, 31. Dezember 1920
Der Jahrgang 1921

Der Pariser Autosalon findet 1920 nicht statt. Das kommt Bugatti zupass, weil er gar nichts Neues vorzuzeigen hat. Das Angebot für das Jahr 1921 bleibt auf drei Modelle beschränkt, die sich allein durch ihren Radstand unterscheiden:

▶ Typ 13: 200 cm.
▶ Typ 22: 240 cm.
▶ Typ 23: 225 cm, etwas sportlicher.

Bei den drei Modellen wird der Hubraum im Vergleich zum Vorläufermodell angehoben: von 1368 cm³ (66 x 100 mm) auf 1453 cm³ (68 x 100 mm). Im Verlauf des Jahres 1920 produziert Bugatti noch 80 Stück der Typen 13, 22 und 23 mit dem Achtventiler.

1921: Unter dem Himmel von Brescia

Der Typ 13 von Ernest Friderich, dem Sieger des Großen Preises der Leichtwagen von Brescia im September 1921.

Rechte Seite:
Ein Typ 13 von 1921 nahm 1999 am Concours »Automobiles Classiques et Louis Vuitton« in Bagatelle teil.

Der Stand von Bugatti am Pariser Autosalon 1921.

Das Fahrgestell des Typs 18.

Brescia, 8. September 1921
Der Name eines Sieges

Während der großen Rennwoche von Brescia findet neben dem Großen Preis von Italien auch ein entsprechendes Rennen für Leichtwagen (»Voiturettes«) statt. Der neue Rundkurs mit 17,2 km Länge ist vollständig geteert, 20 Runden sind zu fahren. Seit dem Rennen in Le Mans vom August 1920 wurde der Typ 13 weiter verbessert: Die doppelte Zündung wurde auf alle Wagen ausgedehnt, die Kurbelwelle ruht nun auf Rollenlagern. Entsprechend den Modellen von 1921 ist der Hubraum auf 1453 cm³ vergrößert.

Am Ende eines atemlosen Rennens, das über 345 km führt, stehen die vier Bugattis auf den ersten vier Plätzen vor drei OM, die ebenfalls eine Gruppe bilden … allerdings eben: dahinter. Nach diesem Triumph in Italien werden die Bugatti Typ 13 von nun an »Brescia« genannt.

Nr. 3: Typ 13, Pierre de Vizcaya (2.)
Nr. 7: Typ 13, Pierre Marco (4.)
Nr. 10: Typ 13, Michele Baccoli (3.)
Nr. 13: Typ 13, Ernest Friderich (1.)

Düsseldorf, August 1921
Rückkehr nach Deutschland

Die Rheinische Automobilbau AG (kurz Rabag) kauft die Rechte für den Bau und den Verkauf der Typen 22 und 23 von Bugatti. In Deutschland erhalten sie die Bezeichnung 6/20 PS. Allerdings geht die Firma im November 1925 pleite.

Paris, 5. bis 16. Oktober 1921
Ein Projekt mit acht Zylindern

Abgesehen vom Typ 28 entwickelt sich das Angebot von Bugatti kaum weiter. Es dreht sich immer noch um drei Modelle: Typ 13 »Brescia«, Typ 22 »Brescia Modifié« und Typ 23 »Brescia Modifié«.

Der Typ 13 wird am Autosalon in Paris von einem Rennwagen repräsentiert. Vom Typ 22 und 23 hingegen gibt es am Stand von Bugatti ein Coupé Chauffeur, ein zweisitziges Coupé und ein zweitüriges Coupé mit Fahrersitz innen.

Die große Neuigkeit besteht im Projekt für ein Modell mit acht Zylindern. Vorerst wird es nur als Fahrgestell gezeigt. Der Motor des Typs 28 setzt sich aus zwei Blöcken des

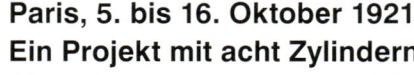

Daten zum Typ 28	
Chassis	Rahmen mit Längsträgern und Querverstrebungen
Karosserie	–
Motor	Achtzylinder-Reihenmotor
Anordnung	Vorne, längs
Hubraum	2991 cm³ (69 x 100 mm)
Ventilsteuerung	Eine oben liegende Nockenwelle, drei Ventile pro Zylinder
Gemisch	Zwei Bugatti-Vergaser
Leistung	90 PS (66,2 kW)
Verdichtung	–
Kraftübertragung	Hinterradantrieb
Gangschaltung	Zwei Gänge
Vorderradaufhängung	Starrachse, längs angeordnete Blattfedern
Hinterradaufhängung	Starrachse, längs angeordnete Viertelelliptikfedern
Bremsen	Trommelbremsen vorne und hinten, mechanisch betrieben
Lenkung	Schraubenlenkung
Reifen	880 x 120
Maße	–
Radstand x Spurweite	315 x 130 x 130 cm
Gewicht	800 kg (reines Fahrgestell)
Höchstgeschwindigkeit	140 km/h
Produktion	Nur ein Fahrgestell

Typs 13 mit gemeinsamem Oberteil zusammen. Der Hubraum beträgt 3 Liter. Die oben liegende Nockenwelle wird von einer senkrechten Königswelle angetrieben, die zwischen den beiden Blöcken angeordnet ist. Die Kraftstoffverteilung umfasst drei Ventile pro Zylinder und neue Schwinghebel anstelle der bananenförmigen Stößel. Das Getriebe umfasst nur zwei Gänge. Es liegt hinten direkt beim Differenzialgehäuse. Die Spurstangen beschränken sich auf zwei dünne parallele Kniehebel mit Gelenken aus Leder. Das Bremssystem wirkt auf alle vier Räder ein, was einen deutlichen Fortschritt bedeutet.

Diese Attraktion des Salons, die im November auch in London gezeigt wird, hat keine kommerziellen Folgen. Ettore Bugatti merkt schnell, dass es keinen Sinn macht, ein Dreiliterauto zu entwickeln. Dieser Hubraum passt nicht mehr zu den internationalen Normen, die 1922 in Kraft treten.

Manchester, November 1921
Lizenz

Die Firma Crossley Motors mit Sitz in Manchester einigt sich mit Bugatti darüber, den Brescia in Lizenz zu fertigen. Ab Oktober 1923 werden 25 Exemplare gefertigt (Fahrgestellnummern CM 1600 bis 1625).

Der Typ 30 von Pierre de Vizcaya, ausgestellt nach dem Grand-Prix-Rennen des ACF 1922.

1922: Der erste Grand Prix

Insel Man, 18. Juli 1922
Tourist Trophy

Bugatti meldet drei Wagen an, die den Markennamen Crossley tragen, obwohl sie in Molsheim gefertigt wurden (Fahrgestellnummern 1397, 1398 und 1399). Die drei Bugattis sind mit ihrer zitronengelben Lackierung wundervoll anzusehen. Sie gewinnen den Mannschaftspreis, bleiben aber hinter zwei englischen Talbot zurück.

Nr. 22: Typ 13, Pierre de Vizcaya (4.)
Nr. 27: Typ 13, Jacques Monès-Maury (3.)
Nr. 30: Typ 13, Bertram Marshall (6.)

Straßburg, 18. Juli 1922
Grand Prix de l'ACF

Für die Rennsaison gilt eine neue internationale Formel. Das Reglement sieht im Wesentlichen einen maximalen Hubraum von 2 Liter bei einem Minimalgewicht von 650 kg vor. Der Grand Prix des Automobile Club de France wird dieses Jahr in Straßburg organisiert. Was für ein Symbol! Zu Ende des Ersten Weltkriegs ist die elsässische Hauptstadt wieder französisch geworden. Der Rundkurs von 13,4 km Länge führt durch Entzheim, Duttlenheim und Innenheim, zwei Schritte von der Fabrik in Molsheim entfernt.

Bugatti nimmt mit vier Wagen des Typs 30 (Nr. 4001, 4002, 4003 und 4004) daran teil. Das Chassis ist ähnlich wie beim Typ 22. Zwölf weitere Wagen werden davon produziert: sieben mit demselben Radstand von 2,40 m, drei mit einem Radstand von 2,55 m, und zwei mit 2,85 m. Der erste Bugatti für einen Grand Prix zeigt schon einige Merkmale, die im Lauf der künftigen Generationen immer wieder auftauchen werden: die Hinterradaufhängung mit Viertelelliptikfedern, ein Verhältnis von eins zu zwei zwischen Radstand und Spurweite und der Motor mit einfacher oben liegender Nockenwelle und drei Ventilen pro Zylinder. Das sind Eigenschaften der Pur-Sang von Molsheim. Der Achtzylindermotor ist neu mit seinen beiden Vierzylinderblöcken. Sie sind in einem einzigen aus Aluminium gegossenen Gehäuse montiert und tragen einen integrierenden Zylinderkopf mit je zwei Einlassventilen und einem Auslassventil. Die Nockenwelle dreht sich in einem Alugehäuse über dem Zylinderblock. Die Kurbelwelle ruht auf drei großen Kugellagern. Unter den weiteren Eigenschaften des Bugatti Typ 30 zählen die Lenkung mit doppelter Spurstange und einer Lederverbindung und die gemischte Bremsanlage, vorne hydraulisch und hinten mechanisch. Außen ist kein Auspuffrohr zu erkennen. Die Abgase treten am Hinterende des Rumpfes aus.

Für den Großen Preis des ACF wollte Pierre de Vizcaya einen Kühler mit einer Form ähnlich wie bei den Ballot. Und die Firma Bugatti baut ihn in aller Eile. Er bekommt eine wulstige Verkleidung, aus der nur das Firmenschild und der Füllstutzen hervortreten. Die Konkurrenten starten gleichzeitig um 8 Uhr 18. Die Fiat 804 kontrollieren das Rennen, doch der Sieg von Felice Nazzaro

wird überschattet vom Tod seines Neffen Biaggio Nazzaro. Bugatti beendet das Rennen mit zwei Autos, doch der große Sieger dieses Grand Prix ist Fiat.

Nr. 5: Typ 30, Ernest Friderich (n. klass.)
Nr. 12: Typ 30, Pierre de Vizcaya (2.)
Nr. 18: Typ 30 (Nr. 4004),
Jacques Monès-Maury (n. klass.)
Nr. 22: Typ 30, Pierre Marco (3.).

Die drei Bugatti, die unter der Marke Crossley an der Tourist Trophy 1922 teilnehmen.

1922: Aerodynamische Wünsche

Der für den Grand Prix de l'ACF 1922 stromlinienförmig verkleidete Typ 30, eine schöne Rekonstruktion der Ateliers Rondoni (Foto: Xavier de Nombel).

Rechte Seite:
Der Bugatti Typ 30 trifft mit viel Gepäck kurz vor dem Großen Preis von Italien 1922 in Monza ein.

Daten zum Typ 30 Rennwagen	
Chassis	Rahmen mit Längsträgern
Karosserie	Stahl
Motor	Achtzylinder-Reihenmotor
Anordnung	Längs, in der Mitte
Hubraum	1991 cm³ (60 x 88 mm)
Ventilsteuerung	Eine oben liegende Nockenwelle, drei Ventile pro Zylinder
Gemisch	Zwei waagerechte Zénith-Vergaser
Leistung	86 PS (63,2 kW) bei 4000 U/min
Verdichtung	–
Kraftübertragung	Hinterradantrieb
Gangschaltung	Vier Gänge
Vorderradaufhängung	Starrachse, Halbelliptikfedern
Hinterradaufhängung	Starrachse, Viertelelliptikfedern
Bremsen	Trommelbremsen, mechanisch betrieben
Lenkung	Zahnstangenlenkung
Reifen	–
Maße	Je nach Karosserie
Radstand x Spurweite	240 x 122 x 122 cm
Gewicht	730 kg (8,5 kg/PS)
Höchstgeschwindigkeit	160–165 km/h
Produktion	12 Stück

1922: Rundkurs von Monza

Molsheim, 28. August 1922
Glückliches Ereignis

Geburt von Roland Cesare Maria Carlo Bugatti, dem zweiten Sohn von Ettore Bugatti. Er bleibt auch der ewige Zweitgeborene hinter Jean und wird im Unternehmen seines Vaters erst nach dessen Tod eine bedeutsame Rolle spielen und dessen Auflösung vorantreiben …

Monza, 10. September 1922
Einweihung

Beim zweiten Großen Preis von Italien wird der neue Rundkurs von Monza südlich von Mailand eingeweiht. Nur acht Konkurrenten treten an, darunter einige kuriose Fahrzeuge wie die deutschen Heim. Nur ein Bugatti nimmt daran teil. Er trifft auf der Straße ein, und dafür hatte man Schutzbleche vorne und einen Gepäckträger hinten gebaut. Er ist voller Koffer. Im Vergleich zu den Wagen von Straßburg ist die Kühlerverkleidung verschwunden. Der einzelne Bugatti beendet das Rennen weit hinter zwei unangefochtenen Fiat, die deutlich mehr Leistung bringen und auch besser vorbereitet sind.

Nr. 16: Typ 30, Pierre de Vizcaya (3.)

Nach der Rennsaison wird ein Typ 30 mit der Nr. 4001 für Elisabeth Junek als Straßenfahrzeug umgerüstet. Er bekommt eine zweisitzige Karosserie ohne Verdeck und ohne Windschutzscheibe, aber mit Ersatzreifen, Scheinwerfern, Kotflügeln vorne und hinten und Trittbrettern.

Paris, 4. bis 15. Oktober 1922
Im Grand Palais

Der Star am Pariser Autosalon ist der Wagen, der am Großen Preis von Italien teilgenommen hat. Der Typ 28 ist immer noch zum Preis vom August 1922 zu bekommen, geht aber nie in die Fertigung. Der Tourenwagen

Daten zum Typ 30 Tourenwagen	
Chassis	Rahmen mit Längsträgern
Karosserie	Stahl
Motor	Achtzylinder-Reihenmotor
Anordnung	Längs, in der Mitte
Hubraum	1991 cm³ (60 x 88 mm)
Ventilsteuerung	Eine oben liegende Nockenwelle, drei Ventile pro Zylinder
Gemisch	Zwei waagerechte Zénith-Vergaser
Leistung	75 PS (55,2 kW) bei 4000 U/min
Verdichtung	–
Kraftübertragung	Hinterradantrieb
Gangschaltung	Vier Gänge
Vorderradaufhängung	Starrachse, Halbelliptikfedern
Hinterradaufhängung	Starrachse, Viertelelliptikfedern
Bremsen	Trommelbremsen, mechanisch betrieben
Lenkung	Zahnstangenlenkung
Reifen	–
Maße	Je nach Karosserie
Radstand x Spurweite	285 x 122 x 122 cm
Gewicht	–
Höchstgeschwindigkeit	130 km/h
Produktion	585 Stück (bis zur Fahrgestellnummer 4818)

Boxenstopp für den Typ 30 von Pierre de Vizcaya beim Großen Pre s von Italien 1922.

Sta taufstellung beim Großen Pre s von Italien 1922. Der Bugatti steht zwischen einem Fiat 804 (links) und einem Diatto.

des Typs 30 wird unter dem Glasdach des Grand Palais ausgestellt, in Form eines Stadtcoupés. Der Typ 30 kann schon einige schöne Erfolge bei Rennen vorweisen. Aber er wird hier eher als großes sportliches Straßenfahrzeug präsentiert. Oft bekommt er eigens angefertigte Karosserien, gerne von der Firma Lavocat & Marsaud, etwa Sporttorpedos. Das Fahrgestell ist im Vergleich zu den Rennversionen verlängert und versteift und weist einen Radstand von 2,85 m auf. Die

Motorleistung wird auf 75 PS beschränkt und beträgt damit rund 10 PS weniger als bei den Rennwagen. Die ersten Typ 30 werden im November 1922 ausgeliefert, und 1926 geht die Produktion zu Ende.

Molsheim, 31. Dezember 1922
Bilanz

Im Jahre 1922 baut Bugatti 39 Einheiten des Brescia, davon elf des Typs 13, sechzehn des Typs 23 und zehn des Typs 22.

1923: Große Klassiker

Montlhéry, 20. Mai 1923
Die Anfänge des Tanks

Über einen Monat vor dem Grand Prix de l'ACF testet Pierre de Vizcaya auf dem Bol d'Or den neuen »Tank« des Typs 32 (Nr. 4032). Die Räder sind dabei von Scheiben abgedeckt.

Einer der beiden Brescia Modifié, die 1923 am 24-Stunden-Rennen von Le Mans teilnehmen.

Le Mans, 26. und 27. Mai 1923
Das erste 24-Stunden-Rennen der Geschichte

Bugatti nimmt mit zwei Torpedos des Typs Brescia an der ersten Auflage des 24-Stunden-Rennens von Le Mans teil. Die Bestimmungen für die neue Prüfung kommen dem Geist der Bugattis sehr entgegen, die sportlich, aber auch vielseitig sein wollen.
Nr. 28: Typ 22, Brescia Modifié Torpedo, Max de Pourtalès/Sosthène de la Rochefoucauld (10.)
Nr. 29: Typ 22, Brescia Modifié Torpedo, René Marie/Louis Pichard (22.)

Indianapolis, 30. Mai 1923
Mit den Farben von Picabia

Bugatti will seine Chancen auf dem mythischen Oval von Indianapolis nutzen, auf dem französische Autobauer etwa mit den Siegen von Peugeot (1913, 1916 und 1919) und Delage (1914) schon geglänzt haben. Fünf Fahrer nehmen mit ihren Bugattis daran teil. Die Wagen des Typs 30 haben eine blaue stromlinienförmige Karosserie, die Louis Béchereau, der Aerodynamiker bei der Luftfahrtfirma Spad entworfen hat. Zum ersten Mal sieht man den Kühler in der Hufeisenform, obwohl er noch durch ein Profil verkleidet ist. Trotz der gut aussehenden Form ist das Ergebnis ernüchternd, denn nur ein Auto kommt durch, und den Sieg trägt ein Wagen der Firma Miller davon …

Im historischen Rückblick gesehen zeigt der Bugatti von Pierre de Vizcaya eine Besonderheit, die wichtiger ist als jeder sportliche Erfolg: einen Tiger, gemalt von Francis Picabia. Das ist ohne Zweifel das erste Mal in der Geschichte, dass ein Autos von einem Kunstwerk geschmückt wird.

Nr. 18: Typ 30 (Nr. 4014?), Pierre de Vizcaya (n. klass.)
Nr. 19: Typ 30, Prince de Cystria (9.)
Nr. 21: Typ 30 (Nr. 4015?), Martin de Alzage (n. klass.)
Nr. 22: Typ 30 (Nr. 4016?), Raoul Riganti (n. klass.)
Nr. 27: Typ 30 (Nr. 4004), Louis Zborowski (n. klass.)

Der Typ 30 von Pierre de Vizcaya beim 500-Meilen-Rennen in Indianapolis, 1923.

Tours, 2. Juli 1923
Das Duell Voisin-Bugatti

Noch nie war der Ausgang eines Grand Prix so offen wie beim Rennen von Tours zu Beginn des Sommers 1923. Neben Fiat und Sunbeam nehmen vier französische Marken daran teil: Delage, Rolland-Pilain, Voisin und natürlich Bugatti. Unter allen Konkurrenten zeigt der Autobauer aus dem Elsass das revolutionärste Projekt, in der Form eines »Tanks«.

Von vorne gesehen handelt es sich um ein vollkommenes Rechteck, von der Seite sehen wir einen Kreisbogen, in einem Zug mit dem Bleistift gezogen. Die Karosserie umhüllt die Räder ganz. Sie ruht auf einer Plattform aus tiefgezogenen Blechen, die durch genietete Querverstrebungen verstärkt wird. Diese Plattform verläuft unter den Achsen und lässt nur noch eine geringe Bodenfreiheit von 16 cm zu. Die kompakte Form wirkt frappierend. Bei einem Radstand von 2 m wird die Verkleidung nicht länger als 3,80 m. Dieser Tank verwendet denselben Motor wie 1922 mit einer einzigen Nockenwelle. Die merkwürdige Radaufhängung verwendet vorne wie hinten Viertelelliptikfedern. Das Ganggetriebe ist mit der Hinterachse fest

verbunden. Im Rennen werden alle französischen Wagen geradezu deklassiert.

Nach dieser enttäuschenden Leistung sieht man den Tank bei keinem Rennen mehr, vor allem nicht bei der zweiten und letzten großen Prüfung des Jahres, beim Grand Prix von Italien in Monza.

Nr. 6: Typ 32 Tank, Ernest Friderich (3.)
Nr. 11: Typ 32 Tank, Pierre de Vizcaya (n. klass.)
Nr. 16: Typ 32 Tank, Pierre Marco (n. klass.)
Nr. 18: Typ 32 Tank, Prince de Cystria (n. klass.)

Der Typ 30 von Martin de Alzage beim 500-Meilen-Rennen von Indianapolis, 1923.

Francis Picabias Bild an der Seite des Rennwagens von Pierre de Vizcaya.

Drei der Tanks des Typs 32 von Pierre Marco beim Großen Preis des ACF 1923. Ganz vorne der Wagen von Ernest Friderich.

1923: Ein Tank in der Schlacht

Geformt wie ein Flugzeugflügel …
(Foto: Xavier de Nombel).

Der Tank des Typs 32 aus
dem Museum in Mulhouse
(rechte Seite; Foto: Xavier de
Nombel).

Fahrersitz im Tank des Typs 32
(Foto: Xavier de Nombel).

Daten zum Typ 32 Tank	
Chassis	Plattformrahmen mit Querprofilen
Karosserie	Stahl
Motor	Achtzylinder-Reihenmotor
Anordnung	Längs, in der Mitte
Hubraum	1991 cm³ (60 x 88 mm)
Ventilsteuerung	Eine oben liegende Nockenwelle, drei Ventile pro Zylinder
Gemisch	Zwei waagerechte Zénith-Vergaser
Leistung	100 PS (73,5 kW) bei 5000 U/min
Verdichtung	–
Kraftübertragung	Hinterradantrieb
Gangschaltung	Vier Gänge
Vorderradaufhängung	Starrachse, Viertelelliptikfedern
Hinterradaufhängung	Starrachse, Viertelelliptikfedern
Bremsen	Trommelbremsen, mechanisch betrieben
Lenkung	Zahnstangenlenkung
Reifen	–
Maße	380 cm lang
Radstand x Spurweite	200 x 100 x 100 cm
Gewicht	750 kg (7,5 kg/PS)
Höchstgeschwindigkeit	180 km/h
Produktion	4 Stück (Nr. 4057, 4058, 4059 und 4061)

1923: Die Paradoxa der Kühnheit

Paris, 4. bis 14. Oktober 1923
Der Typ 30 wird gemäßigt

Fünf Autos stellt Bugatti am seinem Stand am Pariser Autosalon aus: einen Typ 13 Brescia, einen Typ 22 Brescia Modifié, einen Typ 23 Brescia Modifié, einen Typ 30 als Torpedo und einen Typ 32 Tank.

Der Bugatti-Stand am Pariser Autosalon 1923.

Die Modelle Brescia und Brescia Modifié zeigen einige Veränderungen am Motor: Der Hubraum vergrößert sich durch Aufbohren (69 x 100 mm) auf 1496 cm³. Die Kolben sind verkürzt und leichter. Ihre Pleuelstangen bekommen eine Gelenkscheibe zur Schwingungsdämpfung.

Der Typ 30 als sehr touristischer Torpedo (Foto: Xavier de Nombel).

Ein Typ 13 Brescia (Nr. BC89) von 1923 in vorzüglich restauriertem Zustand.

SZENE 3

AKT II

In der Nachfolge des Typs 35
1924–1930

Die Markteinführung des Typs 35 markiert den Aufstieg der Marke in den 1920er-Jahren. Parallel zu seiner außergewöhnlichen sportlichen Karriere erfährt das Auto auch einen entsprechenden wirtschaftlichen Erfolg. Das Angebot von Bugatti vergrößert sich und wird mit der Einführung der ersten Tourenwagen mit Achtzylindermotor ziviler.

In dieser Zeit lässt Bugatti neue Ambitionen erkennen und beginnt mit der Entwicklung des Royale. Doch dieser Schwung kommt durch die Folgen der Wirtschaftskrise von 1929 zum Erlahmen.

Erste Bilder des Typs 44
mit Lidia Bugatti im
Château Saint-Jean.

1924: Achtung, ein Meisterwerk!

Molsheim, Juli 1924
Der legendäre Bugatti 35

Wir stehen mitten in den Années Folles, den wilden 1920er-Jahren. Um bei den Rennen Fiat und Sunbeam (den alten Rivalen), Alfa Romeo (dem Aufsteiger), Mercedes (wieder zurückgekehrt), aber auch den amerikanischen Konkurrenten Duesenberg und Miller die Stirn bieten zu können, entwerfen die französischen Autobauer Wagen, die schnell zur Legende werden. Bugatti schließt den Bau einer ersten Reihe von fünf Exemplaren des Typs 35 (Nr. 4223 bis 4227) ab. Nach dem Misserfolg mit dem Typ 32 geht Bugatti bei der Entwicklung des Typs 35 in eine ganz andere Richtung. Der Motor mit dem nicht abnehmbaren Zylinderkopf stellt einen der wichtigsten Fortschritte des Bugatti 35 im Vergleich zu seinen Vorgängermodellen dar. Der Antrieb besitzt eine fünffach gelagerte Kurbelwelle, wobei die drei in der Mitte gelegenen Lager auf Rollen laufen, während die beiden Lager an den Enden Kugeln verwenden. Für die Kraftstoffverteilung sorgt eine einfache oben liegende Nockenwelle mit drei Ventilen pro Zylinder, einem großen Auslassventil und zwei kleineren Einlassventilen. Das Ganggetriebe ist vom Motor abgesetzt. Die Mehrscheibenkupplung liegt in einem Ölbad.

Die Antriebseinheit bildet einen integrierenden Teil des Chassis: Sie ist an vier Stellen mit ihm verbunden und trägt zur Steifigkeit des Fahrgestells bei. Die Radaufhängung ist hinten durch umgedrehte Viertelelliptikfedern, vorne durch Halbelliptikfedern gekennzeichnet. Bei den Bremsen kehrt man vernünftigerweise vorne wie hinten zur Mechanik zurück. Beim allgemeinen Aufbau und bei der Karosserie gibt man die radikalen Lösungen, die beim Tank von 1923 Anwendung fanden, wieder auf. Beim Radstand kehrt man zum klassischen Maß von 2,40 m zurück. Bei der Karosserie verzichtet man auf den monolithischen, alles umhüllenden Rumpf.

Der Bugatti 35 stellt für die Nachwelt den Archetyp der subtilen, zeitlosen Bugatti-Ästhetik dar. Bei den allgemeinen Proportionen wie bei der Ausführung jedes Details wird das Auto wie ein Schmuckstück behandelt. Seine Linien verraten ein Feingefühl, das an jeder geschwungenen Kurve deutlich wird: am Heck, das zugespitzt erscheint wie bei einem Boot, beim feinen Lenkrad, beim schmalen Kühler, beim Chassis, das

Der neue Bugatti 35 Grand Prix, von vorne gesehen.

Ettore Bugatti am Steuer des neuen Typs 35 beim Großen Preis des ACF, 1924.

Ein Typ 35 im Originalzustand, mit seiner Patina und seinen Emotionen (folgende Doppelseite; Foto: Xavier de Nombel).

sich passgenau mit den Kurven der Karosserie verbindet, bei der geschmiedeten röhrenförmigen Vorderachse, bei den merkwürdigen Rädern aus Aluminium, beim Motor mit seinem unglaublichen Aluminiumschimmer, beim Messingfaden, der jede Schraube, die die Karosserie mit dem Chassis verbindet, zickzackförmig umgibt, bei den oft ungewöhnlichen Werkstoffen, etwa bei den Ledergelenken, die Einzelteile miteinander verbinden, oder bei den Bronzebuchsen und den überraschenden Vierkantschrauben. Der Kühler erinnert in seiner Form an ein Hufeisen und verweist auf Ettore Bugattis Leidenschaft für den Reitsport.

Ettore Bugatti sucht, wahrscheinlich ohne sich dessen bewusst zu sein, eine von der Technik induzierte Ästhetik. Ihm stehen Ingenieure zur Seite, die seine mangelnden technischen Kenntnisse ausgleichen: Félix Kortz zunächst als Projektdesigner, dann Édouard Bertrand, der 1924 dessen Nachfolge antritt.

Am Ende ist der Bugatti 35 ein homogenes ausgeglichenes Fahrzeug, das mit seiner Straßenlage und seiner Wendigkeit den Mangel an Motorleistung vergessen lässt.

Daten zum Typ 35	
Chassis	Rahmen mit Längsträgern
Karosserie	Stahl
Motor	Achtzylinder-Reihenmotor
Anordnung	Längs, in der Mitte
Hubraum	1991 cm³ (60 x 88 mm)
Ventilsteuerung	Eine oben liegende Nockenwelle, drei Ventile pro Zylinder
Gemisch	Zwei waagerechte Solex-Vergaser
Leistung	90 PS (66 kW) bei 5000 U/min
Verdichtung	–
Kraftübertragung	Hinterradantrieb
Gangschaltung	Vier Gänge
Vorderradaufhängung	Starrachse, Halbelliptikfedern
Hinterradaufhängung	Starrachse, Viertelelliptikfedern
Bremsen	Trommelbremsen, mechanisch betrieben
Lenkung	Zahnstangenlenkung
Reifen	710 x 90
Maße	–
Radstand x Spurweite	240 x 120 x 120 cm
Gewicht	655 kg (7,3 kg/PS)
Höchstgeschwindigkeit	170 km/h
Produktion	210 Stück (alle Versionen dieses Typs)

Die vollkommenen Linien des Hecks (rechte Seite; Foto: Xavier de Nombel).

Der Auktionator und Schriftsteller Hervé Poulain nannte das »la beauté mécanomorphe«, die »mechanomorphe Schönheit« (Foto: Xavier de Nombel).

1924: Kunst und Materie

Eine Ikone der wilden 1920er-Jahre: der Typ 35 (Foto: Xavier de Nombel).

Loblied auf die klassischen Formen (Foto: Xavier de Nombel).

Der Wagen von Pierre de Vizcaya kommt beim Großen Preis des ACF 1924 nicht bis ins Ziel.

1924: Eine durchwachsene Saison

Lyon, 3. August 1924
Grand Prix de l'ACF et d'Europe

Der Große Preis des Automobile Club de France ist gleichzeitig auch der Große Preis von Europa. Er findet auf einem 23 km langen Rundkurs in der Umgebung der Stadt Lyon statt. Die Strecke beginnt in Sept-Chemins, führt durch Givors und kehrt über Grande Pavière und die Gefällstrecke von Esses zurück. Dieser Rundkurs ist nicht mit der Strecke identisch, die beim Großen Preis des ACF 1914 befahren wurde. Dieser fand in der Umgebung von Givors statt, war aber länger und machte einen Umweg über Rive-de-Gier.

Bei diesem Rennen tritt der Typ 35 erstmals offiziell in Erscheinung. Die fünf teilnehmenden Bugatti gelangen auf der Straße zum Ort des Geschehens. Einer davon wird von Ettore Bugatti höchstpersönlich chauffiert. Die Familie Bugatti und die restliche Mannschaft treffen mit dem Zug ein. Das benötigte Material gelangt mit Lastwagen nach Lyon. Die fünf blauen Rennwagen wirken aufgereiht beim Start beeindruckend. Man weiß

allerdings, dass die Bugatti wie auch die Delage 2LCV, die ebenfalls ihr erstes Rennen bestreiten, im Vergleich zu den neuen Alfa Romeo P2, den Fiat 805 und den Sunbeam mit ihren aufgeladenen Motoren viel weniger Leistung bringen.

Schon bei den ersten Runden zeigen die Bugatti einen Schwachpunkt, den man nicht vermutet hätte: die Reifen. Dunlop hatte sie nach einem Entwurf von Ettore Bugatti gefertigt. Sie erweisen sich als völlig ungeeignet für den Rundkurs und reißen nach ein paar Dutzend Kilometern! Da sich dieses Problem während des gesamten Rennens nicht beheben lässt, landen die Bugattis weit hinten, auf dem 7. und dem 9. Platz.

Die Marke Alfa Romeo triumphiert beim Großen Preis des französischen Automobilclubs des Jahres 1924. Giuseppe Campari hat gegenüber Albert Divo in einem Delage einen Vorsprung von 1 Minute und 6 Sekunden. Bei seinem ersten Rennen fährt der P2 mit Kompressor einen ersten Sieg ein, und Wagner fährt sogar auf den dritten Platz. Die Bugatti 35 müssen sich noch bewähren …

Nr. 7: Typ 35, Jean Chassagne (7.)
Nr. 13: Typ 35, Ernest Friderich (8.)
Nr. 18: Typ 35, Pierre de Vizcaya (n. klass.)
Nr. 21: Typ 35, Leonico Garnier (11.)
Nr. 22: Typ 35, Bartolomeo »Meo«
Costantini (n. klass.)

San Sebastian, 25. September 1924
Die Italiener fehlen

Alfa Romeo und Fiat nehmen am zweiten großen Rennen des Jahres nicht teil. Das erlaubt es anderen Autobauern, ohne Einschränkung zu glänzen. Sunbeam nimmt mit vier Wagen teil und sinnt nach der Kränkung von Lyon auf Revanche. Bugatti begnügt sich mit drei Wagen, während Delage vier ins Rennen schickt. Mercedes lässt zwei neue Monza debütieren. Bugatti hat die Lektion von Lyon gelernt und verwendet nunmehr Reifen der Firma Michelin.

Insgesamt erweisen sich die deutschen Autos als sehr schnell, doch ihre zu ungestümen Piloten fahren keinen Sieg ein. Sie müssen Henry Segrave mit seinem Sunbeam vorbeiziehen lassen. Auch Meo Costantini kann ihn nicht mehr einholen, doch er zeigt, welches Potenzial in seinem Bugatti steckt, indem er sich vor zwei Delage platziert.

Nr. …: Typ 35, Meo Costantini (2.)
Nr. …: Typ 35, de Vizcaya (5.)
Nr. 13: Typ 35, Jean Chassagne (6.)

Monza, 19. Oktober 1924
Bugatti fehlt

Das letzte Grand-Prix-Rennen der Saison bringt nichts Neues mehr. Die Mannschaft von Alfa Romeo, die nur wenige Schritte von Monza entfernt ihr Zuhause hat, verschreckt alle anderen. Delage und Bugatti wagen sich nicht auf das feindliche Terrain vor und überlassen es Mercedes und Schmid, gegen Alfa Romeo anzutreten. Ihr Mut zahlt sich jedoch nicht aus. Die vier scharlachroten P2 belegen am Ende die ersten vier Plätze.

Paris, 2. bis 12. Oktober 1924
Stabilität für den Jahrgang 1925

Das Angebot von Bugatti bleibt stabil: Die Typen Brescia und Brescia Modifié fahren mit ihrer Karriere fort, ebenso das Achtzylindermodell mit 2 Litern Hubraum, das nunmehr auch vorne über Bremsen verfügt. Der Katalog umfasst den Typ 13 mit einem Radstand von 200 cm, den Typ 22 mit einem Radstand von 240 cm, den Typ 23 mit 255 cm und den Typ 30 mit 285 cm. Die drei nackten Fahrgestelle mit Vierzylindermotor kosten 23 500 Francs. Der Achtzylinder kommt auf 42 000 Francs zu stehen.

Ein Typ 35 beim Großen Preis von San Sebastian 1924.

Ein Typ 30 als sportliches Cabriolet mit Windschutzscheibe und zwei Seitenfenstern, geschaffen von Buneau Varilla, September 1924.

1925: Erste Erfolge des Typs 35

Cerda, 3. Mai 1925
Erster Erfolg bei der Targa Florio

Der Amateurpilot Giulio Masetti, der im Herbst 1924 sein Auto bekam, beginnt als Erster mit der Siegesserie des 35, indem er im Februar ein kleineres Rennen in Rom gewinnt. Doch der erste wirklich große Erfolg kommt im Frühjahr in Sizilien. Bugatti beginnt hier mit einer ununterbrochenen Reihe von fünf Siegen. Den Anfang macht die Marke bei der 16. Auflage der Targa Florio. Das Rennen verläuft über fünf Runden eines 198 km langen Kurses durch die Madonie. Auf dieser gewundenen Straße bringen die Bugattis ihre innewohnende Wendigkeit voll zur Geltung und maskieren dabei ihre ungenügende Motorleistung. Obwohl Costantini von zwei Peugeot 174 S hartnäckig verfolgt wird, gibt er seinen Spitzenplatz nicht mehr ab.

Nr. 8: Typ 35, Bartolomeo »Meo« Costantini (1.)
Nr. 9: Typ 35, Pierre de Vizcaya (4.)
Nr. 10: Typ 35, Ferdinand de Vizcaya (n. klass.)

Sieg eines sportlich umgerüsteten Typs 35 beim Großen Preis für Tourenwagen vom Juli 1925.

Montlhéry, 17. Mai 1925
Ein Typ 36 zur Einweihung der Rennstrecke

Zur Eröffnung des Straßenkurses, der die sieben Monate zuvor eingeweihte Hochgeschwindigkeitsstrecke ergänzt, wird in Montlhéry ein Grand Prix des Voiturettes oder Grand Prix de l'Ouverture ausgetragen. Bugatti setzt ein neues Modell ein, den Typ 36. Er verfügt über einen Achtzylindermotor mit 1500 cm³ (52 x 88 mm), hat aber keine Hinterradfederung, was das Fahren unmöglich macht …

Molsheim, Mai 1925
Der Typ 35A kommt auf den Markt

Die Diversifizierung des Typs 35 beginnt mit einer vereinfachten Version mit demselben Motor wie die Originalversion: acht Zylinder, 1991 cm³, 90 PS Leistung. Sie besitzt aber eine nur dreifach gelagerte Kurbelwelle, sodass ihr Rollenlager fehlen. Der 35A hat Speichenräder, die viel weniger kosten als die Aluminiumräder des 35. Auf einen Schlag sinkt der Preis von 105 000 auf 63 000 Francs. Der 35A wird unter der Bezeichnung »Course Imitation« oder »Tecla« verkauft. Die Gesamtproduktion erreicht zwischen 1925 und 1927 180 Einheiten – im Vergleich zu den 87 Stück des Typs 35 mit Zweilitermotor ohne Kompressor.

Spa, 28. Juni 1925
Saisonbeginn

Der Große Preis von Belgien, der sich auch mit dem Titel Großer Preis von Europa schmücken darf, findet auf dem Rundkurs von Spa-Francorchamps statt, der im August 1921 von Motorradsportlern eingeweiht worden war. Es handelt sich um den ersten Grand Prix der Saison, aber die Teilnehmer drängeln sich nicht gerade. Bugatti baut den Typ 35 Course Imitation für seine Kunden, konzentriert seine Kräfte auf den Großen

Preis des ACF und fährt deswegen logischerweise nicht in die Ardennen.

Montlhéry, 19. Juli 1925
Der Typ 35, umgerüstet für den Sport

Ein Großer Preis wird für Tourenwagen ausgeschrieben. Bei dieser Gelegenheit präsentieren sich die Bugatti 35 als zweisitzige Spider mit Verdeck, denn das Reglement sieht vor, dass ein Teil des Kurses mit geschlossenem Verdeck gefahren werden muss. Die vier Bugattis mit je einem 1,5-Liter-Motor (60 x 60 mm) heimsen die ersten vier Plätze ein, und Meo Costantini beendet das Rennen als Erster.

Montlhéry, 26. Juli 1925
Erstes großes Rennen

Auch auf dem Rundkurs von Linas-Montlhéry in der Île-de-France findet eine Premiere statt. Nach der Einweihung im Herbst 1924 und dem Grand Prix de l'Ouverture im Mai 1925 findet hier nun zum ersten Mal ein Grand Prix statt, der zu den großen Prüfungen des Jahres zählt. Der Große Preis des französischen Automobilclubs umfasst 80 Runden eines 12,5 km langen Rundkurses. Dabei wird nur die Hälfte der Hochgeschwindigkeitspiste mit ihren überhöhten Kurven verwendet. Alfa Romeo, Delage, Sunbeam und Bugatti sind mit großen Mannschaften vertreten.

Die Bugattis sind die leistungsschwächsten Autos im Feld, aber auch die leichtesten. Sie schaffen es, sich in einer Gruppe zwischen dem 4. und dem 8. Platz zu behaupten. Aber ihre mangelnde Motorisierung wird dabei deutlich. Die Delage liegen weit vorne. Der Präsident der Republik, Gaston Doumergue, lässt es sich nicht nehmen, die Mannschaft von Delage persönlich zu beglückwünschen. Sie belegt die beiden ersten Plätze vor einem Sunbeam. Während des Rennens verunglückt der Rennfahrer Antonio Ascari tödlich.

Jules Goux am Steuer eines Typs 35 vor dem Start zum Großen Preis des ACF 1925.

Boxenstopp von Meo Costantini be m Großen Preis des ACF 1925.

Der Typ 35A stellt eine weniger sportliche und preiswertere Version der Modellreihe dar.

Nr. 5: Typ 35, Pierre de Vizcaya (7.)
Nr. 9: Typ 35, Jules Goux (5.)
Nr. 13: Typ 35, Meo Costantini (4.)
Nr. 15: Typ 35, Ferdinand de Vizcaya (6.)
Nr. 17: Typ 35, Giulio Foresti (8.)

Monza, 6. September 1925
Der Typ 39 als Retter in der Not

Der Große Preis von Italien ist gekoppelt mit einem Rennen für Leichtwagen (»Voiturettes«), deren Hubraum 1500 cm³ nicht übersteigt. So zieht es Bugatti vor, seinen Typ 39 mit 90 PS einzusetzen. Vier Autos nehmen teil: Den besten Platz erreicht Meo Costantini, nämlich den dritten Rang in der Gesamtklassifikation und den ersten bei den Leichtwagen.

Nr. 19: Typ 39, Meo Costantini (3.)
Nr. 21: Typ 39, Pierre de Vizcaya (8.)
Nr. 22: Typ 39, Jules Goux (n. klass.)
Nr. 23: Typ 39, Ferdinand de Vizcaya (6.)
Nr. 24: Typ 39, Giulio Foresti (7.)

San Sebastian, 19. September 1925
Ein französisches Auto, aber nicht das richtige …

Die Bugatti 35 tauchen wieder auf, während Alfa Romeo fehlt. Es sind aber Landsleute, die den Bugattis das Leben schwer machen, natürlich die Delage. Sie belegen die drei Podiumsplätze.

Nr. 8: Typ 35, Meo Costantini (n. klass.)
Nr. 12: Typ 35, Jules Goux (n. klass.)
Nr. 14: Typ 35, Pierre de Vizcaya (4.)
Nr. 16: Typ 35, Ferdinand de Vizcaya (5.)
Nr. 19: Typ 22, Marces Lehoux (Platz unbek.)

1925: Typ 37: die andere Möglichkeit

Molsheim, 18. November 1925
Der Typ 37 entsteht

Ettore Bugatti möchte das Konzept des Typs 35 auf ein preiswerteres und weniger ausgeklügeltes Fahrzeug anwenden. Dazu macht der Achtzylindermotor einem bescheideneren und sparsameren Antrieb mit vier Zylindern Platz, nämlich dem 1500-cm³-Motor der Typen 22 und 23 Brescia Modifié. Äußerlich sieht der 37 wie der 35 aus, von dem er auch die allgemeinen Außenmaße übernimmt.

Der erste Wagen des Typs 37 (Nr. 37-101) wird am 18. November 1925 an Malcolm Campbell in Großbritannien ausgeliefert.

Paris 31. Dezember 1925
Das Jahr 1926

Im Jahre 1925 findet kein Autosalon in Paris statt. Die Aufmerksamkeit des Pariser Publikums konzentriert sich das ganze Jahr über auf die Internationale Ausstellung der Dekorativen Künste und des Industriedesigns, die vom 29. April an im Grand und Petit Palais stattfindet. Trotzdem verändert Bugatti sein Angebot im Lauf des Winters. Die letzten Brescia, nunmehr auch mit Bremsen an den Vorderrädern, werden in den ersten vier Monaten des Jahres 1926 ausgeliefert und machen dann dem Typ 40 Platz. Dasselbe gilt für den Typ 30, der zugunsten des 38 verschwindet.

Schnittbild des Typs 37 (Grafik: Yoshishiro Inomoto).

Der Typ 37 sieht äußerlich dem Typ 35 sehr ähnlich.

Wegen der Internationalen Ausstellung der dekorativen Künste muss der Pariser Autosalon 1925 ausfallen.

Daten zum Typ 37	
Chassis	Rahmen mit Längsträgern
Karosserie	Stahl
Motor	Vierzylinder-Reihenmotor
Anordnung	Längs, vorne
Hubraum	1496 cm³ (69 x 100 mm)
Ventilsteuerung	Eine oben liegende Nockenwelle, drei Ventile pro Zylinder
Gemisch	Zénith- oder Solex-Vergaser
Leistung	60 PS (44,1 kW) bei 6000 U/min
Verdichtung	7:1
Kraftübertragung	Hinterradantrieb
Gangschaltung	Vier Gänge
Vorderradaufhängung	Längs angeordnete Blattfedern
Hinterradaufhängung	Viertelelliptikfedern
Bremsen	Trommelbremsen, mechanisch betrieben
Lenkung	Schraubenlenkung
Reifen	710 x 90
Maße	–
Radstand x Spurweite	240 x 120 x 120 cm
Gewicht	750 kg, ohne Flüssigkeiten (12,5 kg/PS)
Höchstgeschwindigkeit	150 km/h
Produktion	287 Stück (3 im Jahre 1925, 120 im Jahre 1926, 87 im Jahre 1927, 45 im Jahre 1928, 16 im Jahre 1929 und 10 zwischen 1931 und 1933, Fahrgestellnummern zwischen 37-101 und 37-388)

1926: Erneuerung des Angebots

Molsheim, März 1926
Der Typ 38 folgt auf den Typ 30

Das erste Stück des neuen Typs 38 (Nr. 38-101) wird an einen Freund von Ettore Bugatti ausgeliefert, den Bankier Léo d'Erlanger. Das Modell tritt an die Stelle des Typs 30, von dem es allerdings den Achtzylindermotor mit einem Hubraum von 2 Liter beibehält. Der 38 hat vorne das Fahrwerk des

Ein Stadtcoupé auf einem Fahrgestell des Typs 38.

Der bei der Targa Florio 1926 siegreiche 35T (rechte Seite).

Der Typ 36 beim Grand Prix d'Alsace 1926.

Typs 35; es bleibt eine der besonderen Eigenschaften der Autos von Bugatti.

Cerda 25. April 1926
Zweiter Erfolg in Sizilien

An der diesjährigen Targa Florio nehmen zwölf Bugattis teil, bei 26 startenden Piloten! Der Erfolg von 1925 ermuntert nämlich viele Amateure dazu, ihr Glück am Steuer ihres eigenen Bugattis zu versuchen. Die Fabrik selbst ist am Start mit drei Wagen des Typs 35 vertreten. Die Autos werden erstmals von einem 2,3-Liter-Motor ohne Kompressor angetrieben. Die Kurbelwelle ist fünffach auf Rollen gelagert. Der Hubraum beträgt 2263 cm³ (60 x 100 mm), und die Leistung erreicht 125 PS. Diese neuen Versionen sind unter der Bezeichnung 35T bekannt, wobei

Daten zum Typ 38	
Chassis	Rahmen mit Längsträgern
Karosserie	Stahl
Motor	Achtzylinder-Reihenmotor
Anordnung	Längs, vorne
Hubraum	1991 cm³ (60 x 88 mm)
Ventilsteuerung	Eine oben liegende Nockenwelle, drei Ventile pro Zylinder
Gemisch	Zwei Zénith- oder Solex-Vergaser
Leistung	75 PS (55,1 kW)
Verdichtung	–
Kraftübertragung	Hinterradantrieb
Gangschaltung	Vier Gänge
Vorderradaufhängung	Längs eingebaute Blattfedern
Hinterradaufhängung	Viertelelliptikfedern
Bremsen	Trommelbremsen vorne und hinten, mechanisch betrieben
Lenkung	Schraubenlenkung
Reifen	4,40 x 29
Maße	–
Radstand x Spurweite	312 x 125 x 125 cm
Gewicht	840 kg (reines Fahrgestell)
Höchstgeschwindigkeit	130 km/h
Produktion	387 Stück zwischen März 1926 und 1930 (Typ 38 und Typ 38A, Fahrgestellnummern von 38-101 bis 38-487)

das T für Targa steht. Die Rennleitung über-
redet die Firma Delage dazu, ihren neuen
Zwölfzylinder einzusetzen. Bugatti holt sich
nicht nur den Sieg, sondern fährt auch insgesamt sein absolut bestes Ergebnis bei der
Targa Florio ein.

Nr. 1: Typ 23 Brescia Modifié, Moravitz
(n. klass.)
Nr. 4: Typ 23 Brescia Modifié, B. de Vitis
(n. klass.)
Nr. 6: Typ 37, Antonio Caliri (11.)
Nr. 7: Typ 37, Nicolò Maraini (n. klass.)
Nr. 8: Typ 37, Pasquale Croce (10.)
Nr. 9: Typ 37, Supremo Montanari (12.)
Nr. 10: Typ 35, Mario Lepori (n. klass.)
Nr. 11: Typ 30, Messeri (n. klass.)
Nr. 15: Typ 35, André Dubonnet (5.)
Nr. 18: Typ 35T, Jules Goux (3.)
Nr. 21: Typ 35T, Ferdinando Minoia (2.)
Nr. 27: Typ 35T, Bartolomeo »Meo«
Costantini (1.)

Ein Torpedo des Typs 40
(Fcto: Xavier de Nombel).

Straßburg, 30. Mai 1926
Der Typ 36 mit Kompressor beim
Grand Prix d'Alsace

Für Aymo Maggi und Pierre de Vizcaya werden zwei neue Exemplare des Typs 36 präpariert. Sie sollen damit am Grand Prix d'Alsace des Voitures Légères in Straßburg teilnehmen. Nach dem Misserfolg des Typs 36 im Mai 1925 in Montlhéry wird das Modell durch den Einbau einer Hinterradfederung verbessert. Die Wagen haben einen reduzierten Hubraum von 1098 cm³ (53 x 66 mm), dafür aber einen Roots-Kompressor, der die Leistung auf 72 PS erhöht. Die dreistufige Gangschaltung ist mit dem Differenzial hinten fest verbunden. Den Typ 36 erkennt man an seinem schmalen Kühlergrill und an seinem zugespitzten Heck.

Eine von der Firma La Carrosserie Profilée für Jean de Vizcaya gestaltete Karosserie mit einem Verdeck, das zurückgeschlagen werden kann.

Paris, 25. Juni 1926
Der Typ 40 folgt auf den Brescia

Nach einer schönen kommerziellen und sportlichen Karriere wird der Bau des Bugattis mit 16 Ventilen mit der Fahrgestellnummer 2906 aufgegeben. Während der Typ Brescia aus dem Katalog verschwindet, tritt der Typ 40 an seine Stelle. Das erste Exemplar trifft in der Verkaufsausstellung der Marke an der Nr. 116 der Champs-Élysées in Paris ein. Es behält den Hubraum von 1,5 Liter seines Vorgängers. Tatsächlich scheint nur der Kühler eine spezifische Kreation für den Typ 40 zu sein. Der Motor entstammt dem Typ 37, die Lenkung dem 33 (aufgegeben), das Fahrwerk hinten und das Ganggetriebe hat das Auto mit den Typen 38 und 44 gemeinsam. Viele Wagen dieses Typs erhalten eine Karosserie von außerhalb der Fabrik. Bugatti selbst baut aber einen Torpedo Grand Sport mit einer einzigen Tür an der linken Seite. Es handelte sich um die erste »standardisierte« Karosserie dieser Marke mit festem Preis.

Daten zum Typ 40	
Chassis	Rahmen mit Längsträgern
Karosserie	Stahl
Motor	Vierzylinder-Reihenmotor
Anordnung	Vorne, längs
Hubraum	1496 cm³ (69 x 100 mm)
Ventilsteuerung	Eine oben liegende Nockenwelle, drei Ventile pro Zylinder
Gemisch	Zénith- oder Solex-Vergaser
Leistung	45 PS (33 kW)
Verdichtung	–
Kraftübertragung	Hinterradantrieb
Gangschaltung	Vier Gänge
Vorderradaufhängung	Längs angeordnete Blattfedern
Hinterradaufhängung	Viertelelliptikfedern
Bremsen	Trommelbremsen, mechanisch betrieben
Lenkung	Schneckenlenkung
Reifen	4,40 x 27
Maße	361,4 x .. x .. cm
Radstand x Spurweite	256,4 oder 271,4 x 120 x 120 cm
Gewicht	750/760 kg (reines Fahrgestell)
Höchstgeschwindigkeit	120 km/h

1926: Die Herrschaft des 39A

Miramas, 27. Juni 1926
Eigenartiger Auftakt für den Typ 39A

Der Einsatz des Kompressors treibt die Leistungen der Grand-Prix-Wagen in die Höhe. Die Internationalen Automobilsportbehörden setzen daraufhin 1500 cm³ als maximalen Hubraum fest. Sie wollen damit die Leistungsexplosion begrenzen. Abgesehen von der Verringerung des Hubraums sollen die Wagen auch mindestens 700 kg wiegen. Die Ära der Einsitzer beginnt, denn es muss nun kein Mechaniker mehr mitfahren.

Meo Costantini am Steuer eines Typs 39A beim Grand Prix de l'ACF 1926.

Meo Costantini in Begleitung von Ettore Bugatti, nach seinem Sieg beim Großen Preis von Spanien, 1926.

Bugatti übernimmt schließlich den Kompressor, ein von Moglia modifiziertes Roots-Modell, wobei der Rotor drei anstelle von zwei Schaufeln aufweist. Zwei einander ähnliche Fahrzeuge kommen im Lauf der Saison zum Einsatz: ein 1493 cm³ (60 x 66 mm), der dem Zweiliterwagen des Typs 35 nahe steht, und ein 1495 cm³ (82 x 88 mm) mit modifizierter Pleuelstange. In beiden Fällen liegt die Leistung bei 110 PS. Insgesamt folgt der neue Typ 39A den Eigenschaften des Typs 35.
Beim Grand Prix de l'ACF kommt die neue Formel erstmals zum Einsatz. Aber das Rennen, das auf dem neuen Rundkurs von Miramas im Süden Frankreichs ausgetragen wird, treibt auf ein Fiasko zu. Alle Autobauer

ziehen sich zurück, und die drei Bugattis starten als Einzige! So ist das Ergebnis nur von relativem Wert ...

Nr. 8: Typ 39A, Meo Costantini (2.)
Nr. 16: Typ 39A, Pierre de Vizcaya (n. klass.)
Nr. 24: Typ 39A, Jules Goux (1.)

San Sebastian, 18. Juli 1926
Grand Prix d'Europe

Die Rennsaison beginnt ernsthaft erst mit dem Großen Preis von Europa, bei dem drei Delage den drei Bugattis die Stirn bieten. Schnell zeigt es sich, dass das erste Rennen in Miramas für Bugatti nützlich war. Die Piloten von Delage haben diesen Vorteil nicht und merken, dass die Hitze, die der Auspuff verströmt, auf der Höhe des rechten Arms auf Dauer nicht auszuhalten ist. Jules Goux gewinnt mit seinem Bugatti vor einem Delage, der hintereinander von fünf Fahrern gesteuert wird, nämlich Morel, Wagner, Benoist, Thomas und Sénéchal. Sie alle werden sozusagen weichgekocht!

Nr. 2: Typ 39A, Jules Goux (1.)
Nr. 10: Typ 39A, Meo Costantini (3.)
Nr. 18: Typ 39A, Ferdinando Minoia (5.)

San Sebastian, 25. Juli 1926
Großer Preis von Spanien

Eine Woche danach nehmen die Bugattis am Großen Preis von Spanien auf demselben baskischen Rundkurs teil und holen sich die drei ersten Plätze.

Nr. 15: Typ 39A, Meo Costantini (1.)
Nr. 16: Typ 39A, Jules Goux (2.)
Nr. 17: Typ 39A, Ferdinando Minoia (3.)
Nr. 18: Typ 35T, William Grover »Williams« (unbek.)
Nr. 20: Typ 35, Ferry (5.)

Brooklands, 7. August 1926
Großer Preis von Großbritannien

Die Delage kommen im Süden Englands besser zurecht als in Spanien, dies um so mehr, als die Firmen-Bugattis sich nicht die Mühe machen, den Ärmelkanal zu überqueren. Malcolm Campbell fährt trotzdem einen Typ 39A mit dem Segen des Importeurs und schiebt sich zwischen zwei Delage auf den 2. Platz.

Nr. 7: Typ 39A, Malcolm Campbell (2.)

Monza, 5. September 1926
Erster Erfolg für den 35C

Bugatti erweitert sein Angebot an sportlichen Modellen und schafft den Typ 35C, der direkt vom 35 abstammt. Endlich bekommt er eine Aufladung: Der Roots-Kompressor erlaubt bei unverändertem Hubraum von 1941 cm³ (60 x 68 mm) eine Leistungssteigerung auf 130 PS. Der Bugatti 35C, gefahren von Sabipa alias Louis Charavel, holt sich seinen ersten Sieg beim Großen Preis von Monza in der freien Formel.

Paris, 7. bis 17 Oktober 1926
Hommage an den Typ 35

Fünf Wagen sind am ziemlich engen Stand von Bugatti direkt neben dem von Lorraine-Dietrich zu sehen: ein Fahrgestell des Typs 40, ein Typ 40 als Coupé, ein Fahrgestell des Typs 38, ein Typ 38 als Faux-Cabriolet und ein Typ 35.
Der Star ist ohne Zweifel der 35, der zum Weltmeister erklärt wird. Das präsentierte Modell steht auf einem Sockel und ist von den zahlreichen Plaketten umgeben, die an die wichtigsten im Lauf des Jahres

errungenen Siege erinnern. Bugatti bietet seinen privilegierten Kunden, oder genauer gesagt, ihren Kindern, auch ein reduziertes Modell des Typs 35 an. Dieser Typ 52, ursprünglich geschaffen für den Geburtstag von Roland Bugatti, wird von einem Elektromotor angetrieben und in rund 70 Stück verkauft. Unter den dergleichen verwöhnten Kindern figuriert auch der Name des künftigen marokkanischen Königs, Hassan II.

Eine besonders tief abgesenkte Karosserie von Gaston Grummer für den Typ 40, September 1926.

Ein Coupé des Typs 40 (Nr. 40-452), gebaut von der Firma Bourack & de Costier (Foto: Xavier de Nombel).

Ein Typ 43 (Nr. 43-222) mit einer Roadster-Karosserie der belgischen Firma Pritchard & Demollin (rechte Seite).

1927: Der 43 Grand Sport

Brescia, 24. März 1927
Die ersten Mille Miglia

Von der ersten Auflage der Coppa delle Mille Miglia an sind Bugatti-Kunden mit dabei. Ein Typ 40 gewinnt in der Klasse 1500 vor zahlreichen Ceirano, einem OM und einigen bescheidenen Fiat 501.

Nr. 54: Typ 38, Claudio Sandonino/
Antonio Reggiani
Nr. 55: Typ 40, Attilio Belgir/Giulio Binda

Miramas, 27. März 1927
Die Anfänge des Typs 35B

Während die internationale Formel weiterhin an den 1500 cm³ festhält, bringt Bugatti eine neue Variante auf den Markt, die zunächst für Rennen der freien Formel reserviert sein

Ein Typ 43 Grand Sport in der gebräuchlichsten Karosserieform, als Torpedo von Bugatti. Neben dem Auto stehend der Pilot Louis Chiron.

Ein Torpedo des Typs 40 bei den Mille Miglia 1927.

soll. Der neue Typ 35TC kommt zwei Monate später in den Katalog und wird in Zukunft üblicherweise 35B genannt. Seine Merkmale ähneln denen des Typs 35 mit folgenden Ausnahmen: 1995 cm³ (60 x 88 mm), Roots-Kompressor, 90 PS (66 kW) bei 5000 U/min, 210 km/h.

Drei Wagen dieses Typs werden von Louis Chiron, Marcel Lehoux und Jules Goux in Miramas gefahren. Das Rennen findet in drei Läufen statt, und im Finale steht Chiron als Sieger fest.

Cerda, 24. April 1927
Erneuter Erfolg

Wiederum nehmen viele Amateure mit ihren Bugattis an der Targa Florio teil. In diesem Jahr sind es nur Wagen der Typen 37 und 35. Die Fabrik entsendet drei 35C (2 Liter mit Kompressor); dazu kommen zwei Fahrgestelle desselben Typs in den Händen unabhängiger Piloten. Elisabeth Junek verwendet einen 35B, Ignazio Palacio einen normalen 35. Die übrigen Teilnehmer begnügen sich mit dem Typ 37, den Spitzenpiloten allerdings versuchsweise mit einer Aufladung versehen. Doch die Konkurrenz macht sich wieder bemerkbar. Der Sieg von Bugatti steht zwar fest, ist aber umkämpft. Maserati kommt auf den dritten Platz, Peugeot auf den vierten.

Nr. 4: Typ 37 A, Louis Charavel »Sabipa« (n. klass.)
Nr. 6: Typ 37 A, Caberto Conelli (2.)
Nr. 12: Typ 37, Antonio Caliri (n. klass.)
Nr. 14: Typ 37, Heinrich Eckert (7.)
Nr. 20: Typ 35C, Renato Balestrero (n. klass.)
Nr. 22: Typ 35, Ignazio Palacio (5.)
Nr. 24: Typ 35C, Emilio Materassi (1.)
Nr. 30: Typ 35C, Mario Lepori (n. klass.)
Nr. 32: Typ 35C, Ferdinando Minoia (n. klass.)
Nr. 34: Typ 35B, Elisabeth Junek (n. klass.)
Nr. 38: Typ 35C, André Dubonnet (6.)

Molsheim, April 1927
Der Typ 43, entstanden aus Grand-Prix-Wagen

Neben seinen »Pur-Sang« möchte Ettore Bugatti ein vielseitigeres echtes Gran-Turismo-Auto auf den Markt bringen. Er nimmt dazu das Herz des 35B, den aufgeladenen Achtzylindermotor, ferner dessen Kupplung und Federungen. Das Fahrwerk vorne und hinten entstammt dem Typ 38. Um die Kundschaft der Gentlemen Driver zufrieden zu stellen, sieht Bugatti eine weniger sparsame Karosserie als beim Typ 35 vor, doch auch sie bleibt immer noch sehr spartanisch: Der Sport-Torpedo hat nur eine Tür, auf der linken Seite, denn auf der rechten Flanke ist das Ersatzrad befestigt. Der Rumpf ist spindelförmig und endet hinten spitz wie bei einem Schiffsrumpf. Die achtspeichigen Räder aus Leichtmetall ähneln denen des Typs 35, werden hier aber von einfachen Schutzblechen verkleidet. Das erste Exemplar des 43 Grand Sport wird an den Piloten Pierre de Vizcaya ausgeliefert. Sehr schnell zeichnet sich dieser Torpedo in Rennen aus, etwa an der Rallye Monte Carlo oder beim Rennen Paris–Saint-Raphaël für weibliche Piloten.

Daten zum Typ 43 Grand Sport	
Chassis	Rahmen mit Längsträgern
Karosserie	Stahl
Motor	Achtzylinder-Reihenmotor
Anordnung	Längs, vorne
Hubraum	2262 cm³ (60 x 100 mm)
Ventilsteuerung	Zwei oben liegende Nockenwellen, drei Ventile pro Zylinder
Gemisch	Zénith- oder Solex-Vergaser, Kompressor von Roots
Leistung	120 PS (88,2 kW)
Verdichtung	–
Kraftübertragung	Hinterradantrieb
Gangschaltung	Vier Gänge
Vorderradaufhängung	Starrachse, Halbelliptikfedern
Hinterradaufhängung	Starrachse, Viertelelliptikfedern
Bremsen	Trommelbremsen vorne und hinten, mechanisch betrieben
Lenkung	Zahnstangenlenkung
Reifen	28 x 4,95
Maße	Je nach Karosserie
Radstand x Spurweite	297 x 125 x 125 cm
Gewicht	1250 kg
Höchstgeschwindigkeit	170 km/h
Produktion	160 Stück von April 1927 bis Februar 1935 (Fahrgestellnummern von 43-150 bis 43-310)

Der erste Royale mit einer Karosserie von Packard.

1927: Den Royale im Blick

Molsheim, Juni 1927
Ein Kompressor für den 37

Der erste Typ 37 mit einem Kompressor, genannt 37A, wird an einen Kunden in Turin ausgeliefert; er trägt die Fahrgestellnummer 37-269. Bugatti führt diese leistungsstärkere Version ein, um sportliche Kunden zufrieden zu stellen, die sich die verschiedenen teureren Varianten des Typs 35 nicht leisten können. Der Kompressor ist dasselbe Modell wie beim 39A. Dank der Aufladung leisten die 1496 cm³ (69 x 100 mm) 85 PS, sodass der Typ 37A eine Spitzengeschwindigkeit von 165 km/h erreicht.

Äußerlich erkennt man den 37A an der Motorhaube mit den zusätzlichen Luftschlitzen und einer Öffnung, die dem Druckbegrenzungsventil des Kompressors entspricht. Im Inneren fällt die Handpumpe für den Benzinförderdruck am Armaturenbrett auf. Das Auto hat Speichenräder, aber gegen Aufpreis bekommt man auch achtspeichige Aluminiumfelgen. Der Typ 37A unterscheidet sich vom normalen 37 auch durch ein zurückgesetztes Lenkgehäuse. Bugatti produziert 80 Exemplare des Typs 37A.

Molsheim, Juli 1927
Gleiche Behandlung für den Typ 38

Auch der Typ 38 bekommt seine aufgeladene Version, 38A genannt. Es handelt sich um denselben Kompressor wie bei den Typen 37A und 39A. So ausgestattet entwickelt der Achtzylindermotor mit 2 Litern Hubraum 90 PS. Er beschleunigt den 38A auf rund 145 km/h.

Montlhéry, 3. Juli 1927
Grand Prix de l'ACF

Bugatti wirft das Handtuch. Die Wagen von André Dubonnet, Jules Goux und Emilio Materassi, die angemeldet sind, erscheinen nicht zum Start. Delage profitiert davon und belegt die ersten drei Plätze.

San Sebastian, 25. Juli 1927
Großer Preis von San Sebastian

Die Bugatti 35 sind in allen Varianten in bester Verfassung. Drei Versionen gehen an den Start des Grand Prix: ein Typ 35 mit Kompressor, ein Typ 35B mit aufgeladenem 2,3-Liter-Motor und drei Wagen des Typs 35C mit aufgeladenem 2-Liter-Motor. Bugatti kann einen vollen Erfolg verbuchen. Die vier ersten Plätze gehören der Marke.

Nr. 1: Typ 35C, Emilio Materassi (1.)
Nr. 18: Typ 35C, Caberto Conelli (3.)
Nr. 23: Typ 35C, André Dubonnet (2.)
Nr. 34: Typ 35, Manuel Blancas (n. klass.)
Nr. 35: Typ 35B, Louis Chiron (4.)

San Sebastian, 26. Juli 1927
Ein Kunde für den Royale

Am Tag vor dem Großen Preis von Spanien präsentiert Ettore Bugatti seinen Royale dem König von Spanien. Dieser Typ 41 wurde in größter Heimlichkeit entwickelt. Bugatti will den Großen dieser Welt ein Auto zur Verfügung stellen, das alles, was auf dem Markt ist, einfach deklassiert. Größer, leistungsfähiger, teurer als alle Rolls-Royce, Isotta-Fraschini und Hispano-Suiza sollte der Royale die reichsten und anspruchsvollsten Staatschefs zum Kauf animieren.

Der erste Kunde, den Ettore Bugatti im Auge hat, ist der spanische König Alfons XIII. Er regiert seit 1886 und ahnt noch nicht, dass er 1931 nach dem Sieg der Republikaner bei den Gemeindewahlen abgesetzt werden wird. Der erste Prototyp des Royale wird im Lauf des Jahres 1926 gebaut, und er fährt erstmals im März 1927. Im April sieht man ihn in Modena. Der Prototyp ruht auf dem Fahrgestell mit der Nummer 41-100 und hat einen Radstand von 4,57 m. Die Karosserie stammt von einem Packard Single Eight, den Ettore Bugatti erstanden hat. Dieses Mischlingsauto zeigt Ettore Bugatti König Alfons XIII. Der Souverän zeigt sich interessiert, erteilt aber nicht sofort einen Kaufauftrag …

Ein Pilot von Bugatti hinter zwei Delage: ein Symbol der Saison 1927, Grafik von Geo Ham.

Daten zum Typ 41 Royale	
Chassis	Rahmen mit Längsträgern
Karosserie	Stahl
Motor	Achtzylinder-Reihenmotor
Anordnung	Längs, vorne
Hubraum	14 726 cm³ (125 x 150 mm), bei den späteren Chassis: 12 763 cm³ (125 x 130 mm)
Ventilsteuerung	Eine oben liegende Nockenwelle, drei Ventile pro Zylinder
Gemisch	Bugatti-Vergaser
Leistung	300 PS (220 kW)
Verdichtung	–
Kraftübertragung	Hinterradantrieb
Gangschaltung	Drei Gänge
Vorderradaufhängung	Starrachse, Halbelliptikfedern
Hinterradaufhängung	Starrachse, Viertelelliptikfedern
Bremsen	Trommelbremsen vorne und hinten, mechanisch betrieben
Lenkung	Schraubenlenkung
Reifen	980 x 80
Maße	–
Radstand x Spurweite	450 (später 430) x 160 x 160 cm
Gewicht	3000 kg (10 kg/PS)
Höchstgeschwindigkeit	200 km/h
Produktion	6 Stück

San Sebastian 31. Juli 1927
Großer Preis von Spanien

Eine Woche nach dem Großen Preis von San Sebastian findet auf dem Rundkurs von Lasarte ein weiteres Rennen statt, diesmal mit internationaler Beteiligung. Plötzlich sind auch die furchterregenden Delage 18-S-8 an Ort und Stelle und machen den Bugattis das Leben schwer. Caberto Conelli rettet die Situation, indem er auf dem zweiten Platz landet. Die übrigen zwei Plätze auf dem Siegertreppchen gehören den Delage.

Nr. 4: Typ 35C, Emilio Materassi (n. klass.)
Nr. 9: Typ 35C, Caberto Conelli (2.)
Nr. 12: Typ 35C, André Dubonnet/
Louis Chiron (n. klass.)

Brooklands, 1. Oktober 1927
RAC Grand Prix

Bugatti nimmt am Großen Preis von Italien am 4. September nicht teil. Die französischen Mannschaften treffen sich wieder in England. Trotz der zahlreichen Bugattis belegt Delage die ersten drei Plätze. Robert Benoist wird Weltmeister. Er trägt sich ins goldene Buch des französischen Sports ein – ebenso wie die vier Tennisspieler, die im vergangenen August den Amerikanern den Daviscup abnahmen: Borotra, Brugnon, Cocher und Lacoste.

Nr. 1: Typ 39A, Sammy Davis/George Eyston (n. klass.)
Nr. 5: Typ 39A, Malcolm Campbell (n. klass.)

Der Typ 35C von Louis Chiron (links) und Caberto Conelli beim Großen Preis von Spanien 1927.

Nr. 10: Typ 39A, Caberto Conelli/
»Williams« (unbek.)
Nr. 11: Typ 39A, Emilio Materassi (5.)
Nr. 12: Typ 39A, Louis Chiron (4.)
Nr. 14: Typ 37A, Cantazunico/Jean Ghika
(n. klass.)

Paris, 6. bis 16. Oktober 1927
Ein neues Drei-Liter-Auto

Das Angebot von Bugatti bleibt unverändert:
Der Typ 40 und der Typ 43 GS des Vorjahres
bleiben im Katalog. Der Typ 38 erlebt seine
letzten Monate, neben seiner aufgeladenen
Version mit Kompressor. Die gesamte Familie der drei Sportwagenmodelle 35, 37 und
39 sind weiterhin zu bekommen.

Typ 40
- Limousine (Nr. 2030).
- viertüriger Torpedo (Nr. 2043).
- zweitüriges Coupé (Nr. 2032).
- Coach mit zwei Türen und drei Sitzen
  (Nr. 2038).
- viersitziges Cabriolet (Nr. 2044).
- zweisitziger Spider mit Notsitzbank
  (Nr. 2036).
- viersitziger Coach Souple (Nr. 2031).

Typ 38
- viertüriger Torpedo (Nr. 1943).
- Roadster (Nr. 2040).
- Fahrersitz innen, zwei Türen (Nr. 2044B).
- Limousine (Nr. 2028).

Typ 43
- viertüriges Cabriolet.
- zweisitziger Roadster mit Notsitzbank.
- zweisitziges Cabriolet.
- drei/viersitziger Torpedo.

Daten zum Typ 44	
Chassis	Rahmen mit Längsträgern
Karosserie	Stahl
Motor	Achtzylinder-Reihenmotor
Anordnung	Längs, vorne
Hubraum	2991 cm³ (69 x 100 mm)
Ventilsteuerung	Eine oben liegende Nockenwelle, drei Ventile pro Zylinder
Gemisch	Schebler-Vergaser
Leistung	100 PS (73,5 kW)
Verdichtung	–
Kraftübertragung	Hinterradantrieb
Gangschaltung	Vier Gänge
Vorderradaufhängung	Starrachse, Halbelliptikfedern
Hinterradaufhängung	Starrachse, Viertelelliptikfedern
Bremsen	Trommelbremsen vorne und hinten, mechanisch betrieben
Lenkung	Zahnstangenlenkung
Reifen	29 x 5
Maße	Je nach Karosserie
Radstand x Spurweite	312 x 125 x 125 cm
Gewicht	940 kg (reines Fahrgestell)
Höchstgeschwindigkeit	135 km/h
Produktion	1095 Stück von Oktober 1927 bis November 1930 (Fahrgestellnummern von 44-251 bis 44-1140)

Der Motor des Royale, gesehen
vor Paul Bouvot.

Ein Typ 44 (Nr. 44-721)
mit Torpedokarosserie von
Harrington. Dieses Familienauto
für Wettbewerbe und Rallyes
gehört dem Franzosen Jean-Paul
Mouton. Harrington war seit 1905
Karosseriebauer in Brighton. Die
Firma lieh in den Sechzigerjahren
ihren Namen einer speziellen
Version des Sunbeam Alpine.

Ein Typ 38A mit einer Karosserie von Lavocat & Marsaud, präsentiert 1989 in Bagatelle.

Dass der Typ 44 den 38 ersetzen soll, ist schon angekündigt. Das Fahrgestell verändert sich kaum. Das Fahrwerk, die Lenkung und das Ganggetriebe sind beim 44 fast gleich wie beim 38. Der Motor hingegen ist neu, wenn auch nicht völlig unbekannt. Die Zylinderblöcke, die Kolben, die Pleuelstangen und die Steuerung der Ventile stammen alle vom Typ 40. Zwei Motorblöcke werden zu einem Achtzylinder-Reihenmotor mit einem Hubraum von 3 Liter verbunden. Der Typ 44 ist ein bequemes, leichtgängiges und wendiges Auto, leichter zu fahren als alle bisherigen Bugattis. In der Tat handelt es sich um den ersten gezähmten Bugatti,

konzipiert für den täglichen Gebrauch. Der offizielle Katalog schlägt sieben Karosserieformen vor:

▶ Fahrersitz innen, vier Türen (Nr. 2200).

▶ Fahrersitz innen, vier Türen, vier Sitze, Version »Souple« (Nr. 2028).

▶ Fahrersitz innen, vier Türen, mit geneigter Windschutzscheibe (Nr. 2064A).

▶ Fahrersitz innen, zwei Türen, vier Sitze (Nr. 2029).

▶ zweisitziger Torpedo (Nr. 2040).

▶ Cabriolet mit zwei Sitzen und Notsitzbank (Nr. 2075).

▶ Fahrersitz innen, vier Sitze, vier Türen, Lizenz Weymann (Nr. 2222).

1928: Priorität für den Sport

Brescia, 31. März und 1. April 1928
Ein Versuch von Bugatti

Da die internationalen Regeln nicht mehr vorsehen, dass Wagen mit einem Hubraum von über 1500 cm³ über vier Sitze verfügen müssen, kann an den Mille Miglia eine neue Generation noch sportlicherer Fahrzeuge an den Start gehen. Das trifft zum Beispiel für den Bugatti 43 zu ... Zwischen Ettore Bugatti und seinen Landsleuten Aymo Baggi und Franco Mazzotti, die die Mille Miglia mitbegründet haben, herrscht eine enge Beziehung. Der eine vertreibt die Bugattis in Italien, der andere steuert sie in Rennen. Sie haben keine Mühe, Ettore Bugatti davon zu überzeugen, mit drei Torpedos des Typs 43 am Rennen teilzunehmen. Sie kämpfen gegen drei sehr ernst zu nehmende italienische Gegner: OM, Lancia und vor allem Alfa Romeo. Die drei Bugattis greifen sofort an; in Bologna belegen sie die drei ersten Plätze. Doch dann wendet sich das Blatt. In Rom liegt der Alfa Romeo von Campari vorne. Die Bugattis haben mit immer mehr Schwierigkeiten zu kämpfen. Der Wagen von Brilli-Peri wird zu heiß, das Auto von Nuvolari hat Probleme mit dem Gas, und Bordino kämpft mit den Bremsen. Am Ende des Rennens belegt der beste Bugatti nur den sechsten Platz,

hinter drei Alfa Romeo, einem OM und einem Lancia.

Nr. 34: Typ 37, G. Moretti/Ercole Piva (n. klass.)
Nr. 57: Typ 37, Paolo Chiabetti/Aldo Crosti (n. klass.)
Nr. 60: Typ 35B, Giovanni Tabacchi/ Achille Varzi (n. klass.)
Nr. 83: Typ 43, Gastoine Brilli-Peri/ Arturo Lumini (6.)
Nr. 84: Typ 43, Amedeo Bignami/ Tazio Nuvolari (13.)
Nr. 85: Typ 43, Pietro Bordino/ M. de Giovanni (16.)

Cerda, 6. Mai 1928
Erneuter Sieg bei der Targa Florio

Die Targa Florio wird unter der freien Formel ausgetragen. Alfa Romeo und Maserati stehen einer Armada von Bugattis aller Arten gegenüber und sind deren ernsthafteste Gegner. Rund zehn Exemplare des neuen Typs 37 von Bugatti sind mit dabei. Diese zahlenmäßige Überlegenheit bewahrt Bugatti aber nicht vor der Konkurrenz. Zu Beginn des Rennens liegt Elisabeth Junek mit ihrem gelb-schwarzen Wagen vorne. Doch dann wird sie von einer ganzen Meute

Der Typ 35B von Varzi bei den Mille Miglia 1928.

Vorbeifahrt von Conelli auf seinem Typ 37A bei der Targa Florio 1928, gezeichnet vom Grafiker Peter Helck im Jahre 1962.

von … wenig galanten Piloten mit leistungsstärkeren Motoren überholt.

Giuseppe Campari liegt nie weit von der Spitzenposition entfernt. Er wird mit seinem Alfa Romeo 6C 1500 Zweiter, nur eine Minute und 37 Sekunden hinter Alberto Divo in seinem 35B, und mit einem Vorsprung von 18 Minuten vor dem drittplatzierten Caberto Conelli mit seinem bescheidenen 37A. In Erinnerung bleibt aber auf jeden Fall, dass Bugatti hier seinen vierten Sieg in Folge holt.

Nr. 2: Typ 37, Giuseppe Inglese (n. klass.)
Nr. 4: Typ 37, Cleto Nenzioni (n. klass.)
Nr. 6: Typ 37, Vincenzo Verso (n. klass.)
Nr. 10: Typ 37, Gioacchino Cocuzza (n. klass.)
Nr. 12: Typ 37A, René Dreyfus (8.)
Nr. 22: Typ 37, Margot Einsiedel (12.)
Nr. 24: Typ 37A, Caberto Conelli (3.)
Nr. 26: Typ 37, Giovanni Scianna (n. klass.)
Nr. 32: Typ 37A, Ferdinando Minoia (6.)
Nr. 36: Typ 35C, Emilio Materassi (n. klass.)
Nr. 40: Typ 35C, Louis Chiron (4.)
Nr. 42: Typ 35C, Giulio Foresti (10.)
Nr. 44: Typ 35C, Cesare Pastore (n. klass.)
Nr. 46: Typ 35C, Tazio Nuvolari (n. klass.)

Nr. 50: Typ 35C, Gastone Brilli-Peri (n. klass.)
Nr. 52: Typ 35B, Mario Lepori (9.)
Nr. 54: Typ 35B, Huldreich Heusser (n. klass.)
Nr. 56: Typ 35B, Albert Divo (1.)
Nr. 58: Typ 35B, Elisabeth Junek (5.)

Molsheim, Mai 1928
Willkommen im Schloss

Ettore Bugatti kauft im Mai 1928 das Château Saint-Jean. Auf sportlichem Gebiet steht er dank seinem Typ 35 bestens da, und er will den Großen dieser Welt seinen Royale verkaufen. Das Schloss dient als Hintergrund für Presse- und Werbefotos. Ettore Bugatti bewohnt weiterhin die Villa, das große Gebäude im Inneren des Fabrikgeländes. Die Erinnerung an Rembrandt Bugatti wird ehrfurchtsvoll hochgehalten. Im Wintergarten der Villa stehen seine Skulpturen auf einer Konsole und einer Truhe.

Vor dem Kauf des Château Saint-Jean feiert Ettore Bugatti seine Siege und empfängt seine Gäste in der Hostellerie du Pur-Sang, einem kleinen gelben Haus, das Madame Bugatti gehört und das später die Gesellschaft der »Enthousiastes Bugatti« aufnehmen wird.

1928: Die Liste der Siege wird länger

Montlhéry, 1. Juli 1928
Ein sehr sportlicher Grand Prix

Der Automobile Club de France setzt sich von seinesgleichen ab. Er trägt seinen Grand Prix dieses Jahr nach einer »Handicap«-Formel aus. Das hindert Bugatti nicht daran, mit einem 35C mit Schutzblechen und Williams als Piloten daran teilzunehmen. Trotz der Unterschiede im Hubraum und der Leistung hat der englische Fahrer alle Mühe, sich von einem eher leistungsschwachen Salmson 1100 zu befreien. Dazu muss man allerdings sagen, dass Bugatti ein Handicap von 32 Minuten auf seinen Rivalen wettmachen musste.

Nr. 42: Typ..., Drouet (n. klass.)
Nr. 48: Typ 35C, »Williams« (1.)
Nr. 54: Typ..., »Sabipa« (n. klass.)

San Sebastian, 25. Juli 1928
Eingeschränktes Startfeld

Die AIACR (Association Internationale des Automobile Clubs Reconnus) ändert erneut die Regeln des Spiels. Es gibt nun keine Begrenzung des Hubraums mehr, dafür wird das Gewicht genau vorgeschrieben: zwischen 500 und 700 kg. Die Rennen sollten über mindestens 600 km führen. Nur der Grand Prix von San Sebastian und der Große Preis von Italien respektieren diese offiziellen Regeln Im Baskenland kann man allerdings nicht von einer Konkurrenz sprechen, denn man sieht nur Bugattis am Start! Es sind insgesamt neun ... Das ist jedenfalls ein unfehlbares Mittel, um den Sieg für die Marke herauszufahren! Die Chancen verteilen sich nunmehr auf den Typ 35B (2,3 Liter mit Kompressor), der Typ 35C (2 Liter mit Kompressor) und, nicht zu vergessen, mehrere Wagen des Typs 37A.

Nr. 2: Typ 35B, Edmond Bourlier/
Mario Lepori (disqualifiziert)
Nr. 3: Typ 35B, Manuel Blancas (5.)
Nr. 4: Typ 35C, William Grover »Williams«
(n. klass.)
Nr. 7: Typ 35C, Louis Chiron (1.)
Nr. 8: Typ 37 A, Goffredo Zehender (4.)
Nr: 9: Typ 35B, Robert Benoist (2.)
Nr. 10: Typ 35C, Albert Divo (n. klass.)
Nr. 16: Typ 35C, Marcel Lehoux (3.)
Nr. 18: Typ 37A, Francisco Torres (6.)

Louis Chiron im siegreichen Typ 35C beim Großen Preis von San Sebastian 1928.

Der Typ 40 (Nr. 40-623) mit der kutschenförmigen Karosserie, ein Geschenk für Lidia Bugatti, 1928.

Der Typ 40 (Nr. 40-623), eingerahmt von zwei Pferden von Ettore Bugatti, 1928. Die Speichenräder sind hier nicht verkleidet (rechte Seite).

Dasselbe Fahrzeug mit geöffnetem Verdeck, aufgenommen im Jahre 1987.

Monza, 9. September 1928
Der Große Preis von Europa

Da der Große Preis von Großbritannien nicht stattfindet, treffen sich die europäischen Rennfahrer in Italien. Dieses Mal trifft Bugatti auf einen alten, aber immer noch starken Alfa Romeo, auf drei Maserati Tipo 26B aus dem Werksteam sowie fünf Talbot des Rennstalls Materassi. Bugatti holt zwar den Sieg, aber der Tag wird von einem Unfall von Emilio Materassi überschattet. Er kommt von der Straße ab, was den Piloten und 26 Zuschauer das Leben kostet.

Nr. 10: Typ 35C, Giulio Foresti (8.)
Nr. 12: Typ 35C, »Williams« (n. klass.)
Nr. 22: Typ 35, Guy Bouriat (7.)
Nr. 24: Typ 37A, Eduardo Probst (unbek.)
Nr. 26: Typ 35C, Tazio Nuvolari (3.)
Nr. 28: Typ 35C, P. Blaque-Belair (n. klass.)
Nr. 30: Typ 37A, Cleto Nenzioni (n. klass.)
Nr. 32: Typ 35C, Carlo Tonini (n. klass.)
Nr. 36: Typ 37A, J.-C. d'Ahetze (unbek.)
Nr. 40: Typ 35B, Guy Drouet (4.)
Nr. 50: Typ 35C, Louis Chiron (1.)

Molsheim, September 1928
Fantasiekutschen

Jean Bugatti verheimlicht seinem Vater, dass er ein Fahrgestell des Typs 40 (Nr. 40-623) aus der normalen Produktionskette nimmt und mit einer ganz speziellen Karosserie versehen will. In der Werkstätte, wo sonst die Gespanne des Familienpatrons gefertigt werden, baut er an einer einzigartigen Karosserie. Er verwendet die Merkmale einer Pferdekutsche mit Verdeck, geschwungenem Trittbrett und Ringen anstelle von Türgriffen. Der Stil wendet alte ästhetische Gesetze an: Die Krümmung der vertikalen Linien und des Trittbretts stammen direkt aus dem 19. Jahrhundert!

Das Auto ist für Lidia Bugatti bestimmt, die jüngere Schwester von Jean. Als Ettore hinter das Projekt kommt, ist er begeistert und will diesen Stil auf weitere Modelle anwenden, vorzugsweise die leistungsstärkeren, denn die Karosserie erweist sich als zu schwer für den Typ 40. Dieses Kutschen- oder Fiaker-Coupé gilt als eine der ersten persönlichen Schöpfungen von Jean Bugatti. Seit 1927 nimmt er aktiv Anteil am Fortgang der Fabrik. Zu jenem Zeitpunkt gründet er die Karosseriewerkstatt. Von nun an ist er an der Definition der Produkte und deren Design mitbeteiligt.

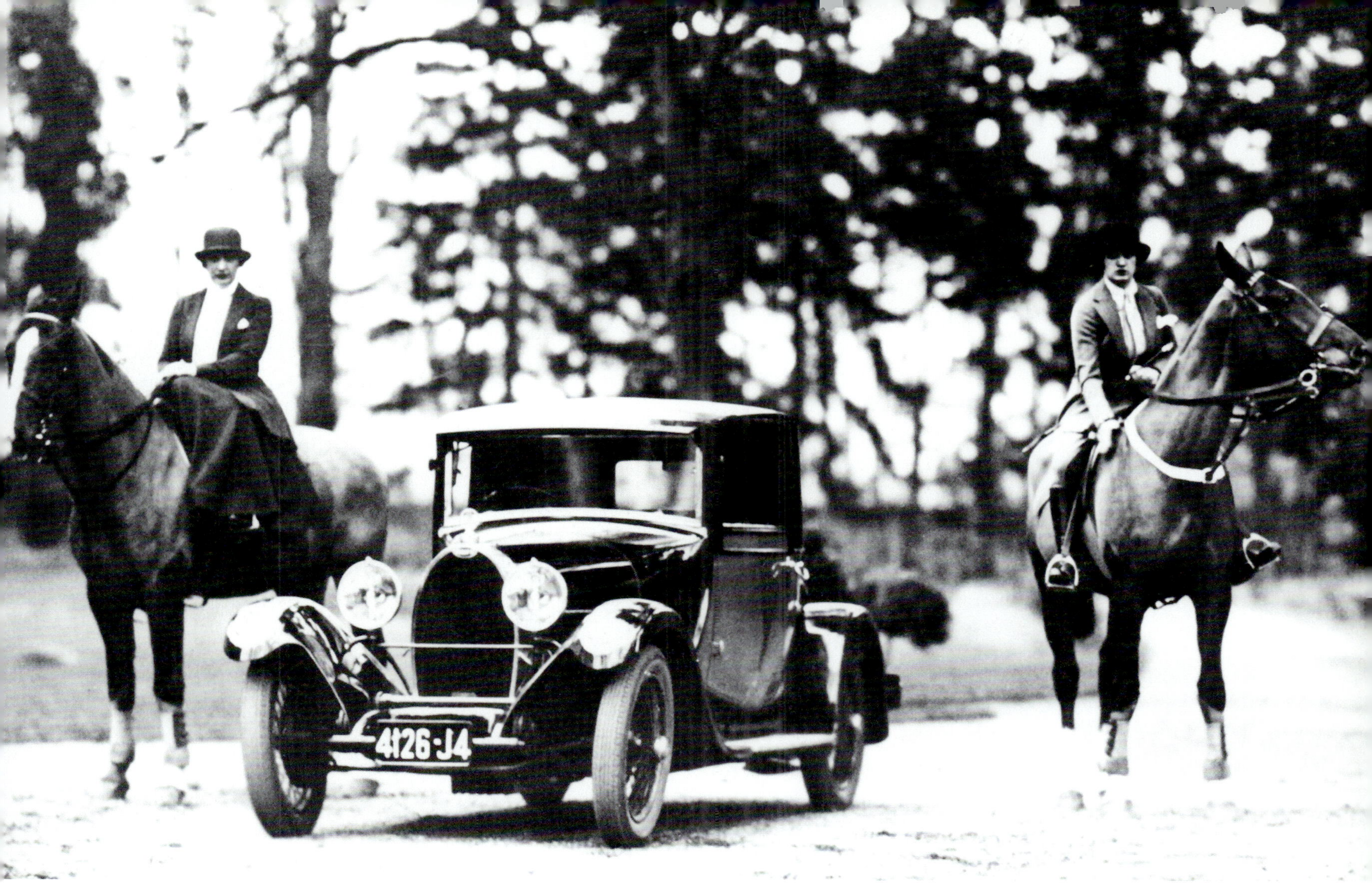
4126-J4

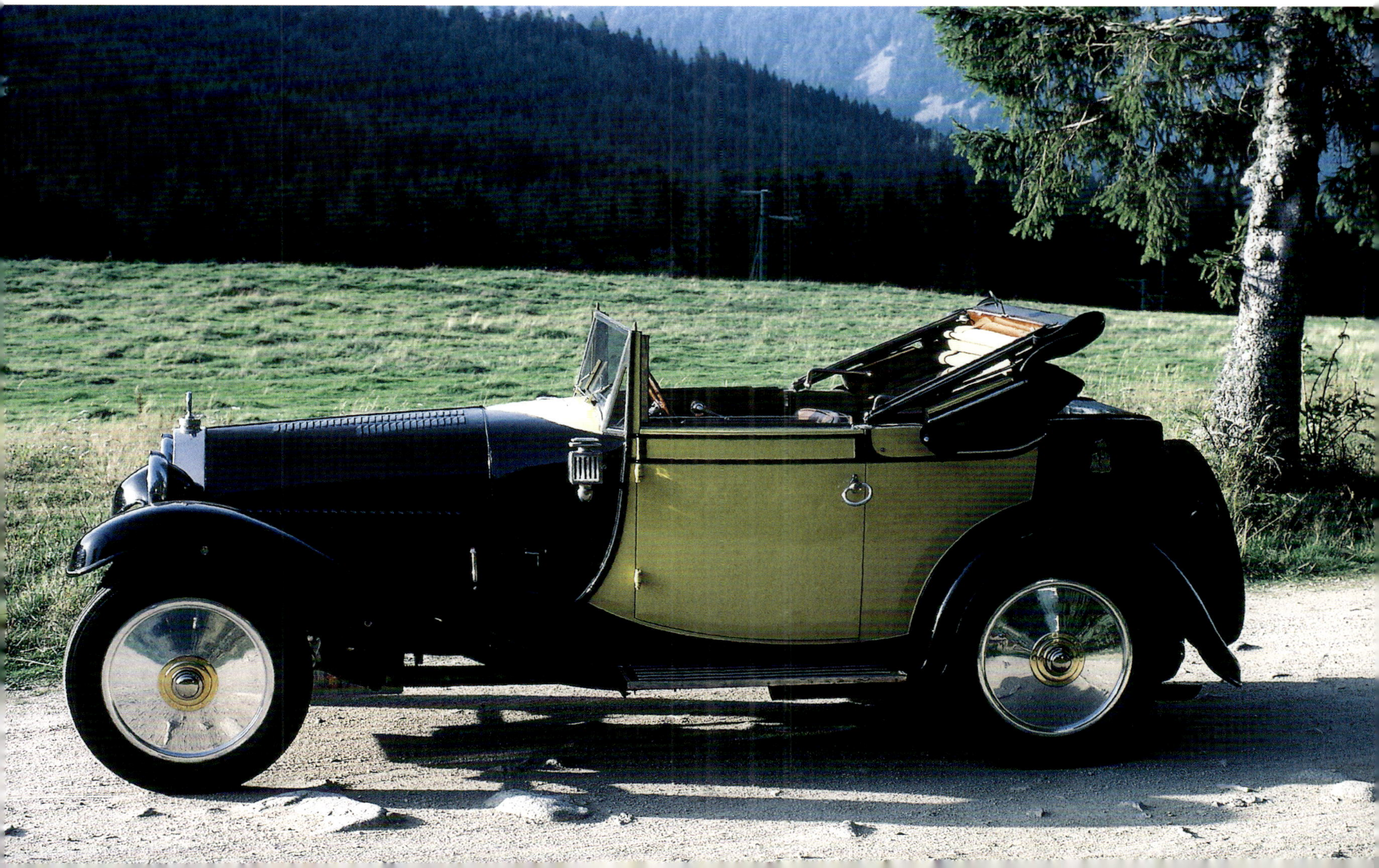

1928: Erneut der Royale

Paris, 4. bis 14. Oktober 1928
Das Phantom des Royale

Ein Typ 40 mit einer Cabriolet-Karosserie von Figoni, präsentiert von Madame Jennecky beim Concours d'Élégance du Bois de Boulogne im Juni 1928.

Zur Zeit des Autosalons in Paris sieht man in der Umgebung des Grand Palais mehrmals den Prototyp des Royale, der gerade eingefahren wird und sich in einem neuen Gewand präsentiert. Das Auto mit der Fahrgestellnummer 41-100 hat seine entlehnte Packard-Karosserie abgeworfen und trägt nun ein hausgemachtes an eine Kutsche erinnerndes Kleid mit zwei Türen.

Laut Katalog des Hauses stehen folgende Modelle zur Auswahl:

Werbung von Bugatti, Jahrgang 1929.

Jean Bugatti, auf der Stoßstange seines Werkes sitzend, einer Coupé-Limousine auf einem Fahrgestell des Typs 44, 1928.

Typ 40

▸ Fahrersitz innen, zwei Türen (Nr. 140 G).
▸ Fahrersitz innen, zwei Türen mit großem integriertem Koffer (Nr. 140 V).
▸ Faux-Cabriolet (Nr. 240 G).
▸ Cabriolet mit vier Sitzen (Nr. 340 G).
▸ Roadster mit zwei Sitzen (Nr. 440 G).
▸ Torpedo mit vier Türen (Nr. 540 G).

Typ 43

▸ Torpedo Grand Sport.

Typ 44

▸ Limousine (Nr. 144 G).
▸ Limousine mit großem integriertem Koffer (Nr. 144 V).
▸ Faux-Cabriolet (Nr. 244 G).
▸ Cabriolet mit vier Sitzen (Nr. 344 G).
▸ Roadster mit zwei Sitzen (Nr. 444 G).
▸ Torpedo mit vier Türen (Nr. 544 G).

Rennwagen

▸ Typ 37 (vier Zylinder, 1,5 Liter).
▸ Typ 37A (vier Zylinder, 1,5 Liter mit Kompressor).

- ▶ Typ 39 (acht Zylinder, 1,5 Liter ohne Kompressor).
- ▶ Typ 39A (acht Zylinder, 1,5 Liter mit Kompressor).
- ▶ Typ 35 (2 Liter ohne Kompressor).
- ▶ Typ 35A Imitation (2 Liter ohne Kompressor).
- ▶ Typ 35C (2 Liter mit Kompressor).
- ▶ Typ 35 T (2,3 Liter ohne Kompressor).
- ▶ Typ 35 B (2,3 Liter mit Kompressor).

Das kutschenartige Coupé mit Klappverdeck auf einem Fahrgestell des Typs 40, das Lidia Bugatti als Geschenk bekam, ist alles andere als eine Sackgasse. Am Bugatti-Stand des Autosalons 1928 tritt ein ähnliches Modell auf einem Chassis des Typs 44 in Erscheinung.

Bugatti stellt eine ganze Reihe von Karosserien vor, die sich an Kutschen orientieren. Man spricht auch vom Fiaker-Stil. Der Name stammt vom heiligen Fiacre, dessen Bild auf einem Pariser Haus zu sehen ist. Vor diesem Haus standen die ersten Kutschen, die man mieten konnte. Die Karosserien mit dem Fahrersitz innen werden mit Lederpolstern wahlweise in vier Farben ausgeliefert

(karmesinrot, goldgelb, moosgrün, argentinischblau), stets mit schwarzer Lackierung:

- ▶ Coupé-Limousine, zwei/drei Sitze mit Notsitzbank.
- ▶ Limousine, drei Sitze mit großem Koffer. Der dritte Sitzplatz ist hinten quer angebracht.
- ▶ Limousine, vier Sitze mit großem Koffer, Bank für die hinteren Sitze.

Ein Typ 44 (Nr. 44-580) als Limousine mit drei Sitzen und einem großen Koffer, Kutschenstil, 1928.

Eine Breguet-Uhr mit Uhrwerk von Mido aus den 1920er-Jahren.

1929: Die Wahl zwischen 35B und 35C

Start zum Großen Preis von Monaco, 1929.

Eine stark vereinfachte Karosserie für die Wagen des Typs 40, die 1929 an der Durchquerung der Sahara teilnehmen.

**Oran-Algiers, 29. Januar
bis 4. März 1929
Durchquerung der Sahara**

Der Offizier Frédéric Loiseau macht sich an eine Durchquerung Nordafrikas. Er leitet eine Expedition, an der fünf vom Autobauer entsprechend präparierte Bugattis des Typs 40 teilnehmen. Loiseau ist nicht der Erste, der eine solche Herausforderung annimmt. Citroën beispielsweise fördert von 1922 an Durchquerungen des afrikanischen Kontinents.

Nach einem Start mit Paukenschlag an der Place de la Concorde in Paris am 26. Januar und nach der Überquerung des Mittelmeers von Port-Vendres nach Algiers beginnt das Unternehmen ernsthaft am 29. Januar. Die Fahrt nimmt in Oran ihren Anfang und führt dann quer durch die Sahara. Hinter Gao muss der Niger überquert werden. Man macht Station in Niamey, durchquert Obervolta via Ouagadougou und gelangt über Bobo-Dioulasso und Abidjan an die Elfenbeinküste. Am 18. Februar trifft die Expedition in Grand Bassam an der Atlantikküste

ein. Nach einer mehrtägigen Pause zur Generalüberholung der Autos startet Frédéric Loiseau in der Nacht zum 25. Februar und kehrt auf demselben Weg wieder zurück. Der Weg führt über Bamako, Timbuktu und Gao und schließlich nordwärts wiederum durch die Sahara. Am 4. März kommt der Tross wieder in Algiers an.

**Molsheim, April 1929
Die Anziehungskraft der Zahl 16**

Während Ettore Bugatti den Typ 45 entwickelt, sucht er auch nach neuen Möglichkeiten, um den Typ 35 abzulösen. Der unbegrenzte Hubraum bei Grand-Prix-Rennen verlockt zu einigen Fantasien ... Wie er das schon bei einem Flugzeugmotor während des Ersten Weltkriegs getan hat, baut er einen Sechzehnzylindermotor, indem er zwei Reihen zu je acht Zylindern parallel nebeneinander montiert. Die beiden Motoren liegen in einem Block, in einer gemeinsamen Ölwanne, behalten aber ihre neunfach gelagerte Kurbelwelle bei. Für die Kraftübertragung sorgt ein Zahnradgetriebe. Die Kompressoren und Vergaser liegen hinter dem Motorblock. Dieser 16-Zylinder-Motor ist ziemlich kompakt. Deswegen kann die Karosserie des Typs 45 die Hauptmerkmale des Typs 35

beibehalten. Sie verliert durch ihre Hypertrophie nur ihre grazilen Proportionen. Die Federn hinten sind längs und nicht schräg angeordnet. Sie liegen außen und nicht mehr unter den Längsträgern. Dieses experimentelle Auto nimmt an keinem Grand Prix teil. Einige Versuche bei Bergrennen zeigen unlösbare Probleme bei der Kraftübertragung auf. Louis Chiron fährt das Auto 1930, besonders beim Bergrennen am Klausenpass. Ettore Bugatti fasst eine Straßenversion ins Auge. Er gibt im Dezember 1929 sogar einen Prospekt für einen hypothetischen Typ 47

Daten zum Typ 45	
Chassis	Rahmen mit Längsträgern
Karosserie	Stahl
Motor	2 x 8 - Zylinder-Reihenmotor
Anordnung	Längs, vorne
Hubraum	3801 cm³ (60 x 84 mm)
Ventilsteuerung	2 x 1 oben liegende Nockenwelle, drei Ventile pro Zylinder
Gemisch	Zwei waagerechte Zénith-Vergaser, zwei Roots-Kompressoren
Leistung	250 PS (184 kW)
Verdichtung	–
Kraftübertragung	Hinterradantrieb
Gangschaltung	Vier Gänge
Vorderradaufhängung	Längs angeordnete Blattfedern
Hinterradaufhängung	Viertelelliptikfedern, längs angeordnet
Bremsen	Trommelbremsen, mechanisch betrieben
Lenkung	Zahnstangenlenkung
Reifen	–
Maße	–
Radstand x Spurweite	260 x 125 x 125 cm
Gewicht	1000 kg (4 kg/PS)
Höchstgeschwindigkeit	250 km/h
Produktion	2 Stück

heraus: 16 Zylinder, 2986 cm³, 60 x 66 mm, 190 PS, Radstand 275 cm. Er bleibt jedoch ohne Folgen …

Monaco, 14. April 1929
Ein Sieg, der nicht ausbleiben konnte

Mit ausgeprägter Anpassungsfähigkeit spielt Bugatti 1929 mit den Möglichkeiten des Reglements und setzt bei den Rennen je nach Bedarf beim 35B und 35C Einspritzungen ein. Im Fürstentum findet ein hübscher Kampf zwischen Williams mit seinem dunkelgrünen 35B und Caracciola statt, der einen enormen Mercedes SSK fährt. Caracciola wird Dritter, obwohl sein ungewöhnlich großer Wagen kaum für die Strecke in der Stadt geeignet erscheint.

Nr. 4: Typ 35C, Philippe Étancelin (6.)
Nr. 6: Typ 35C, Christian Dauvergne (n. klass.)
Nr. 8: Typ 35C, Marcel Lehoux (n. klass.)
Nr. 12: Typ 35B, William Grover »Williams« (1.)
Nr. 14: Typ 35B, Philippe de Rothschild (4.)
Nr. 18: Typ 35C, Georges Bouriano (2.)

Nr. 28: Typ 37A, René Dreyfus (5.)
Nr. 30: Typ 35B, Mario Lepori (7.)

Brescia, 14. April 1929
Wenig Ehrgeiz bei den Mille Miglia

Die enttäuschende Leistung im vergangenen Jahr veranlasst Ettore Bugatti nicht zu großen Hoffnungen auf einem Gebiet, auf dem Italiener unangefochten dominieren. Die ersten zehn Plätze des Klassements gehen an sieben Alfa Romeo, zwei OM und einen Lancia.

Nr. 38: Typ 37, A. Cuman/C. Macchini (n. klass.)
Nr. 51: Typ 43, A. Barres/Antonio Masperi
Nr. 54: Typ 43, G. Ferluga/ E. Ricchetti (24.)

Cerda, 5. Mai 1929
Bugattis Show an der Targa Florio

Das ist der fünfte aufeinander folgende Sieg an der Targa Florio für Bugatti; die Marke holt sich auch den zweiten Platz. Die Wagen an der Spitze sind vom Typ 35C (2 Liter mit Kompressor), während im vorhergehenden

Ein Wagen des Typs 43 bei den Mille Miglia, 1929.

Jahr ein 35B (2,3 Liter mit Kompressor) siegte.

Nr. 4: Typ 35B, Giulio Foresti (5.)
Nr. 10: Typ 35C, Albert Divo (1.)
Nr. 22: Typ 35C, Meo Costantini/
Louis Wagner (n. klass.)
Nr. 24: Typ 35B, Mario Lepori (n. klass.)
Nr. 32: Typ 35C, Saverio Candrilli (n. klass.)
Nr. 36: Typ 35C, Ferdinando Minoia (2.)
Nr. 38: Typ 35B, Ottokar Bittmann/
Mario Lepori (n. klass.)
Nr. 40: Caberto Conelli (n. klass.)

Paris, 4. Juni 1929
Königliche Eleganz

Am Concours d'Élégance der Zeitschrift L'Auto, der im Parc des Princes stattfindet, nimmt auch der Bugatti Royale Nr. 41-100 teil, wiederum mit einer neuen Karosserie. Er erscheint als zweifarbig lackierter Coach mit zwei Türen. Diese elegante und auch konventionelle Form geht auf den Karosseriebauer Weymann zurück. Man kennt von diesem Modell eine Zeichnung von Henri Thomas, dem künftigen Chefdesigner von Peugeot. Ist er aber auch der eigentliche Urheber? Der Royale bekommt jedenfalls den großen Ehrenpreis.

Le Mans, 30. Juni 1929
Das Gespenst des Verbrauchs

Der Grand Prix de l'ACF findet dieses Jahr auf dem Kurs des 24-Stunden-Rennens von Le Mans statt, allerdings ohne die Kurve von Pontlieue. In einem ausgedünnten Feld stehen sich sieben Bugattis und zwei Peugeots gegenüber. Williams gewinnt dieses eher bedeutungslose Rennen am Steuer eines 35B, der am Heck einen zusätzlichen zylindrischen Benzintank mitführt. So verschwindet das übliche elegante Spitzenheck ...

Nr. 6: Typ 35C, Robert Gauthier (6.)
Nr. 10: Typ 35B, Robert Sénéchal (5.)
Nr. 12: Typ 35B, Albert Divo (4.)
Nr. 30: Typ 35C, Caberto Conelli (3.)
Nr. 36: Typ 35B, »Williams« (1.)

Molsheim, Juli 1929
Ein Kompressor für den 43A

Wie im Sommer 1929 angekündigt, erhält der 43A einen Kompressor und wird dadurch zum schnellsten Roadster der Welt. Der 2,3-Liter-Motor entwickelt 120 PS und beschleunigt den 43A bis auf ungefähr 170 km/h.

Der Typ 43A kennzeichnet sich durch eine weniger rudimentäre Karosserie als der 34. Mit seinem abgerundeten Heck umschließt er eine verborgene Notsitzbank. Die Zierleiste unterstreicht die Gürtellinie und markiert den Innenraum. Die Ersatzräder liegen am Heck, und damit kultiviert der 43A einen ausgeprägt amerikanischen Stil. Türen öffnen sich nun an beiden Seiten zum Innenraum und erleichtern den Einstieg. Für anspruchsvolle Kunden besteht die Möglichkeit, sich eine spezielle Karosserie von Lavocat & Marsaud, Pritchard & Demollin oder Letourneur & Marchand anfertigen zu lassen ...

Der Typ 35C von Williams mit seinem zusätzlichen Benzintank hinten, Sieger beim Grand Prix de l'ACF 1929.

Nürburgring, 14. Juli 1929
Sieg der Wendigkeit

Beim Großen Preis von Deutschland, der Sportwagen offen steht, findet ein weiterer Schlagabtausch zwischen den kleinen Bugattis und den monströsen Mercedes-Benz statt. Und erneut geht der Kampf zugunsten des Typs 35C aus. Der große SSK muss sich mit dem 3. Platz begnügen.

Typ 35C, Louis Chiron (1.)
Typ 35C, Georges Philippe (2.)
Typ 35C, Guy Bouriat (4.)
Typ 35B, Mario Lepori (5.)
Typ 35B, Eckhart von Kalnein (7.)
Typ 37A, Ernst-Günther Burggaller (8.)
Typ 37A, Hans Kersting (10.)
Typ 35C, Ottokar Bittmann (n. klass.)
Typ 37A, Schulze (n. klass.)
Typ 37A, Willy Seibel (n. klass.)

San Sebastian, 25. Juli 1929
Nichts als Blau

Beim Großen Preis von Spanien spielt der Treibstoffverbrauch eine Rolle. Das hindert die in der Überzahl vertretenen Bugattis nicht daran, die ersten acht Plätze zu belegen!

Nr. 2: Typ 35C, Guy Bouriat/
Georges Philippe (2.)
Nr. 4: Typ 35B, Juan Zanelli (n. klass.)
Nr. 5: Typ 35C, Giulio Foresti (n. klass.)
Nr. 6: Typ 35C, Marcel Lehoux (3.)
Nr. 8: Typ 35B, Edmond Bourlier (5.)
Nr. 11: Typ 35B, Louis Chiron (1.)
Nr. 12: Typ 35B, Georges Bouriano (7.)
Nr. 14: Typ 35C, Philippe Étancelin (n. klass.)
Nr. 15: Typ 35C, Jean de Maleplane (n. klass.)
Nr. 16: Typ 35C, René Dreyfus (4.)
Nr. 18: Typ 35C, Guy Bouriat (n. klass.)
Nr. 19: Typ 35B, Mario Lepori (8.)

Monza 15. September 1929
Ein Blick auf den Miller …

Biondetti (Typ 35C), Zanelli (35B), Foresti (35C) und Nenzioni (35B) geraten im zweiten Vorlauf in Monza aneinander, der für Wagen mit mehr als 3000 cm³ reserviert ist. Doch keiner von ihnen schafft es ins Finale. Jean Bugatti verliert aber trotzdem keine Zeit. Er beobachtet in den Boxen von nahem die Miller mit ihrem Vorderradantrieb und deren Motoren mit doppelter Nockenwelle. Sie werden von Léon Duray ins Rennen geschickt. Jean Bugatti wird sich bei der Entwicklung des Typs 51 wieder an die Miller erinnern.

Louis Chiron, Porträt von Maurice Tabard, 1929.

Dasselbe Auto ganz zu Beginn.

1929: Großer und kleiner Royale

Molsheim, September 1929
Die Leiden eines Fahrgestells

Der Royale mit der Fahrgestellnummer 41-100 bekommt fünf Mal eine neue Karosserie. Nach der Torpedoform, die von einem Packard stammt, nach den beiden von einer Kutsche inspirierten Formen (Coupé und Limousine) und nach dem Coach von Weymann wechselt der Royale sein Kleid erneut, weil er von der Straße abkommt und ziemlich schwere Schäden erleidet.

Dieses Mal gibt Jean Bugatti die Stilrichtung vor und entwirft das Coupé Napoléon. Eine echte Pracht …

Paris 3. bis 13 Oktober 1929
Der Petite Royale kommt auf den Markt

Das Angebot von Bugatti am Autosalon 1929 sieht folgendermaßen aus:

▶ Typ 40

Das Modell wird durch ein neues Schmiersystem und eine elektrische Kraftstoffpumpe verbessert. Im Angebot stehen drei Karosserien aus der eigenen Fabrik (Cabriolet, Sport-Torpedo, Fahrersitz innen). Das Cabriolet, das von Jean Bugatti stammt, orientiert sich eindeutig am zeitgenössischen amerikanischen Stil: Das Heck ist abgerundet und enthält einen verborgenen Notsitz. Die Zierleiste unterstreicht die Gürtellinie und begrenzt den Innenraum. Die Reserveräder befinden sich im Heck.

▶ Typ 43A

Der normale Typ 43 wird durch den Typ 43A ersetzt.

▶ Typ 44

Diese Reihe setzt zunächst auf drei Karosserietypen, die sich alle an Pferdekutschen orientieren: zweisitziges Coupé mit Notsitzbank, dreisitziges Coupé mit großem integriertem Koffer, viersitziges Coupé mit großem Koffer (von dem ein Exemplar am Autosalon vorgestellt wird.

▶ Typ 46, 5 Liter

Das ist die große Neuigkeit am Bugatti-Stand. Für die Firma geht es darum, die Lücke zwischen dem Typ 44 (3 Liter) und dem unzugänglichen Royale zu schließen, der bisher allerdings noch niemanden überzeugte. Dieser Typ 46 wird deswegen auch Petite Royale (»Kleiner Royale«) genannt. Der respektable Hubraum nähert sich den 5,4 Liter. Hugh Conway zufolge »ist der 30 CV einer der besten großen Bugattis, ebenso wendig wie die kleinen Modelle, leistungsstark und geschmeidig in der Beschleunigung.« Wie beim Typ 41 ist der Achtzylindermotor auch hier in einem Stück aus Stahl gegossen. Die Lager der Kurbelwelle sind aus einem Stück geschmiedet; sie ist am Motorblock mit derselben Technik aufgehängt wie beim Royale. Die Kraftstoffverteilung geschieht über drei Ventile pro Zylinder, die von einer einzigen oben stehenden Nockenwelle gesteuert werden. Die Schmierung erfolgt im Trockensumpf. Im Angebot befindet sich auch eine Karosserie in Fiakerform: eine zweitürige Limousine mit vier Sitzen und integriertem großem Koffer.

Eine zweitürige Karosserie mit Fahrersitz innen, gestaltet von der Firma Billeter & Cartier aus Lyon, auf einem Chassis des Typs 46S (Nr. 46-585/S).

Der Royale in seiner schönsten
Form: als Coupé Napoléon
(Foto: Xavier de Nombel).

1929: Nahaufnahme des Typs 46

London, Dezember 1929
Ein Klub stolzer Besitzer

Könnte es anders kommen? Während die Marke sich anschickt, den zwanzigsten Gründungstag zu feiern, wird in England, der Heimat der Bugattisten, der Bugatti Owner's Club gegründet.

Cabriolet der Firma Figoni auf einem Fahrgestell des Typs 46 (Nr. 46-331). Im Jahre 1948 wird das Auto zu einem Kombi umgebaut. Später erhält es seine ursprüngliche Gestalt wieder. (Foto: Xavier de Nombel).

Eine Karosserie mit Fahrersitz innen, geschaffen von Freestone & Webb auf einem Fahrgestell des Typs 46 (Nr. 46-533).

Eine Karosserie mit Fahrersitz innen und sechs Seitenfenstern.

Ein Cabriolet des Karosseriebauers Ottin von Lyon auf einem Chassis des Typs 46 (Nr. 46-501).

Daten zum Typ 46

Chassis	Rahmen mit Längsträgern
Karosserie	Stahl
Motor	Achtzylinder-Reihenmotor
Anordnung	Längs, vorne
Hubraum	5359 cm³ (81 x 130 mm)
Ventilsteuerung	Eine oben liegende Nockenwelle, drei Ventile pro Zylinder
Gemisch	Vergaser von Smith-Barriquand
Leistung	140 PS (103 kW) bei 3500 U/min
Verdichtung	–
Kraftübertragung	Hinterradantrieb
Gangschaltung	Drei Gänge, Getriebe an der Hinterachse befestigt
Vorderradaufhängung	Starrachse, Halbelliptikfedern
Hinterradaufhängung	Starrachse, Viertelelliptikfedern
Bremsen	Trommelbremsen vorne und hinten, mechanisch betrieben
Lenkung	Zahnstangenlenkung
Reifen	32 x 6000
Maße	Je nach Karosserie
Radstand x Spurweite	350 x 140 x 140 cm
Gewicht	1150 kg (reines Fahrgestell)
Höchstgeschwindigkeit	145 km/h
Produktion	rund 400 Stück (Fahrgestellnummern von 46-… bis 46-588), davon 18 Einheiten des Typs 46S

Der Typ 40 von Marguerite Mareuse und Odette Siko ist der einzige Bugatti, der am 24-Stunden-Rennen von Le Mans 1930 teilnimmt.

1930: Die letzten großen Auftritte des Typs 35

Monaco, 6. April 1930
Die sechs ersten Plätze!

Die Anzahl der Bugattis am Start zum Grand Prix lässt keinen Zweifel über den Ausgang des Rennens zu. Es treten nämlich sonst nur noch ein Austro-Daimler, zwei Maserati und ein ziemlich schwerfälliger Mercedes-Benz SSK an, und sie können den triumphalen Durchmarsch der Bugattis nicht verhindern. Diese belegen die sechs ersten Plätze. Doch auch Überraschungen sind dabei. Louis Chiron führt lange Zeit unangefochten, muss dann aber den ersten Platz an René Dreyfus abtreten, der über einen Zusatztank verfügt.

Nr. 6: Typ 35 B, Ernst-Günther Burggaller (n. klass.)
Nr. 12: Typ 35B, Georges Bouriano (n. klass.)
Nr. 14: Typ 35B, Juan Zanelli (n. klass.)
Nr. 16: Typ 35C, Guy Bouriat (3.)
Nr. 18: Typ 35C, Louis Chiron (2.)
Nr. 20: Typ 37A, Michel Doré (7.)
Nr. 22: Typ 35B, René Dreyfus (1.)
Nr. 24: Typ 35C, Philippe Étancelin (n. klass.)
Nr. 26: Typ 35B, Marcel Lehoux (n. klass.)
Nr. 28: Typ 35C, William Grover »Williams« (n. klass.)
Nr. 42: Typ 35B, Goffredo Zehender (4.)
Nr. 45: Typ 35C, Hans Stuber (6.)

Brescia, 15. April 1930
Die Mille Miglia gehen an Alfa Romeo

Unter einer ganzen Horde von Alfa Romeo sind drei Wagen des Typs 6C 1750 am Start. Sie fahren für einen neuen Rennstall, der am 1. Dezember 1929 gegründet wurde und der den Namen seines Besitzers trägt: Enzo Ferrari. Die stärksten Alfa Romeo fahren aber nicht unter dem Wappen des Cavallino Rampante, sondern es sind entsprechend modernisierte P2.

Mercedes-Benz möchte Verwirrung stiften mit seinem SSK, der vom talentierten Piloten Rudi Caracciola gefahren wird. Aber die deutsche Mannschaft muss noch ein Jahr warten, bis sie ihr Ziel erreicht.

Am Ziel belegen Alfa Romeo die vier ersten Plätze, vor einem OM und dem großen

Mercedes-Benz. Bei diesem hochklassigen Rennen fallen die »italienischen« Bugattis nicht weiter auf.

Nr. 65: Typ 37, Mantovani/
Giuseppe Tuffanelli (37.)
Nr. 88: Typ 37, E. Lucchetti/E. Romano (36.)
Nr. 103: Typ 43, Pellegrini/Piero Taruffi
(n. klass.)
Nr. 113: Typ 35B, Amedeo Bignami/
M. Mazzacurato (n. klass.)
Nr. 115: Typ 35B, C. Poilucci/E. Ricchetti (18.)

Cerda, 4. Mai 1930
Niederlage bei der Targa Florio

Nach einer Reihe von fünf aufeinander folgenden Siegen scheint die Mannschaft von Bugatti erneut in einer starken Position zu sein, obwohl Alfa Romeo mit seinem verstärkten P2 über eine schlagkräftige Armada verfügt. In der Tat bleibt der Kampf lange Zeit unentschieden zwischen dem Bugatti von Chiron und dem Alfa Romeo von Varzi. Der Franzose muss dann aber anhalten, um ein Rad zu wechseln. Das erlaubt es seinem Rivalen, an ihm vorbei zu ziehen.
Nach 540 km und einem verrückten Rennen trennen 1 Minute und 44 Sekunden die beiden Protagonisten. Trotzdem ist das für Bugatti der Beginn vom Ende des sizilianischen Abenteuers.

Nr. 6: Typ 35B, Albert Divo (n. klass.)
Nr. 22: Typ 35B, Louis Chiron (2.)
Nr. 34: Typ 35C, Ottokar Bittmann (12.)
Nr. 42: Typ 35 B, Albert Divo/»Williams« (7.)
Nr. 46: Typ 35B, Caberto Conelli (3.)

Le Mans, 21. und 22. Juni 1930
Bugatti und die Frauen

Während die Bentley Speed Six, die Stutz DV32 und Mercedes Benz SS die vordersten Plätze belegen, verteidigt ein bescheidenes, nicht allzu sportliches Cabriolet vom Typ 40 als einziger Wagen die Molsheimer Farben. Gefahren wird es von einer rein weiblichen Equipe. Sie schafft es immerhin, zusammen mit neun weiteren Mannschaften das Rennen zu Ende zu fahren.

Nr. 25: Typ 40 Cabriolet, Marguerite Mareuse/
Odette Siko (7.)

Paris, Juni 1930
Afrikanisches Schicksal

Der Typ 46 mit der Fahrgestellnummer 46-331 und einer Karosserie von Figoni erlebt ein ganz eigenes Schicksal. Das Auto ist hellblau lackiert und einer von drei Wagen des Typs 46 mit einem Kleid dieses Karosseriebauers. Es gehört Georges Combe, der im 15. Arrondissement in Paris wohnt. Im Zweiten Weltkrieg wird die Karosserie abgenommen. 1948 bekommt das Auto eine neue Karosserie, weil sein Besitzer damit in Marokko herumfahren und schließlich an der Rallye Algiers-Kapstadt teilnehmen will. Das Auto wird so zum Kombi, bekommt vier zusätzliche Benzintanks und vier Reifen mit den Abmessungen 7,00 x 20 sowie verlängerte Federn an den Hinterrädern. Aber am Ende erscheint dieser Bugatti doch nicht am Start zur Rallye.

Der Typ 43 Grand Sport (Nr. 43-289), der im April 1930 an Stanislas Czaykowski ausgeliefert wurde. Er befindet sich heute noch im Originalzustand und gehört zwei bekannten Bugattisten, André Binda und Marc Nicolosi. (Foto: Xavier de Nombel).

Philippe Étancelin siegt in Pau.

Spa, 20. Juli 1930
Das Rennen des Jahres

Der Große Preis von Belgien, der auch als Großer Preis von Europa gilt, stellt das einzige Rennen des Jahres dar, das den Regeln der AIACR entspricht, also der Organisation, die weltweit über den Automobilsport wacht. Während der Grand Prix de l'ACF und der Große Preis von Spanien zur Freien Formel übergegangen sind, respektiert Belgien die Regulierung des Treibstoffverbrauchs. Die Bugattis haben keine Rivalen und belegen die ruhmlosen drei ersten Plätze.

Nr. 7: Typ 35C, Alberto Divo (3.)
Nr. 8: Typ 35C, Guy Bouriat (2.)
Nr. 9: Typ 35C, Louis Chiron (1.)
Nr. 12: Typ 36C, Joseph Reinartz (n. klass.)
Nr. 16: Typ 35, Max Thirion (n. klass.)
Nr. 20: Typ 35, Émile Cornet (n. klass.)

Monza, 7. September 1930
Maserati dominiert

Der Große Preis von Monza findet in drei Läufen statt: Der erste ist für Wagen mit einem Hubraum zwischen 2 und 3 Liter reserviert. Der zweite steht Autos mit einem Hubraum von über 3 Liter offen. Im letzten Lauf stehen sich die Besten der beiden Qualifikationsläufe gegenüber.

Maserati gewinnt die beiden ersten Läufe, den ersten mit einem Tipo 26M und den zweiten mit dem großen V4 Bimotore.

Am Finale nehmen nur noch drei Bugattis teil. Sechs Wagen dieser Marke überstehen die Qualifikationsläufe nicht. Es handelt sich dabei um die Nr. 8, Typ 35 von Avattaneo, die Nr. 18, Typ 35C von Max Fourny, die Nr. 22, Typ 35B von Marcel Lehoux, die Nr. 29, Typ 35B von Ernst-Günther Burggaller, die Nr. 36, Typ 35B von Mario Dufarra, und die Nr. 38, Typ 35B von Ugo Stefanelli. Den letzten Lauf gewinnen drei Maserati, nämlich zwei Tipo 26M und der V4, vor einem Bugatti Typ 35C.

Nr. 16: Typ 35C, Heinrich-Joachim von Morgen (n. klass.)
Nr. 20: Typ 35C, Giovanni Minozzi (4.)
Nr. 24: Typ 34C, Philippe Étancelin (6.)

SZENE 1

AKT III

Infragestellung
1931–1935

Kein Autobauer entgeht der Wirtschaftskrise, die im Gefolge des Börsenkrachs an der Wall Street auch nach Europa gelangt. Bugatti muss auf seine sportlichsten und luxuriösesten Produkte verzichten und sich auf ein ausgewogenes kohärentes Angebot konzentrieren, das sich um den Typ 57 herum gliedert. Zur selben Zeit leidet das sportliche Image des Hauses unter Misserfolgen.

Das Spiel der Farben und Kontraste
beim Typ 55 Super Sport
(Foto: Xavier de Nombel).

1931: Start des Typs 51

Molsheim, April 1931
Ersatz für den Typ 35

Der Typ 51 folgt in der Funktion als »Grand-Prix-Wagen« auf den Typ 35. Er übernimmt dessen einzigartige Ästhetik, dessen Raffinesse und sportliches Potenzial. Unter einem Kleid, das dem des legendären 35 sehr ähnlich sieht, verbirgt sich beim 51 ein ganz neuer Achtzylindermotor mit 2,3 Liter Hubraum und einer doppelten oben liegenden Nockenwelle. Sie steuert jeweils zwei um 90 Grad versetzte Ventile.

Von den ersten Rennen an zeigt das Auto seine Qualitäten im Hinblick auf Wendigkeit und Ausgeglichenheit; sie kompensieren den geringen Hubraum. Dieser Bugatti Grand Prix Typ 51 kostet 135 000 Francs. Obwohl es sich um einen echten Rennwagen handelt, findet er sich im normalen Verkaufskatalog! Äußerlich unterscheidet er sich nur um einige Details, die in Zusammenhang mit der Weiterentwicklung der Mechanik stehen: An der rechten Seite der Motorhaube liegt die Öffnung für das Druckbegrenzungsventil des Kompressors weiter unten. Die Räder sind aus einem Stück gegossen, sodass sich die Felge nicht mehr abnehmen lässt. Der Typ 51 fährt am Großen Preis von Tunesien sein erstes Rennen.

Der Motor des Typs 51 mit der doppelten Nockenwelle (Foto: Xavier de Nombel).

Daten zum Typ 51

Chassis	Rahmen mit Längsträgern
Karosserie	Stahl
Motor	Achtzylinder-Reihenmotor
Anordnung	Längs, in der Mitte
Hubraum	2262 cm³ (60 x 100 mm)
Ventilsteuerung	Zwei oben liegende Nockenwellen, zwei Ventile pro Zylinder
Gemisch	Ein senkrechter Zénith- oder Solex-Vergaser, ein Roots-Kompressor
Leistung	180 PS (132 kW) bei 5500 U/min
Verdichtung	–
Kraftübertragung	Hinterradantrieb
Gangschaltung	Vier Gänge
Vorderradaufhängung	Längs angeordnete Blattfedern
Hinterradaufhängung	Viertelelliptikfedern
Bremsen	Mechanisch betrieben
Lenkung	Zahnstangenlenkung
Reifen	500 x 19
Maße	–
Radstand x Spurweite	240 x 120 x 120 cm
Gewicht	850 kg (4,7 kg/PS)
Höchstgeschwindigkeit	230 km/h
Beschleunigung	–
Produktion	40 Stück (1931–1933)

1931: Eine Saison mit Paukenschlägen

Brescia, 12. April 1931
Mercedes siegt überlegen bei den Mille Miglia

Das Rennen um die Mille Miglia verspricht spannend zu werden: Da ist auf der einen Seite das große Debüt des Alfa Romeo 8C 2300, und auf der anderen Seite steht der monströse SSKL von Mercedes-Benz. Der armselige Bugatti von Varzi ist zu isoliert, um am Geschehen in vorderster Front teilnehmen zu können, und tatsächlich gibt der Motor auch bald seinen Geist auf. Im Gegenzug profitiert der ebenso isolierte Mercedes von Caracciola von der kürzesten geraden Strecke, um die infernalische Leistungsstärke seines Sechszylindermotors mit über 7 Liter Hubraum auszuspielen. Schließlich wird er mit 11 Minuten Vorsprung auf den Alfa Romeo von Nuvolari Erster.

Nr. 45: Typ 37, Pirlo/E.Romano (n. klass.)
Nr. 79: Typ 43, A. Avanzo/
Carlo Castelbarco (n. klass.)
Nr. 135: Typ 50, Achille Varzi (n. klass.)

Molsheim, April 1931
Einige Exemplare des Typs 40A

Das erste Exemplar des Bugatti 40A (Nr. 40-900) verlässt die Fabrik und wird nach Algerien geliefert. In den drei Jahren von 1931 bis 1933 produziert Bugatti nur 39 Einheiten des 40A. Der Prototyp (Nr. 40-698) wird auf ein Fahrgestell vom Dezember 1928 aufgebaut. Das Kürzel A bedeutet, dass das Modell über einen Kompressor verfügt, der bei einem Hubraum von 1627 cm³ (72 x 100 mm) eine Leistung von über 50 PS ermöglicht. Das Fahrgestell mit einem Radstand von 2,71 m trägt meist eine Karosserie mit Verdeck, das

Das stark vom amerikanischen Geschmack geprägte Cabriolet des Typs 40 findet die Zustimmung von Totoche, dem Esel von Ettore Bugatti.

Louis Chiron in seinem Typ 51
auf dem Weg zum Sieg beim
Großen Preis von Monaco 1931.

ähnlich wie beim Typ 40 von 1928 zurückgeschlagen werden kann.

Monaco, 19. April 1931
Die Revanche von Louis Chiron

Mit über 15 Wagen am Start kann Bugatti diesen Großen Preis, der nicht für die Weltmeisterschaft der freien Formel zählt, als einfache Formalität betrachten. Diese freie Formel verlangt nämlich Prüfungen, die mindestens 10 Stunden dauern, was für das Rennen im Fürstentum Monaco nicht zutrifft. Mercedes-Benz scheitert erneut mit seinem Monster SSKL, das sich allerdings für eine derart kurvenreiche Strecke gar nicht eignet. Im Gegenzug gelingt es Maserati, inmitten einer Horde von Bugattis den zweiten Platz zu belegen. Louis Chiron schafft es endlich, sich gegenüber seinen zahlreichen monegassischen Landsleuten durchzusetzen.

Nr. 2: Typ 35B, Ernst-Günther Burggaller (n. klass.)

Nr. 4: Typ 35C, Hermann Leiningen (n. klass.)

Nr. 6: Typ 35B, Heinrich-Joachim von Morgen (n. klass.)

Nr. 10: Typ 51, Earl Howe (n. klass.)

Nr. 12: Typ 35, Clifton Penn-Hugues (8.)

Nr. 16: Typ 37A, Bernhard Ackerl (n. klass.)

Nr. 18: Typ 35B, Juan Zanelli (n. klass.)

Nr. 20: Typ 51, Guy Bouriat (4.)

Nr. 22: Typ 51, Louis Chiron (1.)

Nr. 24: Typ 51, Albert Divo (n. klass.)

Nr. 26: Typ 51, Achille Varzi (3.)

Nr. 28: Typ 35B, Philippe Étancelin (n. klass.)

Nr. 30: Typ 35C, Stanislas Czaykowski (9.)

Nr. 32: Typ 35C, Marcel Lehoux (n. klass.)

Nr. 34: Typ 35C, »Williams« (n. klass.)

Nr. 56: Typ 35C, Hans Stuber (n. klass.)

Cerda, 10. Mai 1931
Die Dominanz von Alfa Romeo

Unter strömendem Regen siegt bei der Targa Floriuo der neue Alfa Romeo 8C 2300 mit

Tazio Nuvolari am Steuer. An zweiter Stelle steht ein 6C 1750 derselben Marke, während der einzige Firmenbugatti aus dem Stall von Meo Costantini, aber gesteuert von Achille Varzi, mit sieben Minuten Rückstand Dritter wird.

Nr. 2: Typ 51, Achille Varzi (3.)
Nr. ..: Typ 35C, Mario Piccolo (n. klass.)

Monza, 24. Mai 1931
Ein Großer Preis von zehn Stunden Dauer

Der Große Preis von Italien, der nach einer kurzen Pause wieder im Rennkalender auftaucht, ist das erste von mehreren Rennen, die tatsächlich zehn Stunden dauern. Diese Leistungsprüfung zieht die offiziellen Mannschaften von Alfa Romeo und Bugatti an. Die Mailänder Firma weiht ihren 8C 2300 in einer Vielzweckversion ein, die nach dem Sieg in diesem Rennen »Monza«

genannt werden wird. Alfa Romeo schickt auch zwei Tipo A ins Rennen, leicht verändert allerdings mit zwei parallel montierten Sechszylindermotoren, jeder mit eigener Gangschaltung und eigener Kraftübertragung! Einer der beiden Tipo A wird während der Probefahrten zerstört. Der andere, gefahren von Tazio Nuvolari und Baconin Borzacchini, muss im Rennen aufgeben. Dafür liegen bis zum Ziel zwei 8C 2300 Monza auf den beiden ersten Plätzen und versperren den Bugatti 51 den Weg zum Sieg. Immerhin kommen sie auf die Ehrenplätze 3 und 4.

Nr. 12: Typ 51, Louis Chiron/Achille Varzi (n. klass.)
Nr. 14: Typ 51, Guy Bouriat/Albert Divo (3.)
Nr. 16: Typ 51, Philippe Étancelin/Marcel Lehoux (n. klass.)
Nr. 18: Typ 51, Jean Gaupillat/Jean-Pierre Wimille (4.)

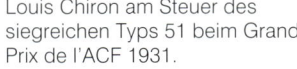

Louis Chiron am Steuer des siegreichen Typs 51 beim Grand Prix de l'ACF 1931.

Le Mans, 13. und 14. Juni 1931
Unfall beim 24-Stunden-Rennen

Zum ersten Mal engagiert sich Bugatti sehr ernsthaft beim 24-Stunden-Rennen von Le Mans. Die Firma will ganz vorne mit dabei sein. Bugatti zählt auf seine großen Torpedos mit 5-Liter-Motor, um die wendigen Alfa Romeo 8C 2300 und die imposanten Mercedes-Benz SSK zu verdrängen. Die drei Wagen des Typs 50 liegen gut im Rennen, zeigen dann aber doch ihre verborgenen Schwächen. In der 20. Runde kommt der Wagen von Maurice Rost, dem künftigen motorsportlichen Leiter der Firma Marchal, am Ende der langen Geraden von Hunaudières von der Straße ab. Bei diesem Unfall wird ein Zuschauer getötet, und Jean Bugatti entscheidet, die beiden anderen Wagen des Typs 50 aus dem Rennen zu nehmen, denn es zeigt sich, dass die Reifen dem Gewicht und der Leistungskraft der Bugattis nicht gewachsen sind. Alfa Romeo profitiert davon und fährt den ersten von vier aufeinanderfolgenden Siegen beim 24-Stunden-Rennen von Le Mans ein.

Nr. 4: Typ 50, Torpedo, Louis Chiron/
Achille Varzi (n. klass.)
Nr. 5: Typ 50, Torpedo, Guy Bouriat/
Albert Divo (n. klass.)
Nr. 6: Typ 50, Torpedo, Caberto Conelli/
Maurice Rosty (n. klass.)
Nr. 19: Typ 43, »Ano«/«Nime« (n. klass.)
Nr. 22: Typ 40, Cabriolet, Marguerite Mareuse/Odette Siko (disqu.)
Nr. 23: Typ 40, Roadster, Georges Delaroche/
Jean Sebilleau (n. klass.)

Montlhéry, 21. Juni 1931
Sieg beim Grand Prix de l'ACF

Acht Tage nach dem 24-Stunden-Rennen von Le Mans begegnen sich Bugatti und Alfa Romeo erneut auf dem Rundkurs von Montlhéry. Mit sechs Wagen vom Typ 51 sowie mehreren 35B und C versucht Bugatti, den Sieg auf seine Seite zu ziehen. Tatsächlich

fahren Chiron und Varzi mit ihrem gemeinsamen Wagen als Erste durchs Ziel, vor einem Alfa Romeo 8C 2300 Monza und zwei Maserati 8C 2800.

Nr. 22: Typ 35C, Georges d'Arnoux/
Max Fourny (n. klass.)
Nr. 28: Typ 51, Guy Bouriat/Albert Divo (7.)
Nr. 30: Typ 51, Earl Howe/Brian Lewis (12.)
Nr. 32: Typ 51, Louis Chiron/
Achille Varzi (1.)
Nr. 34: Typ 35B, Edmond Bourlier/
Emilio Eminente (n. klass.)
Nr. 38: Typ 51, Jean Gaupillat/
Jean-Pierre Wimille (n. klass.)
Nr. 42: Typ 51. Caberto Conelli/
William Grover »Williams« (n. klass.)
Nr. 50: Typ 35C, »Borgait«/Enzo Grimaldi (n. klass.)
Nr. 52: Typ 51 Philippe Étancelin/
Marcel Lehoux (n. klass.)

Spa, 12. Juli 1931
Und noch ein Grand Prix als Ausdauerprüfung

Eine weitere Leistungsprüfung über 10 Stunden, und das ist eine lange Zeit für einen Grand Prix! Nach dem Verzicht von Maserati können ihn die Firmen Alfa Romeo und Bugatti unter sich austragen. Das Duo Varzi/Chiron übernimmt die Führung zu Beginn eines endlos langen Rennens. Dann liegen Conelli und »Williams« vorne und siegen schließlich vor den Alfa Romeo von Nuvolari und Borzacchini. Sie haben einen Vorsprung von nur 11 km – wenig für eine Ausdauerprüfung von über 10 Stunden!

Nr. 4: Typ 51, Caberto Conelli/William Grover »Williams« (1.)
Nr. 6: Typ 51, Guy Bouriat/Albert Divo (n. klass.)
Nr. 12: Typ 51, Louis Chiron/Achille Varzi (n. klass.)
Nr. 18: Typ 51, Jean Gaupillat/
Jean-Pierre Wimille (7.)

Drama beim 24-Stunden-Rennen von Le Mans, 1931, Illustration von Geo Ham.

Den Typ 54 mit der Fahrgestellnummer 54-205 kauft L.G. Bachelier 1936 dem Vorbesitzer Earl Howe ab, um ihn zum Straßenfahrzeug umzubauen. Er besitzt nämlich schon einen Typ 55 Super Sport und will seinen Typ 54 in einem ähnlichen Stil haben.

Nürburgring, 19. Juli 1931
Ein deutscher Sieg

Der Große Preis von Deutschland wird nach der freien Formel über 500 km ausgetragen, wobei nur die Nordschleife des Rundkurses in der Eifel verwendet wird. Alfa Romeo fehlt und ist nur über einen Monza des Rennstalles Ferrari vertreten, der von Nuvolari gefahren wird. Maserati setzt drei Wagen ein, Mercedes-Benz gar vier SSKL. In rein zahlenmäßiger Hinsicht beherrscht Bugatti mit neun Startmeldungen das Feld. Das reicht aber nicht aus, um den SSKL an diesem Regentag und vor heimischem Publikum zu bremsen. Am Steuer sitzt Caracciola, und von den Boxen aus dirigiert der Sportchef und Taktiker Alfred Neubauer das Rennen. Chiron ist der gefährlichste Gegner, trifft aber 1 Minute und 18 Sekunden hinter dem siegreichen Caracciola ein.

Nr. 4: Typ 35B, Ernst-Günther Burggaller (n. klass.)
Nr. 6: Typ 35B, Heinrich-Joachim von Morgen (n. klass.)
Nr. 26: Typ 51, Louis Chiron (2.)
Nr. 28: Typ 51, Achille Varzi (3.)
Nr. 30: Typ 51, William Grover »Williams« (n. klass.)
Nr. 32: Typ 51, Guy Bouriat (7.)
Nr. 34: Typ 51, Marcel Lehoux (n. klass.)
Nr. 42: Typ 51, Earl Howe (11.)
Nr. 48: Typ 51, Jean-Pierre Wimille (8.)

Monza, 6. September 1931
Erster Auftritt für den Typ 54

Der Große Preis von Monza wird in drei Vorläufen und einem Endlauf ausgetragen: Das erste Rennen ist für Autos mit weniger als 2 Liter Hubraum, das zweite für Wagen mit 2 bis 3 Liter und das dritte für Fahrzeuge

mit mehr als 3 Liter. Im Finale treffen die Bestklassierten der drei Vorläufe aufeinander. Bugatti nimmt am zweiten Rennen mit Wagen des Typs 51 teil, mit Marcel Lehoux (Nr. 52) und Pietro Gherst (Nr. 35) am Steuer. Das dritte Rennen gilt den Schwergewichten: Maserati schickt seine 16-Zylinder-Motoren ins Feld, Alfa Romeo seinen Zwölfzylinder. Bugatti kann nicht anders und muss seinen Typ 54 in die Schlacht werfen. Das ist ein Auto, das »in nur 13 Tagen entworfen, gebaut und auf die Straße gebracht wurde«, wie W.F. Bradley in der britischen Wochenzeitschrift Autocar schreibt. Es handelt sich um eine uneinheitliche Assemblage mit einem Motor des Typs 50 (4,9 Liter) und einem Fahrgestell des Typs 55. Dieser Typ 54 wird von Varzi und Chiron gefahren und setzt sich gegenüber zwei Alfa Romeo Tipo A und dem Maserati V4 durch.

Neun Wagen nehmen an der Endrunde teil, darunter drei Bugatti: die beiden Typ 54 und ein Typ 51. Es sind aber nicht die übermotorisierten Wagen, die sich durchsetzen. Die Effizienz der Maserati 8C 2800 und der Alfa Romeo 8C 2300 Monza siegt über die brutale Kraft des V4 und des Tipo 4 derselben Autobauer.

Nr. 82: Typ 54, Achille Varzi (3.)
Nr. 88: Typ 54, Louis Chiron (7.)
Nr. 52: Typ 51, Marcel Lehoux (6.)

Brünn, 27. September 1931
Abschied vom SSKL

Das letzte Rennen des Jahres findet auf dem Masaryk-Rundkurs statt. Der Mercedes-Benz SSKL gibt wie auch der Maserati 8C 2800 seine Abschiedsvorstellung. Alfa Romeo Monza und Bugatti 51 halten die Stellung und denken nicht daran, sich aufs Altenteil zurückzuziehen. Ein spektakulärer Unfall eliminiert schnell drei der wichtigsten Anwärter auf den Sieg. Fagioli bleibt am Pfeiler eines Fußgängerübergangs hängen, und dieser stürzt auf die Fahrbahn,

während Nuvolari und Varzi dicht auf ihn folgen. Glücklicherweise gibt es keine Verletzten, nur drei für die Verschrottung reife Rennwagen.

Chiron hat dann freies Feld und gewinnt dieses letzte Rennen vor dem Mercedes-Benz SSKL mit Hans Stuck am Steuer.

Nr. 8: Typ 51, Kristian Lobkowicz (4.)
Nr. 10: Typ 35B, Heinrich-Joachim von Morgen (3.)
Nr. 12: Typ 35B, Hermann Leinigen (5.)
Nr. 24: Typ 51, Marcel Lehoux (n. klass.)
Nr. 28: Typ 51, Louis Chiron (1.)
Nr. 30: Typ 35B, Jan Kubicek (7.)
Nr. 36: Typ 51, Achille Varzi (n. klass.)
Nr. 38: Typ 35, Vladimir Stasny (n. klass.)
Nr. 44: Typ 35C, Tivador Zichy (6.)

Daten zum Typ 54	
Chassis	Rahmen mit Längsträgern
Karosserie	Stahl
Motor	Achtzylinder-Reihenmotor
Hubraum	4972 cm³ (86 x 107 mm)
Ventilsteuerung	Zwei oben liegende Nockenwellen, zwei Ventile pro Zylinder
Gemisch	Zwei Vergaser von Zénith und ein Kompressor
Leistung	300 PS (220 kW) bei 4400 U/min
Verdichtung	–
Kraftübertragung	Hinterradantrieb
Gangschaltung	Drei Gänge
Vorderradaufhängung	Längs angeordnete Blattfedern
Hinterradaufhängung	Viertelelliptikfedern
Bremsen	Mechanisch betrieben
Lenkung	Zahnstangenlenkung
Reifen	600 x 19
Maße	–
Radstand x Spurweite	275 x 140 x 140 cm
Gewicht	940 kg (3,1 kg/PS)
Höchstgeschwindigkeit	250 km/h
Produktion	6 Stück (Fahrgestellnummern von 54-201 bis 54-207)

Der Royale 41-141 mit der Karosserie von Kellner wird 1931 am Autosalon in Paris gezeigt.

Ein Roadster auf dem Fahrgestell Nr. 55-235 des Typs 55 Super Sport, neu nach Großbritannien ausgeliefert.

1931: Der Typ 55 als Star in Paris

Paris, 1. bis 11. Oktober 1931
Die Anfänge des 55 Super Sport

Bugatti hat einen Sinn für Humor … oder Provokation, denn die Firma stellt am Autosalon den Kleinwagen Typ 56 und den fünften Royale nebeneinander aus. Das Fahrgestell Nr. 41-141 trägt eine elegante Karosserie mit zwei Türen, schwarz und blau lackiert, gestaltet von der Firma Kellner. Es ist das erste Mal, dass der Royale im Rahmen des Autosalons zu sehen ist.

Im Katalog vom 1. Oktober unterscheidet Bugatti weiterhin drei Modellreihen mit einer wichtigen Neuheit unter den Sportwagen: dem Typ 55. Bei den Tourenwagen gibt

es nun auch eine aufgeladene Version des Typs 46, genannt 46S. Mit zwei Zénith-Vergasern und einem Kompressor steigt die Leistung auf 180 PS.

Tourenwagen

▸ Typ 40A, vier Zylinder, 1,6 Liter.
▸ Typ 49, acht Zylinder, 3,3 Liter, als Cabriolet ausgestellt.
▸ Typ 46, acht Zylinder, 5,3 Liter.
▸ Typ 46S, acht Zylinder, 5,3 Liter, mit Kompressor.

Sportwagen

▸ Typ 55 Super Sport, acht Zylinder, 2,3 Liter, mit Kompressor.
▸ Typ 50, acht Zylinder, 4,9 Liter, mit Kompressor.

Rennwagen

▸ Typ 51, acht Zylinder, 2 Liter, mit Kompressor.
▸ Typ 54, acht Zylinder, 4,9 Liter mit Kompressor.

Die wahre Neuheit am Bugatti-Stand besteht im Typ 55 Super Sport, einem der großen Klassiker der Automobilgeschichte. Es handelt sich um eine gelungene Assemblage: Das Fahrwerk stammt vom Typ 47, mit Querverstrebungen. Das Schaltgetriebe wird dem 49 entnommen, Kupplung, Bremsen und Räder dem Typ 51. Neu hingegen ist die Vorderachse: in der Mitte eingebuchtet, um für den Einbau eines Generators vor dem Motor Platz zu schaffen. Der Typ 55 hat seinen wunderbaren Motor mit dem Typ 51 gemeinsam: gleicher Hubraum von 2,3 Liter, gleiche Kraftstoffverteilung mithilfe zweier oben liegender Nockenwellen, gleiche Aufladung, allerdings mit gemäßigter Leistung von 140 PS.

Der Bugatti 55 ist für den Typ 51 das, was der 43 für den 31 war: ein echtes Gran-Tourismo-Auto, ein authentisches Vollblut, das von einem Grand-Prix-Wagen abgeleitet wurde. Die äußere Aufmachung ist auf der Höhe der technischen Ausstattung; es handelt sich um das Werk des 22-jährigen impulsiven und

romantisch veranlagten Jean Bugatti. Der Typ 55 sieht ihm ähnlich: elegant und raffiniert. Das Talent von Monsieur Jean, wie ihn die Angestellten der Firma respektvoll nennen, zeigt sich im sinnlichen Verlauf der Linien. Das Profil der Kotflügel ist dafür beispielgebend: Es handelt sich um eine Aufeinanderfolge umhüllender fleischlich wirkender Kurven, die von keiner geraden Linie unterbrochen werden. Vorne verbreitert sich der Kotflügel und bleibt mit seiner Bewegung im Raum hängen. Das Spiel der Farben vervollständigt dieses Bild. Kurven und

Zierleisten grenzen die Kontraste voneinander ab. Das Schwarz steht lebhaften Farben und makellos glatten Flächen gegenüber, die von klugen Arabesken eingerahmt werden.
Die Mehrheit der Wagen des Typs 55 bekommt ihre Karosserie in der Fabrik; am häufigsten ist der spartanische Roadster ohne Türen. In der Folge bekommen einige Modelle aber Türen, die den Einstieg erleichtern. Nur wenige Fahrgestelle werden fremden Karosserieschneidern anvertraut. Drei Wagen des Typs 55 werden zum Ende des Jahres 1931 ausgeliefert: Nr. 55-201, 55-202 und 55-222.

Paris, Oktober 1931
Kunst und Automobile
Im Magazin *Vu* veröffentlicht der Kolumnist Georges Charensol eine Untersuchung mit dem Titel »Das Auto und die Malerei«. Er lässt die nicht immer negativen Einflüsse des Autos auf die zeitgenössische Kunst

Revue passieren. Vor allem zitiert er Paul Morand: »Schauen wir uns die moderne Malerei an: grau, graugrün, dunkelgrau. Braque, Picasso, Juan Gris, Derain, Vlaminck, alle diese Maler leben in schnellen Autos, was nicht ohne Einfluss ist auf ihre Kunst.« Morand selbst lässt sich wie Derain und Van Dongen von der Geschwindigkeit am Steuer eines Bugattis berauschen.

André Derain, fotografiert von Man Ray am Steuer eines Bugatti, 1931.

Ein Wagen des Typs 50 mit der Toutalu-Karosserie von Million-Guiet
(Foto: André Kertecz, 1931).

Daten zum Typ 55 Super Sport	
Chassis	Rahmen mit Längs- und Querträgern
Karosserie	Stahl
Motor	Achtzylinder-Reihenmotor
Anordnung	Vorne, längs
Hubraum	2262 cm³ (60 x 100 mm)
Ventilsteuerung	Zwei oben liegende Nockenwellen, zwei Ventile pro Zylinder
Gemisch	Ein senkrechter Vergaser von Zénith und ein Kompressor von Roots
Leistung	140 PS (103 kW)
Verdichtung	–
Kraftübertragung	Hinterradantrieb
Gangschaltung	Vier Gänge
Vorderradaufhängung	Längs angeordnete Blattfedern
Hinterradaufhängung	Viertelelliptikfedern
Bremsen	Mechanisch betrieben
Lenkung	Zahnstangenlenkung
Reifen	29 x 5
Maße	Je nach Karosserie
Radstand x Spurweite	275 x 125 x 125 cm
Gewicht	750 kg (5,3 kg/PS)
Höchstgeschwindigkeit	180 km/h
Produktion	38 Stück von 1931 bis 1935 (Fahrgestellnummern von 55-201 bis 55-238)

1931: Der reife Stil des Monsieur Jean

Der Roadster 55 mit seinen einzigartigen wundervollen Linien (Foto: Xavier de Nombel).

Unter jedem Blickwinkel ein unverkennbarer Stil (Foto: Xavier de Nombel).

1932: Missgeschicke

Paris, 4. April 1932
Glanzvolles Auftreten ohne Scheinwerfer

Der Royale Nr. 41-111 wird an Henry Esders ausgeliefert. Von den elf Karosserien, die die insgesamt sechs Fahrgestelle des Typs 41 verkleiden, ist das die anscheinend sportlichste. Henry Esders wünscht sich einen nur zweisitzigen Roadster mit langem Radstand. Er will auch, dass die Linien des Autos nicht durch Scheinwerfer unterbrochen werden, weil er nachts gar nicht fahren will! Dafür sind die Scintilla für den Bedarfsfall in einer eigenen Kiste untergebracht … Dieser Royale ist in zwei Grüntönen lackiert, der Farbe der acht Autos, der Jacht, der Flugzeuge und des Wasserflugzeugs der Familie Esders. Der Royale mit der Chassisnummer 41-111 bekommt kurz vor dem Zweiten Weltkrieg eine neue Karosserie, doch eine Kopie des Roadsters ist im Musée National de l'Automobile ausgestellt. Man beachte, dass die Exemplare, die auf den Prototyp des Royale folgen, einen geringeren Hubraum und kürzeren Radstand aufweisen.

Brescia, 10. April 1932
Die Revanche von Alfa Romeo

Wer könnte die Armada der Alfa Romeo schlagen, die nunmehr einen Rudolf Caracciola zu ihren Piloten zählen? Ganz gewiss nicht der vereinzelte Bugatti 55, gefahren von Achille Varzi. Nur ein Lancia, isoliert auf dem 8. Platz stehend, unterbricht die Dominanz der Alfa Romeo im Schlussklassement.

Nr. 79: Typ 35B, Romano/Roberto Serboli (22.)
Nr. 87: Typ 43, Carlo Cazzaniga/
Archimede Rosa (13.)
Nr. 102: Typ 55, Carlo Castelbarco/
Achille Varzi (n. klass.)

Monaco, 17. April 1932
Warten auf den Typ 53

Für das erste Grand-Prix-Rennen setzt Bugatti ein revolutionäres Modell ein, den neuen vierradangetriebenen Typ 53. Das Auto legte erst einige Wochen zuvor seine ersten Kilometer auf der Straße zurück und kletterte mit Albert Divo am Steuer auf den Mont Ventoux. Die Lieblingsstrecken des Typs 53 scheinen gewundene Straßen zu sein, ideal für das Fürstentum Monaco. Der robuste Albert Divo trainiert fleißig mit dem Auto, ist aber nicht ganz überzeugt, weil er das Fahren dieses Bugattis für »sehr anstrengend« hält. Der Typ 53 geht in Monaco dann doch nicht an den Start. Dafür vertreten acht Wagen des Typs 51 die Firma. Das scheint auszureichen, um die Angriffe von Alfa Romeo und Maserati abzuwehren. Aber Chiron kommt von der Straße ab, und Varzi wird von seiner Kraftübertragung im Stich gelassen. So gelangen die Podiumsplätze in italienische Hand. Die Alfa Romeo amüsieren sich unter ihresgleichen: In den letzten Runden des Rennens holt Rudolf Caracciola mit seinem weißen Monza Tazio Nuvolari ein, weil dieser Probleme mit der Kraftstoffverteilung hat. Der deutsche Pilot will aber nicht von der Situation profitieren und lässt als fairer Sportsmann seinen Mannschaftskollegen den Sieg abholen. Für Bugatti bleiben nur die Krümel vom Kuchen.

Nr. 4: Typ 51, Earl Howe (4.)
Nr. 6: Typ 35B, Clifton Penn-Hugues
Nr. 10: Typ 51, Guy Bouriat (8.)
Nr. 12: Typ 51, Louis Chiron (n. klass.)
Nr. 14: Typ 51, Albert Divo (9.)
Nr. 16: Typ 51, Achille Varzi (n. klass.)
Nr. 18: Typ 51, Stanislas Czaykowski
(n. klass.)
Nr. 20: Typ 51, Marcel Lehoux (6.)
Nr. 22: Typ 51, William Grover »Williams« (7.)

Der Royale Nr. 41-111, gestaltet von Jean Bugatti, der auf diesem Bild mit zu sehen ist, April 1932.

Start zum Großen Preis von Monaco 1932: die Bugatti 51 mit ihren Gegnern, den Alfa Romeo 8C 2300 Monza.

Der Typ 53: Einzelheiten des Fahrwerks vorne.

1932: Vierraderfahrung

In dieser Zeit schwankt Ettore Bugatti zwischen zwei verschiedenen Konzepten von Grand-Prix-Wagen: Auf der einen Seite steht ein ausgeglichenes wendiges Fahrzeug mit begrenzter Leistung, auf der anderen der leistungsstarke, aber schwer zu fahrende Typ 54. Der Ingenieur Antonio Picchetto schlägt einen dritten Weg vor: Er glaubt, mit dem Vierradantrieb die Lösung in den Händen zu haben. Der neue Typ 53 wird von einem Motor des Typs 50B angetrieben. Differenzial und Getriebe sind fest miteinander verbunden und übertragen die Kraft über zwei Wellen auf die Vorder- und Hinterachse. Die Hinterräder behalten ihre Viertelelliptikfedern, doch vorne sind die Räder – fast ein Wunder bei Bugatti – einzeln aufgehängt mit zwei queren Blattfedern. Die Karosserie erinnert kaum mehr an den klassischen Stil des Hauses. Durch den massiven Kühlergrill und den deutlich erkennbaren Benzintank ist der Typ 53 nicht von außergewöhnlicher Eleganz. Man muss ihm Kompaktheit bescheinigen, weil es vorne und hinten keine überstehenden Elemente mehr gibt.

Der 53 tritt im Mai am Bergrennen von La Turbie auf, und Jean-Pierre Wimille fährt mit ihm Bestzeit.

Schnittzeichnung des Typs 53 von Yoshishiro Inomoto.

Daten zum Typ 53

Chassis	Rahmen mit Längs- und Querträgern
Karosserie	Stahl
Motor	Achtzylinder-Reihenmotor
Hubraum	4972 cm³ (86 x 107 mm)
Ventilsteuerung	Zwei oben liegende Nockenwellen, zwei Ventile pro Zylinder
Gemisch	Zwei vertikale Vergaser von Zénith und ein Kompressor
Leistung	300 PS (220 kW) bei 4400 U/min
Verdichtung	–
Kraftübertragung	Vierradantrieb
Gangschaltung	Vier Gänge
Vorderradaufhängung	Einzeln aufgehängt, quere Blattfedern
Hinterradaufhängung	Starrachse, Viertelelliptikfedern
Bremsen	Trommelbremsen, mechanisch betrieben
Lenkung	Zahnstangenlenkung
Reifen	5,00 x 28
Maße	–
Radstand x Spurweite	250 x 125 x 125 cm
Gewicht	940 kg (3,1 kg/PS)
Höchstgeschwindigkeit	240 km/h
Produktion	2 Stück (Fahrgestellnummern 53-001 und 53-002)

Der anachronistische Benzintank des Typs 53 (Foto: Xavier de Nombel).

Der Typ 53 im Museum in Mulhouse (Foto: Xavier de Nombel).

1932: Das Duell Bugatti-Alfa Romeo

Brescia, 10. April 1932
Letzter Versuch

Das ist die letzte ernsthafte Teilnahme von Bugatti an den Mille Miglia. Das Rennen dieses Jahres wird vollständig von Alfa Romeo kontrolliert, und Wagen dieser Marke belegen die ersten sieben Plätze. Im Jahre 1933 nimmt ein letzter Typ 37 an den Mille Miglia teil.

Nr. 87: Typ 43, Carlo Cazzaniga/
Archimede Rosa (13.)
Nr. 102: Typ 35: Carlo Castelbarco/
Achille Varzi (n. klass.)

Cerda, 8. Mai 1932
Die Ära Alfa Romeo

Die Dominanz der Bugattis bei der Targa Florio ist endgültig zu Ende. Die Alfa Romeo 8C 2300 von Tazio Nuvolari und Baconin Borzacchini führen nun den Reigen an.

Nr. 2: Typ 37A, Carlo Cazzaniga (n. klass.)
Nr. 5: Typ 51, Louis Chiron/Achille Varzi (3.)
Nr. 9: Typ 51, Archimede Rosa (n. klass.)
Nr. 16: Typ 37A, Saltarelli (n. klass.)

AVUS, 22. Mai 1932
Die Rückkehr der Monster

Auf der ultraschnellen AVUS in Berlin setzen die Autobauer ihre teuflischen Maschinen ein. Maserati weiht den V5 ein, der noch gigantischer ist als der V4 und einen 16-Zylindermotor mit 5 statt nur 4 Liter enthält! In der Galerie der Monster fällt der vom Aerodynamiker Reinhard von König-Fachsenfels verkleidete Mercedes-Benz SSKL nicht aus dem Rahmen, und das Haus Bugatti verfügt immer noch über seinen Typ 54.
Unangefochten siegt der stromlinienförmige Mercedes-Benz von Manfred von Brauchitsch. Er legt die 300 km des Rennens mit einem Schnitt von über 194 km/h zurück!

Nr. 32: Typ 51, Heinrich-Joachim von Morgen (n. klass.)
Nr. 36: Typ 54, William Grover »Williams« (n. klass.)
Nr. 37: Typ 35C, Hans zu Leiningen (n. klass.)
Nr. 38: Typ 51, Kristian Lobkowicz (n. klass.)
Nr. 42: Typ 35B, Hans Stuber (3.)
Nr. 44: Typ 51, Hans Lewy (n. klass.)
Nr. 46: Typ 54, Albert Divo (n. klass.)
Nr. 47: Typ 51, Guy Bouriat (n. klass.)
Nr. 48: Typ 35B, László Hartmann (n. klass.)

München, 26. Mai 1932
Ein Royale mit deutschem Akzent

Ein neuer Royale entsteht auf dem dritten fertig gestellten Chassis mit der Nr. 41-121. Das äußere Kleid, ein Cabriolet, gestaltet der Karosseriebauer Ludwig Weinberger für den Münchner Gynäkologen Dr. Josef Fuchs. Der Arzt hatte kurze Zeit zuvor ein ähnliches Cabriolet auf der Basis des Typs 46 vom selben Karosseriebauer gestalten lassen, der seit dem Ende des 19. Jahrhunderts in München seinen Sitz hat.

Der Wagen vom Typ 51, den sich Chiron und Varzi bei der Targa Florio 1932 teilen.

Nürburgring, 29. Mai 1932
Das Eifelrennen

Die Testfahrten werden vom Tod von Heinrich-Joachim von Morgen überschattet. Eine Woche nach dem AVUS-Rennen bekommt Rudolf Caracciola seine Revanche gegenüber Manfred von Brauchitsch. René Dreyfus platziert sich zwischen dem Alfa Romeo 8B 2300 Monza und dem Mercedes-Benz SSKL.

Nr. 4?: Typ 51, Louis Chiron (5.)
Nr. 5?: Typ 51, René Dreyfus (2.)
Nr. 31: Typ 37A, László Hartmann (7.)
Nr. 32: Typ 37A, Willy Seibel (9.)

Molsheim, Mai 1932
Der Typ 50T: Sterben in Schönheit

Nachdem Bugatti 42 Einheiten des Typs 50 mit kurzem Radstand (3,10 m) produziert hat, bringt die Firma eine zweite Reihe mit demselben langen Radstand (3,60 m) wie beim Typ 46 auf den Markt. Die letzten 23 Wagen des Typs 50 sind somit 50T. Drei firmeneigene Karosserien stehen im Katalog.

▶ ein Landaulet (Design Nr. 1042) mit zurückklappbarem Verdeck, noch mit sehr steifen Linien, Fassungsvermögen fünf Personen, davon drei hinten auf einer Bank.

▶ ein weiterer Landaulet (Design Nr. 1038), ebenfalls mit Verdeck, aber mit moderneren Linien und geneigtem Heck. Es finden darin nur zwei Personen Platz, aber es besteht die Möglichkeit, hinten quer einen Sitz anzubringen.

▶ Fahrersitz innen (Design Nr. 1053), die bemerkenswerteste Schöpfung mit aerodynamisch geformter Silhouette.

Selbst bei diesem kühnen Projekt meistert Jean Bugatti das Design und hält sich zurück mit Übertreibungen. Die gewagtesten Voluten schließen sich auf distinkte Weise. Die Seitenfenster zeigen eine Tropfenform, die

Umschlag der Werbebroschüre für den Typ 50T, herausgegeben 1932.

Der Royale Nr. 41-121 mit der Karosserie von Weinberger, heute ausgestellt im Henry Ford Museum in Dearborn (Michigan).

LANDAULET 1042

Vaste et confortable, d'accès facile grâce à 2 larges portières, cette carrosserie, comporte à l'avant, 2 sièges indépendants, et à l'arrière une banquette permettant de recevoir 3 passagers. Entièrement garnie de cuir de 1er choix, et le pavillon doublé de drap fin, cette caisse, grâce à la rotonde décapotable, donne principalement aux places arrière, une aération parfaite en même temps qu'une visibilité très étendue. Une malle arrière d'amples dimensions, des pare-choc avant et arrière, des feux de position sur les ailes avant, et deux avertisseurs couplés au bas du radiateur complètent cette carrosserie de grand style.

VUE DE DÉTAIL DE LA CAPOTE

Cette capote, limitée à la rotonde arrière présente l'avantage considérable de ne diminuer en rien la rigidité de la caisse; ce qui est une garantie de silence; de plus chaque articulation est munie d'une bague de caoutchouc souple; enfin, l'étanchéité est obtenue grâce à la prévision sur tout le pourtour de la capote d'une bande de caoutchouc souple sur laquelle appuie un tube de caoutchouc épais. Il faut noter l'important dégagement de la vue aux places arrière lorsque la capote est rabattue.

CONDUITE INTÉRIEURE
1053

Cette carrosserie de forme très nouvelle, est le fruit d'expériences prolongées. Elle assure par son profilage outre une pénétration remarquable d'où découle vitesse plus élevée et moindre consommation pour une même puissance, un confort absolu et une visibilité optimum. Prévue pour 4 places, la caisse groupe ses passagers au milieu du châssis, ce qui assure à la voiture un centrage parfait, et l'équilibre des formes se conjugue avec l'équilibre des charges pour une maniabilité hors de pair. (Garniture cuir fin, verres de sécurité, pare brise, vaste malle arrière complètent l'équipement de cette carrosserie.)

Extrêmement basse, cette carrosserie présente une ligne élégante et racée. Deux très larges portières aux lignes symétriques, permettent d'accéder à l'intérieur, où deux vastes sièges avant indépendants, peuvent être à volonté complétés à l'arrière, par deux coussins d'angle, ou un siège confortable disposé transversalement. Le capotage arrière s'ouvre sans nuire à la rigidité de la caisse donne une aération parfaite avec le plus grand champ de visibilité. La malle arrière offre une capacité importante, appréciable pour les grandes randonnées.

LANDAULET 1038

Die dem Landaulet 1042 gewidmete Seite in der Werbebroschüre für den Typ 50T.

Die der Karosserie mit Fahrersitz innen (1053) und dem zweiten Landaulet (1038) gewidmete Seite in der Werbebroschüre für den Typ 50T.

Der Typ 50T mit der Karosserie 1053 (Fahrersitz innen) von Jean Bugatti, aufgenommen bei der Fabrik 1932.

Der Torpedo 55 von Chiron und Bouriat beim 24-Stunden-Rennen von Le Mans, 1932.

sich bis zur Höhe des Kühlers optisch zuspitzt. An diesem äußersten Punkt beginnt auf der Motorhaube eine weitere Bewegung, die bis zur Basis der Windschutzscheibe reicht. Deren Neigung erreicht ungewöhnliche 40 Grad! Wie beim Typ 55 Super Sport nimmt das Farbspiel an der Bewegung der Formen teil. Im Profil gesehen blüht die Farbe ganz vorne auf und fächert sich in zwei Spiralen auf; die eine umfasst die Flanke, die andere lässt die Fenster weicher erscheinen.

Monza, 5. Juni 1932
Der Große Preis von Italien

Bugatti mischt sich nicht in den Kampf ein, den die italienischen Piloten unter sich austragen. Nuvolari (Alfa Romeo) siegt vor Fagioli (Maserati) und Campari (Alfa Romeo).

Nr. 4: Typ 51, Marcel Lehoux (n. klass.)
Nr. 10: Typ 54, Achille Varzi/Louis Chiron (n. klass.)
Nr. 22: Typ 51, René Dreyfus (5.)
Nr. 26: Zyp 51, Albert Divo/Guy Bouriat (6.)

Le Mans, 18. und 19. Juni 1932
Neues Missgeschick

Für das 24-Stunden-Rennen von Le Mans bereitet Bugatti zwei spezielle Torpedos des Typs 55 vor. Sie können in ihrer Karosserie vier Personen transportieren, weil das Reglement das so vorschreibt. An den Seiten stehen Kotflügel. Ein sehr ziviler Typ 40 und ein 37 stehen ihnen zur Seite, und das ist deswegen besonders gut, weil das Auto mit der Grand-Prix-Karosserie es als einziger Bugatti bis ins Ziel schafft — mit einem durchaus ehrbaren 6. Platz.

Nr. 15: Typ 55 Torpedo, Guy Bouriat/Louis Chiron (n. klass.)
Nr. 16: Typ 55 Torpedo (55-208?), Stanislas Czaykowski/Émile Friderich (n. klass.)
Nr. 23: Typ 37 Grand Prix, Georges Delaroche/Guy Sebilleau (6.)
Nr. 24: Typ 40 Cabriolet, Charles Druck/Lucien Virvoulet (n. klass.)

Shelsley Walsh, 25. Juni 1932
Ein Blick auf den Typ 53

Der vierradangetriebene Typ 53, der auf die Teilnahme am Großen Preis von Monaco verzichtet hat, scheint definitiv für Bergrennen geschaffen zu sein. Jean Bugatti begibt sich höchstpersönlich nach Shelsley Walsh, um das neue Auto bei diesem traditionellen britischen Bergrennen zu fahren. Aber Monsieur Jean ist zu ehrgeizig, kommt von der Straße ab und überlässt den Sieg einem professionellen Piloten, Earl Howe mit seinem Typ 51.

Danach tritt der Typ 53 nur noch sporadisch in Erscheinung: beim Klausenrennen in Österreich, wo Louis Chiron (Nr. 99) und Varzi (Nr. 98) Zweiter bzw. Dritter hinter dem Alfa

Romeo P3 von Caracciola werden (7. August 1932); bei Freiburg im Breisgau mit denselben beiden Piloten (21. August 1932); am Mont Ventoux mit Albert Divo (1932); in Parma-Poggio mit Chiron (Mai 1933); bei La Turbie mit René Dreyfus (29. März 1934) und schließlich in Château-Thierry mit Jean-Pierre Wimille (Mai 1935).

Reims, 3. Juli 1932
Der ACF in der Champagne
Zum ersten Mal wählt der Automobile Club France den Rundkurs von Reims für seinen Großen Preis aus. Die Champagne bringt Bugatti aber nicht richtig Glück. Die Firma kann drei ihrer Wagen hinter zwei Alfa Romeo platzieren. Diese werden von Tazio Nuvolari und Rudolf Caracciola gefahren.

Nr. 2: Typ 51, Jean Gaupuillat (n. klass.)
Nr. 6: Typ35C, Max Fourny (n. klass.)
Nr. 8: Typ 54, Achille Varzi (n. klass.)
Nr. 28: Typ 54 (Nr. 54-205), Earl Howe/Hugh Hamilton (9.)
Nr. 32: Typ 51, Louis Chiron (3.)
Nr. 36: Typ 54, Marcel Lehoux (n. klass.)
Nr. 38: Typ 54, Albert Divo (n. klass.)
Nr. 42: Typ 51, William Grover »Williams« (6.)
Nr. 44: Typ 51, René Dreyfus (5.)

Nürburgring, 17. Juli 1932
Ein schlechtes Wochenende
für den 51
Ein neues Treffen in der Eifel für den Großen Preis von Deutschland, und ein neuer Fehlschlag für die Bugattis. Vor dem Viertplatzierten stehen drei Alfa Romeo mit Nuvolari, Caracciola und Borzacchini am Steuer.

Nr. 12: Typ 51, Hans Lewy (n. klass.)
Nr. 13: Typ 51, Paul Pietsch (n. klass.)
Nr. 16: Typ 51, Marcel Lehoux (n. klass.)
Nr. 17: Typ 51, Louis Chiron (n. klass.)
Nr. 20: Typ 51, René Dreyfus (4.)

Der Typ 54 von Earl Howe beim Grand Prix de l'ACF 1932.

Brünn, 4. September 1932
Isolierter Sieg
Das ist das einzige Mal in diesem Jahr, dass Bugatti ganz vorne steht. Der Maserati 8C 2500 von Fagioli und der Alfa Romeo von Nuvolari folgen nicht weit dahinter. Aber immerhin: Dieses Mal landen sie hinter dem Bugatti!

Nr. 11: Typ 51, Louis Chiron (1.)
Nr. 12: Typ 51 Achille Varzi (n. klass.)
Nr. 13: Typ 51, Guy Bouriat (n. klass.)
Nr. 14: Typ 35B, Marcel Lehoux (n. klass.)
Nr. 15: Typ 35B, Jan Kubicek (n. klass.)
Nr. 24: Typ 35B, Vladimir Stasny (5.)

Monza, 11. September 1932
Großer Preis von Monza
Nach den hart umkämpften Vorläufen treten 14 Fahrer zum Endlauf an. Den beiden großen Bugattis vom Typ 54 gelingt es nicht, die Alfa Romeo von Rudolf Caracciola, Tazio Nuvolari und Baconin Borzacchini und den Maserati von Luigi Fagioli zu überholen.

Nr: 8: Typ 54, Achille Varzi (5.)
Nr. 16: Typ 54, Guya Bouriat (n. klass.)
Nr. 18: Typ 51, Marcel Lehoux (n. klass.)
Nr. 26 oder 88: Typ 54, Louis Chiron (6.)

Der Typ 53 am Klausenpass, August 1932.

1932: Neu: die Aerodynamik

Das Cabriolet 55, ausgestellt am Pariser Autosalon 1932.

Paris, 6. bis 16. Oktober 1932
Die Stunde der Stromlinienform

Ettore Bugatti empfängt Albert Lebrun an seinem Stand. Er zeigt dem Präsidenten der Republik einige interessante Weiterentwicklungen der Typen 50T und 55 Super Sport. Der Typ 50T erscheint unter einer neuen windschlüpfigen Form: Fahrersitz innen, Heck abgerundet, nicht abgesetzt und ohne den separaten, aber integrierten Koffer.

Vom Typ 55 Super Sport werden zwei neue Versionen ausgestellt: ein Cabriolet mit großem verchromtem Auspuffrohr und ein Faux-Cabriolet, eine Art Coupé.

Das Faux-Cabriolet, ausgestellt am Pariser Autosalon 1932.

Der windschlüpfige Coach mit seinem außergewöhnlichen Design (Foto: Xavier de Nombel).

Diese Silhouette nennen die Angelsachsen »fastback«. (Foto: Xavier de Nombel).

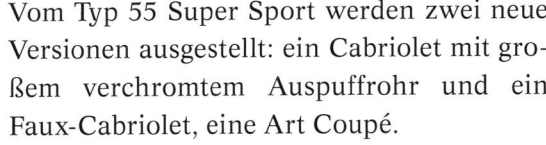

Der windschlüpfige Coach des Typs 50T, Oktober 1932.

Ein Faux-Cabriolet auf einem Fahrgestell des Typs 55 (Nr. 55-216).

1932: Verschiedene Versionen des Typs 55

Die Mehrzahl der im Jahre 1932 ausgelieferten Bugattis sind in der Firma gebaute Roadster (Nr. 55-205, 55-207, 55-209, 55-210, 55-211, 55-213, 55-214, 55-219, 55-220, 55-227, 55-229, 55-231, 55-232 und 55-235, nunmehr in der Sammlung Peter Agg). Neben diesen standardisierten Karosserien gibt es einige Spezialausführungen:

▶ Nr. 55-206: ein Cabriolet von Billeter & Cartrier, gekennzeichnet durch extrem steife Linien.
▶ Nr. 55-221: ein Cabriolet von Figoni, dem es durchaus nicht an Schwung und Originalität fehlt.
▶ Nr. 55-224: ein Cabriolet von Erdmann & Rossi.
▶ Nr. 55-...: ein Cabriolet, ohne Zweifel gebaut von Gangloff in einem Stil, den Ettore Bugatti liebt, inspiriert von Pferdekutschen mit geschwungenen Trittbrettern.

Bugatti bietet in seinem Katalog auch das Faux-Cabriolet an. Hier einige realisierte Beispiele:

▶ Nr. 55-203: ein Coupé ähnlich dem des Autosalons 1932, heute im Museum in Mulhouse.
▶ Nr. 55-204: dasselbe Modell, doch ohne Trittbrett, ebenso im Museum in Mulhouse.
▶ Nr. 55-216: ein ähnliches Coupé wie das vorige, zu sehen in der Fondation Erica et Charles Renaud in der Schweiz.

London, Oktober 1932
Der Royale, gesehen von Kellner

Der Royale Nr. 41-141 mit der Karosserie von Kellner, der 1931 am Pariser Autosalon zu sehen war, wird nun auch in London ausgestellt. Der Preis beträgt 6500 Pfund Sterling, d. h. fast dreimal so viel wie ein Rolls-Royce! Bei einer solchen Summe findet er keinen Käufer. Der Coach von Kellner bleibt wie das Coupé Napoléon (Nr. 41-100) und die »Reiselimousine« (Nr. 41-150) im Besitz der Familie Bugatti. In den 1980er-Jahren wird er an einer der bizarrsten Transaktionen in der Geschichte der Sammelleidenschaft für Autos beteiligt sein!

Zwei unterschiedliche Ausführungen des Faux-Cabriolet 55 im Museum in Mulhouse.

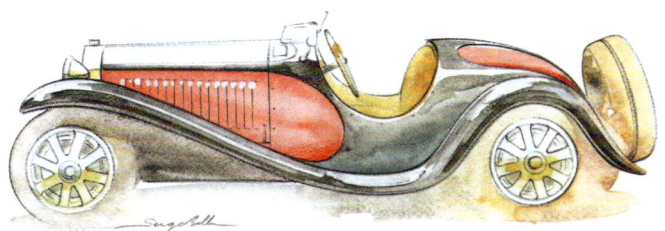

Die häufigste Form des
Typs 55, entworfen von Jean
Bugatti, ohne Türen, aber dafür
mit Farbkontrasten spielend.

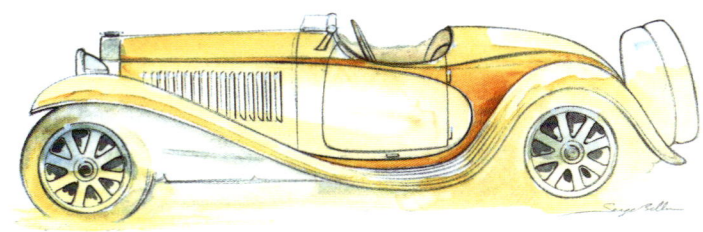

Im Verlauf seiner Karriere hat der
Roadster 55 manchmal keine
Türen, was ihm am Ende gar
nicht schlecht bekommt.

Diesem einfachen Cabriolet
von Figoni auf dem Fahrgestell
Nr. 55-221 fehlt es an Schwung
und Originalität.

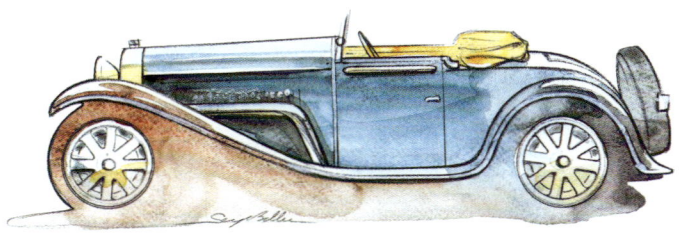

Die Karosserie von Billeter &
Cartier auf dem Fahrgestell
Nr. 55-206 zeigt extrem steife Linien.

Dieses Cabriolet, ohne Zweifel
gebaut von Gangloff in einem Stil,
den Ettore Bugatti liebt, bezieht seine
Inspiration von Pferdekutschen mit
geschwungenen Trittbrettern.

Im Museum in Mulhouse sind zwei
Exemplare dieses Faux-Cabriolet
ausgestellt: 55-203 und 55-204,
das letztere ohne Trittbretter.

Der Wagen in der Sammlung Erica et
Charles Renaud (55-216) zeigt an den
Flanken ein Motiv, das in den Schöpfungen
von Jean Bugatti oft wiederkehrt. Ein Coupé
in Mulhouse (55-212) nimmt dieses Motiv
ebenfalls auf.

Am Autosalon 1932 im Grand
Palais zeigt Bugatti dieses Modell
wahrscheinlich mit zurückklappbarem
Verdeck. Es ist wohl ein Einzelstück.
(Grafiken von Serge Bellu).

Der Royale Nr. 41-131 mit der Karosserie von Park Ward.

1933: Das Scheitern der Maßlosigkeit

Monaco, 23. April 1933
Sieg von Varzi

Im Fürstentum findet das erste von fünf Grand-Prix-Rennen statt. Bugatti übernimmt die Führung, aber die Alfa Romeo der Scuderia Ferrari bleiben eine erhebliche Gefahr. Trotz Caracciolas Unfall bei den Probeläufen kommen sie auf den zweiten, den vierten und den fünften Platz.

Nr. 6: Typ 51, Earl Howe (n. klass.)
Nr. 8: Typ 51, René Dreyfus (3.)
Nr. 10: Typ 51 (Nr. 51-150), Achille Varzi (1.)
Nr. 12: Typ 51, William Grover »Williams« (7.)
Nr. 14: Typ 51, Benoît Falchetto (n. klass.)
Nr. 20: Typ 51, Marcel Lehoux (n. klass.)
Nr. 24: Typ 35B, László Hartmann (8.)

Berlin, 21. Mai 1933
Der Triumph des Typs 54

Bugatti setzt auf dem Hochgeschwindigkeitskurs der AVUS auf den monströsen Typ 54, und das Endergebnis gibt der Firma recht: Es springt ein Doppelsieg heraus.

Nr. 25: Typ 35C, Rudolf Steinweg (n. klass.)
Nr. 29: Typ 51, László Hartmann (7.)

Nr. 31: Typ 54: William Grover »Williams« (n. klass.)
Nr. 32: Typ 54, Achille Varzi (1.)
Nr. 33: Typ 54 (Nr. 54-209), Stanislas Czaykowski (2.)

Montlhéry, 11. Juni 1933
Grand Prix de l'ACF

Bugatti ist für das zweite Rennen des Jahres noch nicht bereit und will sich offiziell nicht engagieren. Die unabhängigen Piloten können dieses Fehlen nicht kompensieren und lassen dem Sieger Maserati sowie den Alfa Romeo (Plätze 2 bis 4) freien Weg. In den Boxen geht Jacques-Henri Lartigue mit seinem Fotoapparat umher und fängt die erstaunlichsten Ausblicke auf die Rennwagen in Bildern ein.

Nr. 2: Typ 51, Earl Howe (n. klass.)
Nr. 22: Typ 54, Stanislas Czaykowski (n. klass.)
Nr. 24: Typ 51, Pierre Bussienne (n. klass.)
Nr. 36: Typ 51, Jean Gaupillat (n. klass.)
Nr. 44: Typ 51, Marcel Lehoux (n. klass.)

Le Mans, 17. und 18. Juni 1933
Alfa Romeo ohne Rivalen

Beim 24-Stunden-Rennen haben die Alfa Romeo 8C 2300 kaum Rivalen, denn der enorme Duesenberg des rumänischen Prinzen erscheint ebenso fehl am Platz wie der alte aufgeladene Bentley mit 4,5 Liter Hubraum. Die beiden Bugattis mit ihren unerschrockenen Piloten müssen aufgeben,

»Williams« am Steuer eines Typs 51 beim Großen Preis von Monaco 1933.

Ein Typ 54 mit Stanislas Czaykowski am Steuer beim Großen Preis der AVUS, 1933.

bevor sich die schachbrettartig gemusterte Zielflagge senkt.

Nr. 3: Typ 50 Torpedo, Pierre Bussienne/ Marie Desprez (n. klass.)
Nr. 23: Typ 51 Grand Prix, Stanislas Czaykowski/Jean Gaupillat (n. klass.)

London, 30. Juni 1933
Ein Royale im Vereinigten Königreich

Captain Cuthbert Foster kauft das vierte Fahrgestell des Royale mit der Nr. 41-131. Er übergibt es dem Karosseriebauer Park Ward, und der baut eine Karosserie mit Fahrersitz innen und sechs Seitenfenstern. An diesem Punkt drängt sich eine Zusammenfassung der Geschichte der sechs Chassis des Royale auf:

Nr. 41-100: der erste Prototyp, gebaut 1926. Zunächst bekommt er die Karosserie eines Packard. Danach folgen aufeinander:

▶ ein zweitüriges Coupé im Fiakerstil.
▶ eine viertürige Limousine, auch im Fiakerstil.
▶ eine Karosserie mit Fahrersitz innen, zweitürig als Coach, gestaltet von Weymann, bei einem Unfall zerstört.
▶ ein Coupé mit Chauffeur, nach einem Entwurf von Jean Bugatti, genannt Coupé Napoléon, das schönste Stück in stilistischer Hinsicht, heute im Museum in Mulhouse zu besichtigen.

Nr. 41-111: der zweite Royale, verkauft 1932 an Henry Esders, ein großer Spider mit zwei Sitzen, entworfen von Jean Bugatti.

1939 erfolgt der Umbau durch Binder in ein Stadtcoupé.

Nr. 41-121: der dritte Royale, mit einer Karosserie von Weinberger, heute in der Stiftung Henry Ford in Dearborn zu sehen.

Nr. 41-131: der vierte Royale, Fahrersitz innen, sechs Seitenfenster, Karosserie von Park Ward 1933, in Mulhouse zu besichtigen.

Nr. 41-141: zweitüriger Coach von Kellner, ausgestellt am Pariser Autosalon 1931, dann 1932 in London.

Nr. 41-150: der sechste und letzte Royale als Doppellimousine mit Verdeck, das zurückgeklappt werden kann, im reinsten Fiakerstil.

Spa, 9. Juli 1933
Verpasste Gelegenheit

Tazio Nuvolari bleibt sich selbst treu, welches Auto er auch fährt. Im Herz der Ardennen zeigt er am Steuer eines Maserati sein Talent und verweist seine Verfolger auf die Plätze.

Nr. 4: Typ 51, Marcel Lehoux (4.)
Nr. 14: Typ 51, Achille Varzi (2.)
Nr. 16: Typ 51, William Grover »Williams« (6.)
Nr. 18: Typ 51, René Dreyfus (3.)
Nr. 20: Typ 51, Edgar Markiewicz »Marko« (n. klass.)

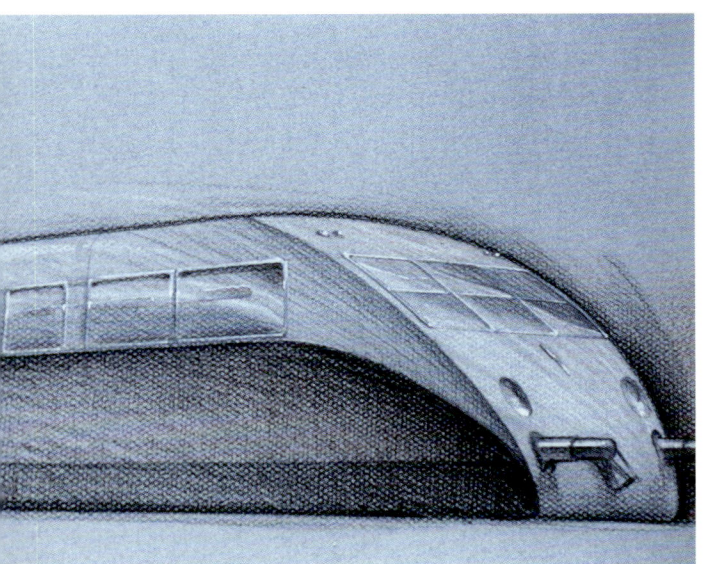

Cherbourg, 30. Juli 1933
Bugatti auf Schienen

Der erste Bugatti-Triebwagen mit der Bezeichnung SNCF XB 1000 wird schon im Frühjahr ausgeliefert. Aber erst die Reise des Staatspräsidenten Albert Lebrun nach Cherbourg stellt die offizielle Inbetriebnahme dieses Zuges dar. Er weiht dort den neuen Hafen ein.

Der schnelle Triebwagen legt die 374 km zwischen Paris und Cherbourg in 3 Stunden 8 Minuten zurück und erreicht dabei Spitzengeschwindigkeiten von 130 km/h. Die Triebwagen mit dem Drehgestell sind mit 800-PS-Motoren ausgestattet und heißen auch Présidentiels. Zwischen 1933 und 1938 liefert Bugatti der Staatseisenbahn (SNCF), der PLM und der AL insgesamt 76 solcher Triebwagen in unterschiedlichen Versionen. Davon bestellte die SNCF 36 und die PLM 37 Einheiten.

Brünn, 17. September 1933
Noch eine Niederlage

Kaum Erfolge für Bugatti: Es dominieren drei Alfa Romeo, zwei davon gesteuert von französischen Piloten.

Nr. 4: Typ 51, Marcel Lehoux (n. klass.)
Nr. 6: Typ 35C, Rudolf Steinweg (n. klass.)
Nr. 8: Typ 51, Edgar Markiewicz »Marko« (n. klass.)
Nr. 10: Typ 51, László Hartmann (5.)
Nr. 16: Typ 51, Attilio Battilana (n. klass.)
Nr. 24: Typ 51, René Dreyfus (4.)
Nr. 32: Typ 35B, Jan Kubicek (7.)
Nr. 46: Typ 35, Zdeneck Pohl (6.)

Der Typ 54 von Stanislas Czaykowski beim Grand Prix de l'ACF, 1933. (Foto: Jacques-Henri Lartigue).

Der windschlüpfige Triebwagen von Bugatti, Grafik von Serge Bellu.

Der erste Prototyp von 1926 mit
der Fahrgestellnummer 41-100
besitzt zunächst die Karosserie
eines Packard.

Das Chassis 41-100 bekommt
eine neue Karosserie, wie sie
Ettore Bugatti besonders zusagt:
im Kutschenstil gehalten, mit
langem Radstand.

Die dritte Karosserie des
Fahrgestells 41-100 ist eine
viertürige Limousine, immer noch
im Kutschenstil gehalten.

Bugatti übergibt das Fahrgestell
nunmehr dem Karosseriebauer
Weymann, der eine zweitürige
Limousine mit Fahrersitz innen
entwirft. Sie wird bei einem Unfall
zerstört.

Nach Ettore Bugattis Unfall
bekommt das Fahrgestell 41-100
die von Jean Bugatti entworfene
Form eines Coupés, das
berühmte Coupé Napoléon.

Der zweite Royale auf dem
Fahrgestell mit der Nummer
41-111 ist ein großer zweisitziger
Spider, entworfen von Jean Bugatti.

Im Jahre 1939 bekommt das
Fahrgestell 41-111 einen neuen
Besitzer. Dieser bestellt beim
Karosseriebauer Binder ein
Stadtcoupé.

Der dritte Royale, Nr. 41-121, ist
ein von Weinberger gestaltetes
Cabriolet. Man kann es heute
in der Henry-Ford-Stiftung in
Dearborn bewundern.

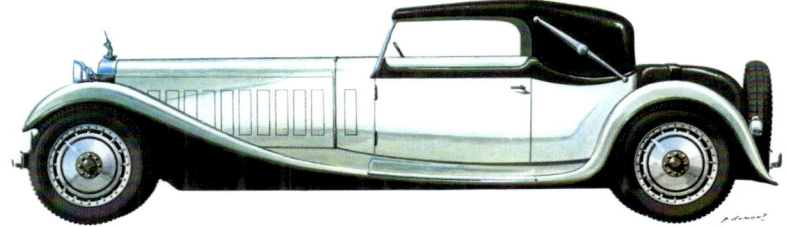

Der vierte Royale, Nr. 41-131,
bekommt von Park Ward eine
Karosserie mit Fahrersitz innen
und sechs Seitenfenstern. Das
Auto ist in Mulhouse zu sehen.

Der zweitürige Coach von Kellner
auf dem Chassis Nr. 431-141
wird im Autosalon Paris 1931 und
in London 1932 ausgestellt.

Der sechste und letzte Royale
(Nr. 41-150) zeigt die Form
einer Doppellimousine mit
Klappverdeck und ist im reinsten
Kutschenstil gehalten.
(Grafiken Pierre Dumont).

1933: Das Erscheinen des Typs 59

San Sebastian, 24. September 1933
Ein Debüt

Dieses letzte große Rennen des Jahres findet im Baskenland statt und sieht einen neuen Bugatti am Start, der von 1934 an die Farben der Firma verteidigen soll. Dieser 59 ist ein Paradox. Gleichzeitig superb und archaisch, stellt er das letzte Produkt einer wunderbaren Modellreihe von Grand-Prix-Wagen dar. Der Typ 59 nimmt alle Themen auf, die Ettore Bugatti lieb und teuer sind, allerdings mit einer extremen Verfeinerung, die die Grenze zwischen Technik und Kunst zum Verschwinden bringt. Das Auto ist niedriger und schlanker als seine Vorgänger, einfach wunderschön, aber es gehört irgendwie einer anderen Epoche an. Während die deutschen Rivalen die neueste Technologie einsetzen, vor allem bei der Aerodynamik, zeigt Bugatti stolz seinen traditionellen Kühlergrill. Der Typ 59 entspricht den neuen Bestimmungen, die von 1934 für drei Jahre gelten sollen. Neu daran ist vor allem ein Minimalgewicht von 750 kg, ohne Reifen und ohne Treibstoff.

Das Chassis des 59 ähnelt stark dem des Typs 54. Es setzt sich aus durchbrochenen Längsträgern zusammen, die auf der Höhe der Motorhaube sehr dick ausfallen, um dann elegant nach vorne und hinten schmaler zu werden. Das Heck des Wagens ist zugespitzt. Die Radaufhängung verdient mit ihren Starrachsen und den Blattfedern die

Erster Auftritt für den Typ 59 in San Sebastian, 1933.

Bezeichnung archaisch. Doch die Realisierung fällt superb aus. Die röhrenförmige Vorderachse ist geteilt. Die Räder setzten sich aus zahlreichen Speichen zusammen, die vor einer gezackten Scheibe funkeln. Diese bildet mit der Trommelbremse eine Einheit und ist in poliertem Aluminium ausgeführt. Der Motor ähnelt stark dem des Typs 57, den Bugatti 1933 beim Autosalon in Paris zeigt. Es handelt sich um einen Achtzylinder mit zwei oben liegenden Nockenwellen. Zunächst hat er einen Hubraum von 2,8 Liter, doch im darauf folgenden Jahr wird er auf 3,3 Liter vergrößert.

Der Typ 59 hat im September einen ersten hoffnungsvollen Auftritt. Die beiden Wagen, gefahren von Varzi und Dreyfus, belegen den vierten bzw. den sechsten Platz hinter einem Alfa Romeo und einem älteren Bugatti 51.

Nr. 8: Typ 51, Marcel Lehoux (3.)
Nr. 18: Typ 59, Achille Varzi (4.)
Nr. 26: Typ 59, René Dreyfus (6.)
Nr. 28: Typ 35B, Emil Frankl (n. klass.)
Nr. 34: Typ 51, Benoît Falchetto (n. klass.)

Daten zum Typ 54	
Chassis	Rahmen mit Längs- und Querträgern
Karosserie	Stahl
Motor	Achtzylinder-Reihenmotor
Hubraum	2820 cm³ (67 x 100 mm), dann 3257 cm³ (72 x 100 mm)
Ventilsteuerung	Zwei oben liegende Nockenwellen, zwei Ventile pro Zylinder
Gemisch	Zwei Vergaser von Zénith und ein Kompressor von Roots
Leistung	240 PS (176 kW) bei 5400 U/min, dann 250 PS (184 kW) bei 5750 U/min
Verdichtung	–
Kraftübertragung	Hinterradantrieb
Gangschaltung	Vier Gänge
Vorderradaufhängung	Längs angeordnete Blattfedern
Hinterradaufhängung	Viertelelliptikfedern
Bremsen	Trommelbremsen, mechanisch betrieben
Lenkung	Zahnstangenlenkung
Reifen	550 x 19
Maße	–
Radstand x Spurweite	260 x 125 x 125 cm
Gewicht	730 kg (3,1 dann 3,0 kg/PS)
Höchstgeschwindigkeit	250 km/h
Produktion	10 Stück von 1933 bis 1935

1933: Sublime Archaismen

Der Motor des Typs 59
(Foto: Xavier de Nombel).

Der Typ 59 im Besitz von Ralph
Lauren (Foto: Xavier de Nombel).

Der Typ 59 in all seiner Pracht
(Foto: Xavier de Nombel).

1933: Auftritt des Typs 57

Paris, 5. bis 15. Oktober 1933

Bugatti schafft im Herbst 1933 eine entscheidende Wende, indem er die neue Reihe 57 auf den Markt bringt. Sie stellt an seinem Stand im Autosalon die größte Neuheit dar. In seinem Katalog vom 1. Oktober unterscheidet Bugatti zwei Modellreihen:

Tourenwagen

▶ Typ 57, acht Zylinder, 3,3 Liter.

▶ Typ 49, acht Zylinder, 3,3 Liter.

▶ Typ 46, acht Zylinder 5,3 Liter.

▶ Typ 50T, acht Zylinder mit Kompressor, 4,9 Liter.

Sportwagen

▶ Typ 55 Super Sport, acht Zylinder mit Kompressor, 2,3 Liter.

▶ Typ 50 mit kurzem Radstand, acht Zylinder mit Kompressor, 4,9 Liter.

Um sein Angebot zu illustrieren, stellt Bugatti vier Modelle aus: einen Roadster vom Typ 55, eine Limousine des Typs 57, einen Landaulet des Typs 46 und einen Coach vom Typ 50T mit integriertem Koffer. Als Ereignis des Salons, dessen Bedeutung man aber noch nicht erkennen kann, erweist sich später die Präsentation des Typs 57. Sie geschieht auf diskrete Weise. Bei den Bezeichnungen für die

Karosserietypen im Katalog kommen Alpenpässe zu Ehren: Es gibt ein Cabriolet Stelvio, einen Coach Ventoux und eine Limousine Galibier. Aber Bugatti zieht es vor, nur die zuletzt genannte eher nüchterne Karosserie im Grand Palais auszustellen. Ihre Linien erscheinen steif und sind unbeeinflusst von den Anfängen des aerodynamischen Stils. Bei der Markteinführung erscheint der Typ 57

Der Typ 57 Galibier, wie er am Autosalon in Paris 1933 gezeigt wird.

Eine Limousine des Typs 57 Galibier (Nr. 57-154), wie sie im Mai 1934 die Firma verlässt. Die hinteren Türen haben außen Türgriffe.

Eines der ersten Exemplare des Cabriolets Stelvio.

Der erste Coach Ventoux des Typs 57 (Nr. 57-107).

Ein weiterer Coach Ventoux (Nr. 57-147), produziert im Juni 1934.

Ein eher stromlinienförmiger Coach (Nr. 57-201) von Gangloff, Jahrgang 1934.

eher wie ein kluger großer Tourenwagen. Die viersitzige Version wird von den Kunden zunächst am meisten begehrt. Während des ersten Produktionsjahres produziert die Karosseriewerkstätte in Molsheim 39 Limousinen vom Typ Galibier, 22 Cabriolets Stelvio und sechs Coach Ventoux. Der Karosserieschneider Gangloff seinerseits übernimmt 14 Fahrgestelle des Typs 57.

Der Typ 57 hat als völlig neues Auto zu gelten. Im großen Ganzen verwendet die Technik aber das bei Bugatti übliche Vokabular. Der Motor mit der doppelten Nockenwelle folgt dem Weg, den die Typen 50 und 51 vorgezeichnet haben. Nur wer genau hinsieht, erkennt, dass die Zwischenstücke, die früher zwischen den Nockenwellen und den Ventilen lagen, durch Hebel ersetzt wurden.

Fahrgestelle und Fahrwerk aber bereiten nicht die geringsten Überraschungen. Und das gilt letztlich auch für den Stil der firmeneigenen Karosserien, der sich beim ersten Jahrgang ziemlich reserviert zeigt.

Daten zum Typ 57	
Chassis	Rahmen mit Längsträgern
Karosserie	Stahl
Motor	Achtzylinder-Reihenmotor
Anordnung	Längs, in der Mitte
Hubraum	3257 cm³ (72 x 100 mm)
Ventilsteuerung	Zwei oben liegende Nockenwellen, zwei Ventile pro Zylinder
Gemisch	Doppelvergaser Stromberg
Leistung	130 PS (95,5 kW) bei 5000 U/min
Verdichtung	–
Kraftübertragung	Hinterradantrieb
Gangschaltung	Vier Gänge
Vorderradaufhängung	Halbelliptikfedern
Hinterradaufhängung	Viertelelliptikfedern
Bremsen	Trommelbremsen, hydraulisch betrieben
Lenkung	Zahnstangenlenkung
Reifen	5,50 x 18
Maße	Je nach Karosserie
Radstand x Spurweite	330 x 135 x 135 cm
Gewicht	980 kg (reines Fahrgestell)
Höchstgeschwindigkeit	150 km/h
Produktion	547 Stück des Typs 57 und 96 Stück des Typs 57C

1934: Der Typ 59 hat Mühe

Monte-Carlo, 2. April 1934
Saisonbeginn für den 59

Wie üblich beginnt die Grand-Prix-Saison im Fürstentum. Bugatti meldet fünf Wagen an. Robert Benoist erleidet während des Training einen Unfall und kann nicht starten. So bleiben drei Wagen des Typs 59 und ein 51, um die Farben der Marke zu verteidigen. Dreyfus startet vom dritten Platz aus und beendet das Rennen in derselben Position, hinter zwei Alfa Romeo.

Nr. 8: Typ 59 (Nr. 59-005), René Dreyfus (3.)
Nr. 10: Typ 59 (Nr. 59-002), Jean-Pierre Wimille (n. klass.)
Nr. 12: Typ 51, Pierre Veyron (9.)
Nr. 28: Typ 59 (Nr. 59-001), Tazio Nuvolari (5.)

Nürburgring, 3. Juni 1934
Großer Preis von Deutschland

Nur Privatpiloten mit einem Typ 51 sind am Start vertreten – zwangsläufig ohne große Ambitionen.

Typ 51, László Hartmann (7.)
Typ 51, Jean Gaupillat (8.)

Le Mans, 16. und 17. Juni 1934
Verlorene Liebesmüh

Der Typ 50, der bisher an den 24-Stunden-Rennen von Le Mans noch nie glänzte, hat sein letztes Wort noch nicht gesprochen. Roger Labric stürzt sich mit seinem schweren Torpedo ins Getümmel und wird dabei am Steuer von Pierre Veyron unterstützt. Das Ergebnis ist allerdings nicht brillant, und das gilt auch für die Amateure, die auf

Tazio Nuvolari am Steuer eines Typs 59.

unterschiedlichen Bugattitypen antreten. Unter diesen Herrenfahrern befindet sich auch der Kunstsammler Max Fourny, der von 1945 bis 1955 der Zeitschrift *Arts et Industrie* Glanz verleihen wird. 1973 gründet er das Musée d'Art Naïf de l'Île-de-France in Vicq.

Nr. 2: Typ 50 Torpedo, Roger Labric/ Pierre Veyron (n. klass.)
Nr. 4: Typ 44 Torpedo, Jean Desvignes/ Norbert Jean Maheu (9.)
Nr. 14: Typ 55 Spider, Charles Brunet/ Geoffredo Zehender (n. klass.)
Nr. 15: Typ 55 Spider, Louis Decaroly/ May Fourny (n. klass.)
Nr. 29: Typ 37, Auguste Bodoignet/ Fernand Vallon (n. klass.)

Montlhéry, 1. Juli 1934
Zu Füßen des Podiums

Drei Wagen des Typs 59 verteidigen die französischen Farben beim Grand Prix de l'ACF. Zunächst erscheinen die Mercedes-Benz und die Auto Union von vorne herein als Hauptfavoriten, aber am Ende machen die Alfa Romeo den Franzosen am meisten Konkurrenz.

Nr. 16: Typ 56, Robert Benoist (4.)
Nr. 14: Typ 59 (Nr. 59-001), Tazio Nuvolari/ Jean-Pierre Wimille (n. klass.)
Nr. 18: Typ 59, René Dreyfus (n. klass.)

Nürburgring, 15. Juli 1934
Die Deutschen als Propheten im eigenen Land

Am Start zum Großen Preis von Deutschland befindet sich kein offizieller Bugatti. Dafür stehen die Mercedes-Benz und die Auto Union bereit, um die Scharte von Montlhéry auszuwetzen. Dieses Mal spielt neben der reinen Geschwindigkeit auch die Zuverlässigkeit eine große Rolle: Stuck (Auto Union) siegt vor Fagioli (Mercedes-Benz).

Nr. 51: Typ 51, László Hartmann (7.)

Spa, 29. Juli 1934
Ein glorreicher Tag

Beim Großen Preis von Belgien fehlt die deutsche Konkurrenz, und die Alfa Romeo zeigen einige Mängel. So schaffen die Typen 59 mit Dreyfus und Brivio die schönste Leistung ihrer Karriere mit dem einzigen Doppelsieg in der Geschichte.

Nr. 2: Typ 59 (Nr. 59-007), Robert Benoist (4.)
Nr. 4: Typ 59 (Nr. 59-006), René Dreyfus (1.)
Nr. 6: Typ 59 (Nr. 59-001), Tonino Brivio (2.)

Pescara, 15. August 1934
Trost bei der Coppa Acerbo

Die Saison verläuft weiterhin durchwachsen für den Autobauer aus Molsheim, dem es an Geld mangelt und dessen Autos veraltet sind. Trotzdem schafft der einzige teilnehmende Wagen des Typs 59 einen dritten Platz hinter einem Mercedes-Benz und einem Maserati.

Nr. 52: Typ 59 (Nr. 59-001), Tonino Brivio (3.)

Bern 26. August 1934
Unabhängigkeit

Jean Bugatti reist auf dem Straßenweg am Steuer eines Prototyps an, der vom Typ 57 abgeleitet ist. Die Limousine hat als besonderes Merkmal einzeln aufgehängte Vorderräder. Diese technische Lösung wird bei Bugatti nie Eingang finden in die Serienfertigung. Das Auto unterscheidet sich vom Galibier durch seinen V-förmigen Kühlergrill. Ein einziger 59 nimmt am Großen Preis der Schweiz teil und erreicht einen ehrenvollen dritten Platz hinter den beiden Auto Union von Stuck und Momberger.

Nr. 14: Typ 59, René Dreyfus (3.)
Nr. 38: Typ 35B, László Hartmann (n. klass.)

Monza, 9. September
Rückzug

Bugatti zieht sich nach und nach zurück. Die

Der Prototyp 57 mit einzeln aufgehängten Vorderrädern, fotografiert in Bern im August 1934.

Firma lässt die Grands Prix beiseite, um eher an einigen Ausdauerprüfungen teilzunehmen. Beim Großen Preis von Italien schafft es Tonino Brivio mit dem einzigen teilnehmenden Wagen des Typs 59 nicht einmal bis zum Start.

Nr. 6: Typ 59, Tonino Brivio (kein Start)
Nr. 16: Typ 51, Earl Howe (9.)

San Sebastian, 23. September 1934
Ein 59 auf dem Siegertreppchen

Fast genau ein Jahr nach dem ersten Start kehren die Bugatti 59 auf den Rundkurs von Lasarte zurück. Vier Wagen stehen am Start zum Großen Preis von Spanien; das entspricht dem stärksten Kontingent des gesamten Jahres. Nuvolari rettet die Ehre der Firma hinter den Mercedes-Benz von Fagioli und Caracciola.

Nr. 4: Typ 59 (Nr. 59-007), Jean-Pierre Wimille (6.)
Nr. 12: Typ 59 (Nr. 59-006), René Dreyfus (7.)
Nr. 28: Typ 59 (Nr. 59-002), Tonino Brivio (11.)

Brünn, 30. September 1934
Großer Preis der Tschechoslowakei

Neben den treuen Kunden, die die Fahne von Bugatti in Mitteleuropa hochhalten, ist die Marke auch offiziell mit zwei Wagen des Typs 59 vertreten; sie müssen aber bald aufgeben. Stuck am Steuer eines Auto Union liegt im Ziel vor dem Mercedes-Benz von Fagioli.

Nr. 2: Typ 35 B, László Hartmann (8.)
Nr. 14: Typ 51, Zdeneck Pohl (n. klass.)
Nr. 28: Typ 59, Robert Benoist (n. klass.)
Nr. 30: Typ 59, Jean-Pierre Wimille (n. klass.)
Nr. 34: Typ 35C, Pavlicek (n. klass.)
Nr. 36: Typ 35B, Frantisek Holesak (n. klass.)

Connerré, Oktober 1934
Neuer Rekord

Auf einer 6 km langen Strecke zwischen Connerré und Le Mans stellt der Triebwagen von Bugatti einen neuen Geschwindigkeitsrekord mit einem Schnitt von 185 km/h und mit einer Spitze von 192 km/h auf. Durch diese Leistung ist der Triebwagen die schnellste Lokomotive im französischen Eisenbahnnetz.

1934: Bugatti am Pariser Autosalon

Paris 4. bis 14 Oktober 1934
Die Ära des Typs 57

In ihrem Katalog vom 1. Oktober unterscheidet die Firma Bugatti zwei Modellreihen. Die neue Generation, repräsentiert vom Typ 57, steht dabei noch neben älteren Versionen, die bereits am Ende ihrer Karriere angelangt sind:

Tourenwagen

▸ Typ 57, acht Zylinder, 3,3 Liter: Limousine mit Fahrersitz innen Galibier, Coach Ventoux, Cabriolet Stelvio, Roadster Grand Raid.
▸ Typ 46, acht Zylinder, 5,35 Liter.
▸ Typ 50T, acht Zylinder mit Kompressor, 4,9 Liter.

Sportwagen

▸ Typ 55 Super Sport, acht Zylinder mit Kompressor, 2,3 Liter.
▸ Typ 50 mit kurzem Radstand, acht Zylinder mit Kompressor, 4,9 Liter.

Vier Wagen stehen an den vier Ecken des Standes von Bugatti im Autosalon: ein rotes Cabriolet Stelvio (Nr. 57-219), eine Limousine Galibier (Nr. 57-101), ein Coach Ventoux (Nr. 57-222) und der Roadster Grand Raid (Nr. 57-220).
Seit jeher stärkt Bugatti seine Verkaufspolitik durch eine direkte Verbindung zwischen Rennwagen und Straßenwagen. Deswegen besteht nun der dringende Bedarf, in der Familie des Typs 57 in dieser Hinsicht ehrgeizigere Projekte vorzulegen.

Das Cabriolet 57 Stelvio mit der Fahrgestellnummer 57-278 geht auf das Jahr 1935 zurück.

1934: Das Projekt Grand Raid

In diesem Geist zeigt der Roadster Grand Raid eine eindeutige Entwicklung hin zu mehr Sportlichkeit, obwohl er immer noch auf einem normalen Fahrgestell des Typs 57 (Nr. 57-221) ruht. Das Design (Nr. 1067) sieht umwerfend aus. Die Kopfstützen laufen in verlängerte Profile aus. Die vom Trittbrett befreiten Flanken weisen einen kraftvoll gezeichneten gelben Kometenschweif auf, während die oben eingebuchtete Tür einen Blick in das nüchterne Innere erlaubt, das hinter einem zu einem Windschutz verkleinerten Windschutzscheibe liegt. Der Roadster Grand Raid bleibt einige Zeit im Besitz der Firma, und mit ihm bestreitet der Werkspilot Robert Benoist im April 1935 das Bergrennen von Chavigny und im Juni den Grand Circuit des Vosges. Nach einer sorgfältigen Restaurierung gelangt das Auto im Jahre 2001 in die Sammlung des Museums Louwman in den Niederlanden.

Der Typ 57 Grand Raid (Nr. 57-221) auf dem Pariser Autosalon 1934.

Ein Cabriolet des Typs 57,
realisiert 1935 von der Firma
Antem.

Ein zweifarbiger, zweisitziger
Roadster (Nr. 57-217),
geschaffen von Gangloff
nach dem Design Nr. 367G,
ausgeliefert an Georges Lillaz
im Département Seine-et-Marne
(ganz unten).

Vater und Sohn Bugatti in
Montlhéry, 1935.

1935: Rennen nur an zweiter Stelle

Genf, März 1935
Die Interpretation von Worblaufen

Die Karosserieschmiede Worblaufen von Fritz Ramseier & Cie. realisiert zwei Sportcabriolets, die sich direkt vom Roadster Grand Raid ableiten. Das erste Exemplar (Nr. 57-246) ganz in Schwarz ist für Louis de Montfort bestimmt und wird am Genfer Autosalon ausgestellt. Ein zweites ähnliches Auto mit der Fahrgestellnummer 57-260 wird für Jules Aellen in Fribourg gefertigt. Die Lackierung in Hellbeige und die

verchromte Radklappe lassen das Stück etwas fantasievoller erscheinen.

Molsheim, 12. April 1935
Der erste Atalante

Das erste Faux-Cabriolet Atalante, realisiert auf dem Fahrgestell Nr. 57-252, verlässt die Werkstatt von Bugatti. Es hat ein Verdeck, das sich öffnen lässt, und eine schwarz-gelbe Lackierung. Die Zeitschrift *Omnia* vom Juni 1935 präsentiert das Modell in allen Einzelheiten. In diesem Jahr werden sechs weitere Einheiten davon gebaut (Chassis-Nr. 57-252, 57-254, 57-263, 57-267, 57-312, 57-313, 57-325). Insgesamt werden es am Ende 33 Atalante mit langem Radstand sein.

Monaco, 22. April 1935
Die Herren Engländer …

Bugatti zieht sich von den Grands Prix zurück. Dreyfus, Brivio und Nuvolari verlassen die Firma und treten in die Dienste von Alfa Romeo. Vier Rennwagen des vergangenen Jahres werden nach Großbritannien geschickt und an Earl Howe, Brian Lewis,

Das Sportcabriolet (Nr. 57-260) von Worblaufen.

Beim 24-Stunden-Rennen 1935 von Le Mans steht ein Typ 50 neben einem 51 – beide schon betagte Automobile.

Charles E. C. Martin und Lindsay Eccles ausgeliefert. Doch diese Herren verlassen nur selten ihre Insel. Nur der Erstgenannte fährt an die Côte d'Azur – allerdings vergebens. Die Rennsaison 1935 scheint noch stärker auf die Rivalität zwischen den Deutschen und den Italienern zuzusteuern. Beim ersten Zusammentreffen des Jahres siegt Mercedes-Benz vor Alfa Romeo.

Nr. 8: Typ 59, Earl Howe (n. klass.)

Le Mans, 15. und 16. Juni 1935
Eklektizismus

Abgesehen vom Typ 50, den Roger Labric zum Start gemeldet hat und den er zusammen mit Pierre Veyron fährt, ist die Marke nur durch Amateurmeldungen vertreten. Alle diese Privatinitiativen, zu denen auch ein zu einem Sportwagen umgebauter Typ 51 und ein sehr touristisch geprägtes Cabriolet vom Typ 44 gehören, enden eine nach der anderen mit der Aufgabe der Fahrer.

Nr. 2: Typ 50 Torpedo, Roger Labric/
Pierre Veyron (n. klass.)
Nr. 6: Typ 57 Torpedo, Bernard Souza-Dantas/Roger Teillac (n. klass.)
Nr. 9: Typ 44 Torpedo, René Kippeurt/
Edmond Neubout (n. klass.)
Nr. 16: Typ 55 Torpedo, Bernard Chaude/
Max Fourny (n. klass.)
Nr. 18: Typ 55 Spider, Georges d'Arnoux/
Pierre Merlin (n. klass.)

Nr. 20: Typ 35 Grand Prix, Albert Blondeau/Paul Vallée (n. klass.)
Nr. 26: Typ 51 Grand Prix, André Vagniez/
Louis Villeneuve (14)

Nürburgring, 16. Juni 1935
Unterschiedliche Typen

Einmal mehr machen die Deutschen den Großen Preis in der Eifel unter sich aus. Die drei Bugattis unterschiedlichen Typs müssen aufgeben. Caracciola in seinem Mercedes-Benz behält die Oberhand gegenüber Rosemeyer in einem Auto Union.

Nr. 15: Typ 59, Piero Taruffi (n. klass.)
Nr. 16: Typ 51, László Hartmann (n. klass.)
Nr. 21: Typ 54, Dudley Froy (n. klass.)

Montlhéry, 23. Juni 1935
Ein umgebauter Typ 59

Zum Großen Preis des ACF entsendet Bugatti nur ein einziges Auto. Der Typ 59 wird umgebaut und erhält eine Verkleidung für den Kühler, ein neues röhrenförmiges Modell. Das Vorderende wird durch einen genieteten zentralen Falz verstärkt. Der unglückliche

Robert Benoist am Steuer des Typs 59 beim Grand Prix de l'ACF.

Der erste 57 Atalante (Nr. 57-252), wie er in den Werbebroschüren auftaucht.

Dieser Typ 50 nimmt als einziger am 24-Stunden-Rennen von Le Mans 1935 teil.

Die beiden Wagen des Typs 59, die am Großen Preis von Italien 1935 teilnehmen.

Wagen ist das Opfer seiner eigenen eiligen Umrüstung. Fotografien zeigen, was schließlich geschieht: Die Motorhaube fliegt unterwegs davon, doch Robert Benoist fängt sie auf, hält sie fest und fährt so weiter … Während dieses Zwischenfalls machen die Mercedespiloten Caracciola und von Brauchitsch den Sieg unter sich aus.

Nr. 24: Typ 59 (Nr. 59-002), Robert Benoist (n. klass.)

Feltham, Juni 1935
Englische Interpretation

Der Karosseriebauer Bertelli Ltd. stellt den Roadstertorpedo »Thérèse« auf dem Fahrgestell Nr. 57-316 fertig. Die Brüder Eric und Geoffrey Giles hatten es sich von Molsheim schicken lassen.

Spa, 14. Juli 1935
Einige Punkte für die Wagen des Typs 59

Da Auto Union am Start fehlt, hat Mercedes-Benz keinerlei Mühe, das Rennen um den Großen Preis von Belgien anzuführen. Die Bugattis fahren hinterher. Jean-Pierre Wimille versucht vom Start an zu folgen, muss dann aber aufgeben. Die beiden anderen Wagen vom Typ 59 holen sich noch ein paar Wertungspunkte, hinter zwei Alfa Romeo.

Nr. 8: Typ 59, Robert Benoist (5.)
Nr. 10: Typ 59, Jean-Pierre Wimille (n. klass.)
Nr. 12: Typ 59, Piero Taruffi (6.)

Nürburgring, 28. Juli 1935
Aufgabe

Der einzige Bugatti, der um den Großen Preis von Deutschland fährt, kann vorne nicht mitmischen. Dort kämpfen die beiden deutschen Marken gegeneinander, aber schließlich siegt Nuvolari mit seinem Alfa Romeo!

Nr. 23: Typ 59 (Nr. 59-005), Piero Taruffi (n. klass.)

Bern, 25. August 1935
Zurückhaltung

Die Firma Bugatti begibt sich nicht einmal mehr zum Großen Preis der Schweiz und lässt sich vom Briten Early Howe

Der Typ 57 von Earl Howe bei der Tourist Trophy 1935.

vertreten. Im Ziel liegen zwei Mercedes-Benz (Caracciola, Fagioli) vor zwei Auto Union (Rosemeyer, Varzi). Für die anderen Teilnehmer ist da fast kein Platz mehr.

Nr. 18: Typ 59, Earl Howe (10.)

Ulster, 7. September 1935
Maßgeschneidert für die Tourist Trophy

Die beiden für die Tourist Trophy präparierten Torpedos tragen die Fahrgestellnummern der beiden Wagen, die 1934 am Pariser Autosalon ausgestellt waren: 57-219 und 57-222. Einen Monat später bekommt ein kurzes Fahrgestell des Typs 57S die Fahrgestellnummer 57-222. Darauf wird ein Renntorpedo gebaut, ähnlich wie die Wagen der Tourist Trophy, und dient während des Autosalons 1935 in der Umgebung des Grand Palais als Demonstrationsmodell.

Nr. 4: Typ 57 Torpedo (Nr. 57-219), Brian Lewis (n. klass.)
Nr. 5: Typ 57 Torpedo (Nr. 57-222), Earl Howe (3.)
Nr. ..: Typ 57 Tourer Corsica, Hugh McFerran (n. klass.)

Paris, 30. August 1935
Der letzte Wagen des Typs 55

Der letzte Bugatti 55 (Nr. 55-238) wird an einen gewissen Pierre Vogt ausgeliefert. Im Lauf der Zeit hat der Wagen nicht weniger als sieben Besitzer. Es handelt sich um ein Cabriolet mit Türen und Seitenfenstern. Das schöne Stück mit abnehmbarem Verdeck verbringt die meiste Zeit seiner Existenz in Frankreich. In den 1960er-Jahren wird es an André Binda, einen bekannten Sammler in Nizza verkauft. Er lässt das Cabriolet in einen Roadster umbauen. Danach hält sich dieser Bugatti in Japan auf, kehrt dann aber wieder nach Europa zurück. Im Februar 2004 bietet ihn das Auktionshaus Christie's im Rahmen der Rétromobile zum Kauf an.

Monza, 8. September 1935
Bugattis Rückkehr

In Deutschland und der Schweiz wird Bugatti nur noch von seinen treuen Kunden repräsentiert. Doch beim Großen Preis von Italien engagiert sich die Firma erneut. Auto Union und Mercedes-Benz teilen sich die vier ersten Plätze.

Nr. 4: Typ 59 (Nr. 59-005), Piero Taruffi (5.)
Nr. 16: Typ 59, Jean-Pierre Wimille (n. klass.)

San Sebastian, 22. September 1935
Gute Leistung

Die beiden Bugattis, die offiziell am Start zum Großen Preis von Spanien dabei sind, enttäuschen nicht. Jean-Pierre Wimille fährt hervorragend und liefert sich sogar ein spannendes Rennen mit Manfred von Brauchitsch. Dieser gewinnt und sichert Mercedes-Benz sogar den Dreifacherfolg.

Nr. 2: Typ 59 (Nr. 59-004), Jean-Pierre Wimille (4.)
Nr. 12: Typ 59 (Nr. 59-002), Robert Benoist (6.)
Nr. 30: Type .. , Genaro Leoz-Abad (n. klass.)

Der Roadstertorpedo von Bertelli auf dem Fahrgestell mit der Nummer 57-316.

1935: Ankündigung eines 57S

Die weiterentwickelte Version des Coach Ventoux, ausgestellt am Pariser Autosalon 1935.

Weiterentwicklung der Limousine Galibier im Jahre 1936.

Ein experimenteller windschlüpfiger Coach (Nr. 57-353), entwickelt im Jahre 1936.

Der Renntorpedo als Demonstrationsobjekt außerhalb des Pariser Autosalons 1935.

Paris, 3. bis 13. 1935
Das Jahr 1936

Vier Wagen und ein nacktes Fahrgestell sind am Stand von Bugatti am Autosalon zu sehen: ganz vorne, beim Zusammentreffen zweier Joche, der Prototyp des Aérolithe, links davon ein Coupé Atalante, dahinter ein Coach Ventoux und ihm zur Seite ein Cabriolet Stelvio.

Die Firmenkarosserien für alle Wagen vom Typ 57 erscheinen modernisiert. Die Kotflügel umhüllen die Räder in größerem Umfang, vorne wie hinten. Und sie sind untereinander nicht mehr durch ein Trittbrett verbunden. Die Seiten der Motorhaube sind in doppelter Reihe durchbrochen und zeigen feine Luftschlitze anstelle der früher weiter voneinander entfernten Einschnitte. Das Cabriolet Stelvio und der Coach Ventoux bekommen am Heck ein stärker gerundetes Profil. Im Inneren verändert sich die Armaturentafel: Sechs kleine Anzeigen werden zu einer ovalen Form zusammengefasst. Technische Veränderungen gibt es beim Saugrohr und beim Auspuff, was ein paar zusätzliche PS

einbringt (140 anstelle der früheren 130 PS). Die Aufhängung des Motors wird verändert durch den Einbau von Flanschen, die auf elastischen Blöcken ruhen. Vorne werden De-Ram-Stoßdämpfer eingebaut.

Für den Autosalon 1935 werden zwei sehr spezielle Wagen vorbereitet. Sie sollen die Geburt des neuen Fahrgestells 57S markieren: ein Coupé Spécial (Design Nr. 1076 vom 7. September 1935), das am Stand zu sehen ist, und ein Renntorpedo (Design Nr. 1075 vom 7. September 1935), der in der Umge-

bung des Grand Palais als Demonstrationsobjekt dient. Beide Karosserien ruhen auf einem neuen Fahrgestell des Typs 57S Compétition. Es zeichnet sich durch einen gondelförmigen Rahmen aus; der Radstand wird im Vergleich zum normalen Typ 57 von 3,30 m auf 2,98 m verkürzt.

Im Katalog vom 1. Oktober unterscheidet Bugatti zwei Modellreihen:

Tourenwagen

▶ Typ 57, acht Zylinder, 3,3 Liter, Limousine Galibier, Coach Ventoux, Cabriolet Stelvio, Coupé Atalante.
▶ Typ 46 und 50 auf Anfrage.

Sportwagen

▶ Typ 57S, acht Zylinder, 3,3 Liter.

1935: Ein »Coupé Spécial« namens Aérolithe

Die Bezeichnungen »Torpedo Compétition« (»Renntorpedo«) und »Coupé Spécial« (»Spezialcoupé«) entsprechen den Angaben auf den Blaupausen der Firma. Sie gehen auf Josef Walter zurück. Er arbeitet seit 1927 in Molsheim zwar im Schatten von Jean Bugatti, doch auch ihm verdanken wir den Bugatti-Stil. Er hat in der Fabrik ein kleines Atelier, das Monsieur Jean jeden Tag aufsucht, um die Orientierung und Vorgaben festzulegen und eigene Vorschläge zu machen.

Das Coupé Spécial ist am Stand von Bugatti am Rand eines Ganges ausgestellt. Sein Stil setzt sich gegenüber anderen zeitgenössischen Schöpfungen entschieden durch seine Nüchternheit ab. Tatsächlich zeichnet sich der französische Karosseriebau jener Zeit durch eine barocke Tendenz aus, die sich oft in manieristischem Zierrat äußert. Das Coupé von Bugatti weist keinerlei Verzierung, keine Verchromung, kein Farbenspiel auf. Der Aérolithe – ein offiziöser Name, der nur in handschriftlichen Notizen auftaucht – steht mit seinem graumetallischen fast schmuckfreien Rumpf einzigartig da. Nur genietete Falze sind vorhanden: Sie verlaufen über die vorderen und die hinteren Kotflügel, und ein medianer Falz teilt das gesamte Auto in der Mitte und reicht ununterbrochen vom Kühler bis zum Heck. Er teilt auch die Windschutzscheibe und bildet auf dem runden Dach einen deutlichen Grat. Direkt nach dem Autosalon in Paris wird der Aérolithe nach London zum Stand von Bugatti in die Olympia Hall gebracht.

Der 57S Aérolithe am Londoner Autosalon 1935.

Der 57S Aérolithe am Pariser
Autosalon 1935.

Derselbe 57S Aérolithe am
Londoner Autosalon 1935, von
vorne gesehen.

1935: Die 57 des Jahrgangs 1936

Ein 57 Atalante (Nr. 57-401)
mit durchbrochenen hinteren
Kotflügeln, 1936.

Ein Cabriolet 57C (Nr. 57-359),
realisiert von Fernandez & Darrin
für Maurice Chevalier, in
Rechnung gestellt im Mai 1936.

AKT III
SZENE 2

Jeans Höhenflug
1936–1939

Am Vorabend der Volksfrontregierung zieht sich Ettore Bugatti nach Paris zurück und lässt seinen Sohn Jean in Molsheim zurück. Er soll von nun an die Firma führen. In dieser entscheidenden Phase vergrößert sich das Angebot beim Typ 57, und die sportlichen Aktivitäten verändern sich. Doch einige Wochen vor Kriegsbeginn ist das Schicksal der Marke durch den Unfalltod des künftigen Erben bereits entschieden ...

Ein 57 Aravis (Nr. 57-732), in
Rechnung gestellt im Februar 1939
und fertig gebaut im August 1939
von Letourneur & Marchand.

1936: Von den Grand-Prix- zu den Sportwagen

Monaco, 13. April 1936
Ein neuer Einsitzer

Der Automobile Club de France (ACF) will seinen nationalen Grand Prix im folgenden Juni den Sportwagen vorbehalten wissen. Diese Entscheidung ermuntert Bugatti nicht, in einen Rennzirkus zu investieren, der von Auto Union dominiert wird, wobei Mercedes-Benz und Alfa Romeo die Rollen der Herausforderer spielen.

Die Bugatti 59 Grand Prix tauchen deswegen vorwiegend bei Rennen ohne internationale Konkurrenz in Erscheinung, besonders in Saint-Gaudain, Pau oder Deauville. Diese Wagen sind ebenso superb wie überholt. Allerdings nehmen sie doch noch an einigen größeren Rennen teil. Das erste dieser Art ist der Große Preis von Monaco. Beim Training trifft man neben zwei Wagen des klassischen Typs 59 auch ein neues Modell, das Bugatti einweihen möchte: Es handelt sich um den ersten Einsitzer der Marke, aufgebaut auf einem Fahrgestell ähnlich wie beim Typ 59. Die Karosserie behält denselben

allgemeinen Stil; vor allem die Form des Hecks bleibt unverändert. Da nur der Fahrer Platz findet, liegt das Lenkrad in der Mitte. Die Vorderfront bekommt eine neue Physiognomie, weil der emblematische flache Kühler aufgegeben wird zugunsten eines gewölbten Grills. Der Motor des Einsitzers unterscheidet sich von dem des Typs 59, weil es sich um einen Motor des 50B mit neunfach gelagerter Kurbelwelle handelt, hier in einer Version mit 4,7 Liter Hubraum.

Der neue Einsitzer erscheint während des Trainings wenig überzeugend und geht deswegen gar nicht an den Start. Seinen Platz überlässt er den zwei Wagen des Typs 59, die für diese Gelegenheit einen leistungsstärkeren Motor mit 3,8 statt 3,3 Liter Hubraum bekommen. Im Regen schafft Jean-Pierre Wimille immerhin einen Rang mit Wertungspunkten … hinter dem Mercedes-Benz von Caracciola, zwei Auto Union und zwei Alfa Romeo. Damit sind die Vorgaben gemacht für die Saison 1936 …

Der Typ 59/50B Einsitzer beim Training zum Großen Preis von Monaco 1936.

Nr. 16: Typ 59, Jean-Pierre Wimille (6.)
Nr. 18: Typ 59, William Grover »Williams« (9.)

London, 12. Mai 1936
Der Aérolithe auf Tournee

Am 12. Mai 1936 haben schon zwei Kunden eine feste Bestellung für ein »Coupé Aéro« aufgegeben, nachdem sie das Stück am Pariser und am Londoner Autosalon 1935 bewundert haben: Nicholas Embiricos und Lord Rothschild. Die Bezeichnung Coupé Aéro gilt provisorisch einer Weiterentwicklung des Aérolithe. Das definitive Fahrzeug erscheint offiziell im Katalog vom Oktober 1936 unter dem Namen »Atlantic«. In der Zwischenzeit gehen die Probefahrten weiter. Im Frühjahr 1936 fährt Robert Benoist den Wagen in Montlhéry und kommt auf einen Schnitt von über 191 km/h.

Dann taucht das Auto in England auf. Es parkt in der Queen Street in Mayfair, vor dem Sitz des Bugatti Owner's Club. Auf den Straßen Londons trägt es das Nummernschild 5265NV2. Diese alte Nummer gehört der Fabrik und geht auf das Jahr 1933 zurück. Der Aérolithe hat nun Scheibenwischer, die bei der Präsentation am Autosalon im Oktober noch fehlten. Colonel Geoffrey Morgan Giles und Peter Hampton unternehmen eine schnelle Probefahrt.

Den Bugatti-Historikern Julius Kruta und Bernhard Simon zufolge könnte dieses Auto ein zweiter Aérolithe für Probefahrten sein, denn der erste sei nur ein Prototyp für Ausstellungen gewesen. Die Fahrgestelle würden die Seriennummern 57-103 und 57-331 tragen. Pierre-Yves Laugier hingegen, der ein maßgebliches Buch über die 57 Sport veröffentlicht hat, ist der Ansicht, es handle sich um ein und dasselbe Auto (Nr. 57-331). Man kann sich hier kaum auf die offiziellen Register der Testwagen beziehen, denn die Seriennummern und die Kennzeichen wurden damals je nach Bedarf zwischen den Fahrzeugen ausgetauscht. Es steht fest, dass der berühmte Aérolithe nie verkauft wurde, und wahrscheinlich wurde er ausgeschlachtet oder verschrottet.

Montlhéry, 7. bis 15. Juni 1936
Der Panzer im Manöver

Bugatti hat sich von der Szene der Grands Prix entfernt, möchte aber im Sport noch eine herausragende Rolle spielen. Nach allem, was man weiß, steht der Grand Prix de l'ACF dieses Jahr den Sportwagen offen, und

Der Tank 57G
(Foto: Xavier de Nombel).

Zwei der drei Wagen des Typs 57G beim Grand Prix de l'ACF 1936.

es nehmen dieselben Autos daran teil wie am 24-Stunden-Rennen von Le Mans. Dieses allerdings muss wegen der vielen Streiks im Land abgesagt werden.

Im Hinblick auf den Grand Prix de l'ACF unternimmt der Rennstall von Bugatti die ersten Testfahrten seines neuen Modells 57G auf dem Rundkurs von Montlhéry. Dieses beruht auf dem Tourenwagen 57S, hat aber eine völlig neue spezielle Karosserie, einen alles umhüllenden Rumpf wie ein Monolith, stromlinienförmig mit einem langen fließenden Heck. Diese Karosserieform trägt dem Auto den Übernamen »Tank« ein, was »Panzer« bedeutet. Das Auto hat nach Bernhard Simon und Julius Kruta die Fahrgestellnummer 57-452. Zum Vergleich schickt Bugatti auch ein nicht stromlinienförmiges Arbeitstier, einen 57S mit einer summarischen Karosserie, ohne Kotflügel. Er ähnelt einem 59,

von dem er übrigens auch die Räder hat. Jean Bugatti, Robert Benoist, Jean-Pierre Wimille und Philippe de Rothschild wechseln sich gegenseitig am Steuer der beiden Autos ab. Nach einer Unterbrechung von Mittwoch bis Sonntag gehen die Probefahrten am 15. Juni weiter. An diesem Tag kommt Jean-Pierre Wimille in der Deux-Ponts-Kurve von der Straße ab, und sein Tank landet auf dem Dach.

Paris, 8. Juni 1936
Strategischer Rückzug

Nach einer langen unruhigen Zeit siegt die Volksfront bei den Parlamentswahlen vom Mai 1936. Einen Monat später haben die Arbeitnehmer die 40-Stunden-Woche und zwei Wochen bezahlten Urlaub. Trotz seiner sozialen Einstellung, von der Ettore Bugatti glaubt, sie werde von allen geschätzt, wird er von seinem Personal schlecht behandelt und von den Gewerkschaften bekämpft. Lange Zeit vor der Gründung des Front Populaire hatte er den bezahlten Urlaub eingeführt, seinen Arbeitern größere Darlehen gewährt und für schöne Wohnungen gesorgt. Sie zählen der Firmenleitung zufolge »zu den bestbezahlten der Region«.

Trotz alledem bricht im Mai in Molsheim ein Streik aus, und die Arbeiter verwehren selbst Ettore Bugatti den Zutritt zu seinem Betrieb. Er fühlt sich von ihnen ungerecht behandelt und als Opfer ihrer Undankbarkeit. Er entscheidet sich, sich so schnell wie möglich in seine Wohnung an der Rue Boissière in Paris zurückzuziehen. Jean muss somit die Firma in den drei darauf folgenden Jahren allein leiten. Diese Jahre werden sich als entscheidend erweisen. In dieser Zeit wird die Modellreihe 57 zu einem sportlichen wie kommerziellen Erfolg. Die Belegschaft der Fabrik steigt dabei auf 1500 Arbeiter.

Spa, 11. Juni 1936
Kurzer Auftritt

Das 24-Stunden-Rennen von Le Mans wird wegen der Streiks, die ganz Frankreich lähmen, abgesagt. Yves Giraud-Cabantous und Roger Labric nehmen dafür mit dem Torpedo Nr. 57-335 am 24-Stunden-Rennen von Spa-Francorchamps teil, allerdings nicht für lange Zeit, denn das Auto kommt bald in der Kurve von Stavelot von der Straße ab.

Nr. 32: Typ 57 Torpedo (Nr. 57-335), Yves Giraud-Cabantous/Roger Labric (n. klass.)

Montlhéry, 28. Juni 1936
Sportwagen beim Grand Prix de l'ACF

Nachdem das Potenzial der französischen Autobauer begrenzt ist, entscheidet der Automobile Club de France, dass sein Großer Preis dieses Jahr unter Sportwagen und nicht unter Einsitzern ausgetragen werden soll. Bugatti schickt somit seinen neuen 57G ins Rennen, von dem drei Stück kurz zuvor fertig gestellt werden. Sie tragen die Fahrgestellnummern 57-454, 57-455 und 57-456. Bugatti kontrolliert das Rennen in Montlhéry mit einem der drei Tanks, aber der zweite und der dritte Platz gehen an zwei Delahaye 135.

Nr. 82: Typ 57G Tank (Nr. 57-456), Robert Benoist/Philippe de Rothschild (13.)
Nr. 84: Typ 57G Tank (Nr. 57-455), Raymond Sommer/Jean-Pierre Wimille (1.)
Nr. 86: Typ 57G Tank (Nr. 57-454), Pierre Veyron/William Grover »Williams« (6.)

Reims, 5. Juli 1936
Bestätigung beim Grand Prix de la Marne

Eine Woche nach dem Grand Prix de l'ACF findet sich die Bugatti-Mannschaft mit den drei in Montlhéry eingeweihten Tanks in der Champagne ein. Jean-Pierre Wimille fährt

Die Wagen des Typs 59 von Benoist und Wimille beim Grand Prix du Comminges 1936.

dasselbe Auto (Nr. 57-455); man erkennt es an den Luftschlitzen, die an den senkrechten Flächen der Kotflügel höher angesetzt sind als bei den beiden anderen Tanks. Dieser 57G gewinnt aus denselben Gründen wie zuvor das Rennen.

Nr. 12: Typ 57G Tank (Nr. 57-455),
Jean-Pierre Wimille (1.)
Nr. 14: Typ 57G Tank (Nr. 57-454),
Pierre Veyron (4.)
Nr. 44: Typ 57G Tank (Nr. 57-456),
Robert Benoist (2.)

Marseille, 23. Juli 1936
Sportliche Ambitionen

Gaston Descollas, Bugattis Agent in Marseille, verkauft den Atalante Nr. 57-432 mit dem Motor Nr. 315 an Charles Olivero. Der Uhrmacher und Juwelier wählt ein Coupé mit einem abnehmbaren Dach, eine Besonderheit, die nur bei vier Wagen zu finden ist. Es handelt sich dabei eher um einen Tourenwagen, aber der neue Besitzer zögert nicht, seinen Atalante auch bei sportlichen Prüfungen einzusetzen. Er nimmt 1938 an der Rallye Monte Carlo und am Rennen Liège-Rom-Liège teil, im darauf folgenden Jahr auch an der Rallye des Alpes. Bei diesen Rennsportereignissen bilden die Brüder Charles und Jean Olivero für gewöhnlich ein Gespann.

Der 57 Atalante Nr. 57-432, der die Firma im Juli 1936 verlässt.

Nürburgring, 26. Juli 1936
Isolation

Auf der anderen Seite des Rheins vereinnahmt das Dritte Reich das sportliche Leben. Hitlers Wut, als er sieht, wie Luz Long seinem schwarzen amerikanischen Rivalen Jesse Owens gratuliert, verdunkelt die Olympischen Spiele in Berlin.

Die Nazipropaganda hat natürlich auch schon den Autosport erreicht. Die Dominanz der Deutschen soll die Überlegenheit des Dritten Reichs gegenüber den anderen Nationen zum Ausdruck bringen. Den Großen Preis von Deutschland gewinnt Rosemeyer mit einem Auto Union, und selbst Mercedes-Benz kann ihm nicht gefährlich werden. Der einzelne Bugatti 59 war nicht nur chancenlos, sondern auch zur Aufgabe gezwungen.

Nr. 34: Typ 51, Walter Rens (n. klass.)
Nr. 36: Typ 59, Jean-Pierre Wimille (n. klass.)

Saint-Gaudens, 9. August 1936
Ehrenrunde

Der Typ 59 weckt bei nationalen Wettbewerben noch Illusionen. Robert Benoist (Nr. 16) und Jean-Pierre Wimille (Nr. 18) nehmen am Grand Prix du Comminges teil. Ihre Autos erhalten dazu am vorderen Teil des Fahrgestells eine windschlüpfige Verkleidung. Der Erstgenannte muss aufgeben, aber der zweite Wagen gewinnt.

Bern, 23. August 1936
Auflösungserscheinungen

Nachdem der Mercedes-Benz W25 beim Training dank der besten Rundenzeit Hoffnungen geweckt hat, muss er am Ende doch aufgeben und überlässt das Siegerpodest einmal mehr der Firma Auto Union. Die Auflösung in der Firma Bugatti spiegelt übrigens wider, wie oft ihre Wagen aufgeben mussten.

Nr. 22: Typ 59, Jean-Pierre Wimille (n. klass.)
Nr. 24: Typ 59, Earl Howe (n. klass.)

1936: Die ersten 57S

London, 24. August 1936
Insel der Schönheit

Die Karosseriewerkstätte Corsica Coachworks Ltd., benannt nach einer Straße im Londoner Stadtteil Highbury, fertigt eine Karosserie für das Fahrgestell 57S, in Auftrag gegeben und maßgeschneidert für Nicholas Embiricos. Am 24. August trifft das Fahrgestell beim Londoner Importeur ein, und eine Woche später wird der Roadster dem Herrenfahrer ausgeliefert. Die Karosserie für dieses Fahrgestell mit der Nummer 57-375/S wirkt sehr rudimentär, mit schmalen Schutzblechen, ohne jede Sorge um Ästhetik … und auch nicht um eine Stromlinienform. Nicholas Embiricos nimmt 1936 mit seinem 57S erstmals an der Tourist Trophy teil. Die sieben weiteren Karosserien von Corsica für den 57S sehen etwas mehr nach Tourenwagen aus …

Molsheim, 27. August 1936
Die vorläufigen 57S Atalante

Schon bald träumt man bei Bugatti davon, eine sportliche Version auf der Grundlage des Typs 57 zu entwickeln. Schon seit 1935 steht das Modell 57S im Katalog, doch das Projekt konkretisiert sich erst im darauf folgenden Sommer. Die am Fahrgestell angebrachten Modifikationen bewirken, dass die Silhouette bereits der ersten 57S Atalante verändert erscheint. Die Mittellinie der Motorhaube erscheint deutlich abgesenkt, um die Aggressivität und Sportlichkeit des Atalante zu betonen. Der flache Kühlergrill wird von oben gesehen V-förmig. Der 57S wird im Vergleich zum normalen 57 um mehr als 30 cm kürzer. Dank des anders befestigten Fahrwerks ist der ganze Wagen abgesenkt. Die Hinterachse geht durch die Längsträger hindurch und liegt nicht mehr darunter. Der 57S erhält De-Ram-Stoßdämpfer mit durchbrochenen Armen. Vorne stützen sie sich auf den Motorblock und

nicht auf das eigentliche Fahrgestell. Der Motor verfügt über eine Trockensumpfschmierung und ist in zwei Versionen zu bekommen: mit oder ohne Kompressor. Zu Ende Sommer 1936, zwischen dem 27. August und dem 11. September, setzt die Karosseriewerkstatt von Bugatti die drei ersten Coupés des Atalante auf diese Fahrgestelle des Typs 57S. Die drei Wagen werden vor der offiziellen Präsentation des Modells im Rahmen des Pariser Autosalons an ihre Käufer ausgeliefert. Man erkennt diese drei Vorläufermodelle anhand ihrer zu weit oben montierten Scheinwerfer. Sie sind oberhalb der Wangen des Kotflügels befestigt. Dieser Fehler wird bei den folgenden Exemplaren korrigiert – und am Ende auch bei den drei Vorläufern.

Nr. 57-373/S: verkauft an J. Homan van der Heide in Maarsen, Niederlande, über die Firma Albatros in Amsterdam.
Nr. 57-383/S: verkauft an Kurt Fischer in Buttikon, Schweiz über die Firma Bucar SA in Zürich.
Nr. 57-384/S: verkauft an Marcel Bertrand in Toulon, Frankreich, über den Konzessionär Gaston Descollas in Marseille.

Belfast, 5. September 1936
Tourist Trophy

Nicholas Embiricos nimmt an der Tourist Trophy auf dem Rundkurs von Ards bei Belfast mit dem Torpedo Nr. 57-375/S teil, den er von Corsica Coachworks hatte bauen lassen. Aber die Geschichte geht schon in der zweiten Runde durch ein unglückliches Zusammentreffen mit einem Delahaye zu Ende …
Nr. 16: Type 57S Torpedo (Nr. 57-375/S), Nicholas Embiricos (n. klass.)

Der erste 57S Atalante mit der Fahrgestellnummer 57-383/S.

Der erste 57S von Corsica (Fahrgestell Nummer 57-375/S) war ein Renntorpedo, gebaut im Auftrag von Nicholas Embiricos.

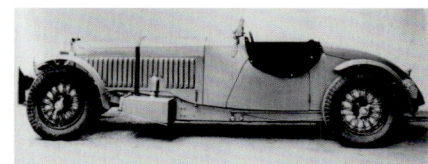

Der 57SC (Nr. 57-374/S) nach dem Verlassen der Fabrikhallen im September 1936. Im Hintergrund erkennt man die Tierplastiken von Rembrandt Bugatti.

Ein Angestellter der Firma posiert sichtlich stolz vor dem ersten Atlantic!

1936: Die Geburt des Atlantic

Molsheim, 2. September 1936
Der erste Atlantic

Nathaniel Mayer Victor Rothschild, dritter Lord aus der Dynastie der Rothschilds, wartet geduldig auf den 2. September 1936, um den ersten von vier Atlantic in Besitz zu nehmen, das Stück mit der Nummer 57-374/S. Es ist metallisch blaugrau lackiert mit blauen Ledersitzen. Das Chassis des 57S besitzt parallele und nicht mehr wie beim Aérolithe gondelförmige Längsträger. Die

Zulassungsnummer des Wagens ist DGJ758. Dieser Atlantic beruht auf der Designstudie 1076 bis, die sich von der des Aérolithe in folgenden Punkten unterscheidet: Kühlergrill V-förmig, Motorhaube abgesenkt, Scheinwerfer tiefer montiert, Luftschlitze an der Basis der Windschutzscheibe, Schlitze am oberen Rand der Türen. Die Ausstellfenster an den Seiten werden später eingebaut.

Nach Kriegsende, aber noch vor der Verschiffung in die USA, wird dieser Atlantic rot lackiert, erhält eine Stoßstange und eine verlängerte Verkleidung für die Scheinwerfer. Bis 1971 bleibt das Auto im Besitz von Robert R. Oliver. Aber der alte Herr braucht das gute Stück nur wenig und leiht es Briggs Cunningham, um es in dessen Museum in Costa Mesa auszustellen. Bei einer Auktion von Sotheby im Jahre 1971 gelangt das Auto in den Besitz von Peter Williamson. Der große Sammler aus New Hampshire lässt diesen 57-374/S in den Originalzustand zurückversetzen. Das Auto tritt beim Concours d'Élégance in Pebble Beach 2003 in Erscheinung und gewinnt die Auszeichnung »Best of Show«.

1936: Nahaufnahme des Atlantic

Der erste Atlantic, der reinste von allen.

Der Roadster 57S mit der Fahrgestellnummer 57-385/S, Pariser Autosalon 1936.

1936: Die 57 des Jahrgangs 1937

Paris, 1. bis 11. Oktober 1936
Der 57S als Star des Autosalons

Der offizielle Katalog von Bugatti führt nun vier Modellreihen auf, die vier unterschiedlichen Niveaus der Sportlichkeit entsprechen: Tourenwagen (Typ 57) und Gran Turismo (Typ 57S)

▶ reines Fahrgestell.
▶ Coach Ventoux.
▶ Limousine Galibier.
▶ Cabriolet Stelvio.

Der 57S Atalante (Nr. 57-451/S) auf dem Pariser Autosalon.

▶ Coupé Atalante.
Sport (Typ 57S) und Grand Sport (Typ 57SC)
▶ reines Fahrgestell.
▶ Coupé Atalante.
▶ Limousine Atlantic.
▶ Roadster.

Am Bugattistand des Autosalons 1936 verdeutlichen fünf Wagen das Angebot: ein zweifarbiger Coach 57 Ventoux mit nur zwei Seitenfenstern, ein zweifarbiges Cabriolet 57 Stelvio, ein schwarzes Coupé 57S Atalante (Nr. 57-451/S), der experimentelle Roadster 57S (Nr. 57-385/S) und ein Tank 57G als Rennwagen (Nr. 57-455?).

Bugatti zeigt also dem Pariser Publikum zwei größere Neuheiten. Beide beruhen auf dem neuen Fahrgestell 57S: ein experimenteller Roadster und das Coupé Atalante.

Der Roadster 57S des Salons, der ein Einzelstück bleiben wird, ähnelt nicht dem Wagen, der im Verkaufsprospekt abgebildet ist. Die hellgrüne Karosserie ruht auf dem Chassis Nr. 57.385/S und ist nach dem Designmuster 1082 vom 16. August 1936 gebaut. Es handelt sich eindeutig um ein sportliches, spartanisches Modell: Es hat keine Türen und begnügt sich mit einer Windschutzscheibe. Sie ist fein eingefasst, in der Mitte zweigeteilt, und die beiden Teile sind V-förmig zueinander angeordnet. Die Kotflügel verhüllen die Räder vollständig; vorne bewegen sie sich mit dem Lenkeinschlag der Räder mit. Der Roadster wird für den Genfer Autosalon 1937 verändert und sieht nun wie im Katalog aus. Der Atlantic, der im selben Katalog aufscheint, wird im Grand Palais nicht gezeigt. Der schwarze 57S Atalante des Autosalons 1936 (Nr. 57-451/S) ist das erste öffentlich ausgestellte Exemplar dieser Modelllinie, die 17 Einheiten umfassen wird, darin eingeschlossen die drei ersten im August und September fertig gestellten und ausgelieferten Wagen. Das Exemplar des Autosalons wird nach der Ausstellung im Grand Palais über die Garage P. Monestier & Cie. in Lyon an einen Arzt in der Ardèche verkauft, Dr. Jacques Kocher. Im Gegensatz zu den drei ersten 57S des Sommers, die man an ihren hoch oben befestigten lang gezogenen Scheinwerfern erkennt, hat dieses Auto wie alle späteren Scheinwerfer der Marke Scintilla die Form flacher Schalen. Sie sind tiefer unten angebracht, direkt oberhalb der Stoßstangen.

Die folgenden dreizehn 57 S Atalante tragen diese Fahrgestellnummern: 57-/472/S, 57-481/S, 57-492/S, 57-502/S, 57-511/S, 57-523/S, 57-542/SC, 57-543/S, 57-551/S, 57-552/S, 57-562/S, 57-573/S, 57-592/S. Ihre

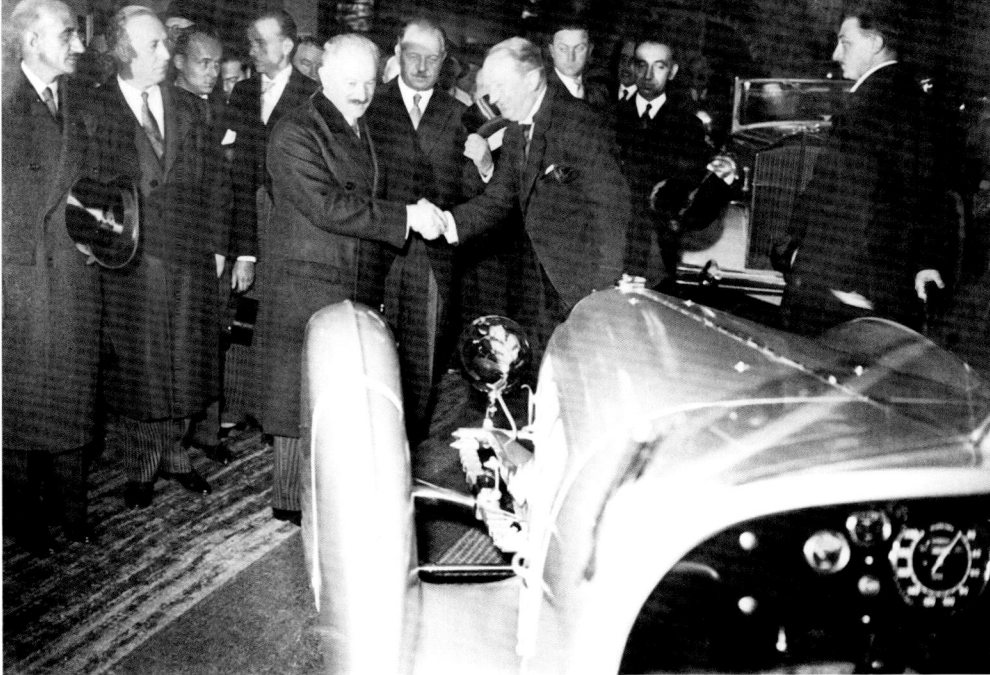

Auslieferung erstreckt sich von Dezember 1936 bis Februar 1938.

Von den insgesamt 17 Stück des Typs 57S Atalante verlässt nur eines die Fabrik mit einem Kompressor (Nr. 57-542/SC). Das ist somit der einzige originale 57SC. In der ganzen Reihe gibt es auch nur einen einzigen Wagen mit einem Dach, das vollständig geöffnet werden kann, mit dem Heckfenster: die Nr. 57-384/S. Ein zweites Auto besitzt ein Dach, das man teilweise öffnen kann, ohne das Heckfenster jedoch: die Nr. 57-481/S.

Molsheim, 3. Oktober 1936
Der zweite Atlantic

Der zweite Atlantic (Fahrgestellnummer 57-453/S) ist kurz vor dem Autosalon in Paris fertig und wird zunächst von der Firma genutzt, nicht nur für Testfahrten in den Händen von Robert Benoist, sondern auch für offizielle Fotos, die an die Presse gelangen und die in der Werbung verwendet werden. Im Grand Palais wird das Auto nicht gezeigt. Den ersten Blick darauf können die Besucher des Autosalons in Nizza im April 1937 werfen. Die elegante Yvonne Williams, die Frau des Piloten William Grover und selbst

Der Typ 57 Galibier in der für das Jahr 1937 modernisierten Form.

Die Bugatti-Mannschaft nach den Rekorden von Montlhéry im Oktober 1936.

Der 59/50B von Jean-Pierre Wimille bei der Coupe Vanderbilt 1936.

allem den Sechs-Stunden-Rekord schlagen. Die ersten 200 Meilen legen sie mit einem Schnitt von 205,560 km/h zurück, die ersten 500 Kilometer mit 201,980 km/h, die ersten 500 Meilen mit 204, 390 km/h, die 1000 Kilometer mit 203,440 km/h. In sechs Stunden legt der 57G 1225,404 km zurück, was einem Schnitt von 204,230 km/h entspricht. Und das ist Rekord!

New York, 12. Oktober 1936
Coupe Vanderbilt

Die Amerikaner erwecken die Coupe Vanderbilt wieder zum Leben, der seit 1916 nicht mehr ausgetragen wurde. Die deutschen Mannschaften treten auf dem Roosevelt Raceway nicht an, dafür nehmen die Rennställe von Alfa Romeo, Maserati und Bugatti die Anstrengung auf sich, den Atlantik zu überqueren. Für Bugatti bedeutet das eine Rückkehr zur internationalen Szene, denn die Firma hat im September nicht am Großen Preis von Italien teilgenommen, weil sie um ihre Unterlegenheit im Vergleich zu den deutschen Silberpfeilen weiß. Bugatti setzt den Einsitzer von Monaco ein, allerdings mit verändertem und erhöhtem Heck, um einen größeren Benzintank darin unterzubringen. Jean-Pierre Wimille wird in den Vereinigten Staaten Zweiter zwischen zwei Alfa Romeo R 12C-36 mit Nuvolari bzw. Brivio am Steuer. Die einzigen Siege, die der Typ 59 in der Rennsaison 1936 einfährt, gelingen in Comminges und Deauville – allerdings ohne echte Gegner.

Züchterin von Scottish Terriern, tritt bei den Werbeaufnahmen mit dem Auto in Erscheinung. Tageweise bekommt der Atlantic eines der amtlichen Wechselkennzeichen, über die Bugatti verfügt: 9219NV2, 5800NV3 oder 1421NV4.

Dieser zweite Atlantic ist schwarz lackiert und kombiniert im Innenraum schwarze Stoffe und schwarzes Leder. Im Vergleich zum Auto von Rothschild zeigt er einige Besonderheiten. An den hinteren Kotflügeln liegt ein Steinschlagschutz, und an den Seitenfenstern sind für eine bessere Belüftung kleine Öffnungen angebracht. Man weiß nicht, was nach Kriegsbeginn mit diesem Atlantic geschieht. 1941 wird er in Bordeaux eingemottet und später ohne Zweifel zerstört. Lange Zeit verwechselte man das Stück mit dem Exemplar von Jacques Holzschuch. Pierre-Yves Laugier hat das nach langer Recherche widerlegen können. Der Atlantic Nr. 57-453/S steht nämlich vom 8. bis 18. April 1937 im Autosalon von Nizza, während der Wagen von Holzschuch (Nr. 57-473/S) mit dem Kennzeichen 3924RK7 zur gleichen Zeit, genauer gesagt am 31. März 1937, am Concours d'Élégance in Juan-les-Pins teilnahm.

Montlhéry, 10. Oktober 1936
Neuer Rekord!

Robert Benoist weiß um die Schnelligkeit des 57G. Seine Höchstgeschwindigkeit zeigte er beim Grand Prix de l'ACF. So lässt Benoist den Rundkurs von Montlhéry für sich reservieren, um mehrere Rekorde zu brechen. Zusammen mit Pierre Veyron will er vor

Der letzte Atlantic (Nr. 57-453/S)
bei Außenaufnahmen für die
Werbebroschüre, mit Yvonne
Williams, 1936.

Molsheim, 11. Dezember 1936
Der dritte Atlantic

Der dritte Atlantic (Nr. 57-473/S), schwarz
wie der zweite, aber innen mit Naturleder
und beigefarbenen Stoffen, wird an einen
gewissen Jacques Holzschuch in Paris ausgeliefert. Äußerlich unterscheidet er sich
von seinen beiden Vorgängern durch die
vordere Stoßstange, die Blinker ganz oben
auf den Kotflügeln, die stromlinienförmi-
gen verchromten Scheinwerfer an den Kotflügeln, einen dritten Scheinwerfer in der
Mitte und zwei zusätzliche Nebelleuchten.
Die Accessoires tragen den Schriftzug von
Hermès. Lange Zeit wurden die beiden Wagen Nr. 57-453/S und 57-473/S miteinander verwechselt. Der Automobilhistoriker
Pierre-Yves Laugier konnte allerdings beweisen, dass zwei getrennte Wagen nebeneinander existierten. Der Atlantic 57-473/S
wird 1946 in Monaco angemeldet, dann
1949 nach Cannes verkauft. Er geht von
Hand zu Hand, bis er mit René Chatard wieder nach Paris zurückkehrt. Nach dem Krieg
wird sein Heck umgebaut.
Am 22. Juni 1955 erleidet das Auto bei einem
Bahnübergang in der Nähe von Gien einen
Totalschaden, und die beiden Insassen kommen bei dem Unfall ums Leben. Paul-André

Berson holt das Wrack 1965 aus der Vergessenheit und versucht einen ersten Wiederaufbau. Dann übernimmt Michel Seydoux
und vertraut die Restaurierung André Lecoq
an. Dieser wiederum stützt sich auf die Fach-
kenntnisse von Paul Bouvot, Paul Bracq und
Bernard Brulé, alle drei Designer bei Peugeot. 1981 ist dieser Atlantic in der Form
wiederhergestellt, die er zum Zeitpunkt des
Unfalls hatte.

Der dritte Atlantic beim Concours
d'Élégance in Juan-les-Pins,
März 1937.

1937: Karosserieschneider am Werk

Die Alternative zum Atalante:
Das Coupé 57S von Gangloff
(Nr. 57-532/S).

Der zum Sportwagen
umgerüstete 59 beim Grand
Prix de Pau, Februar 1937.

Colmar, 21. Januar 1937
Der 57S, gesehen von Gangloff

Der Karosseriebauer Gangloff produziert für das Fahrgestell 57S insgesamt nur fünf Karosserien: drei Coupés und zwei Cabriolets. Zwei der drei Coupés von Gangloff (Nr. 57-471/S und 57-532/S) unterscheiden sich von den 57 Atalante der Fabrik in der Behandlung des Hecks. Es zeigt im unteren Teil nicht dessen umhüllende runde Form. Die Kotflügel erscheinen stärker fliehend und verlängert. Die Verbindung zwischen dem Innenraum und dem Kofferraum hinten ist ausgeglichener als bei den Werkskarosserien. Im Verlauf der ersten drei Monate des Jahres 1937 entstehen bei Gangloff drei Wagen:

▶ Nr. 57-471/S: zweisitziges Coupé, ausgeliefert durch die Agentur Fouquernie Leyda in Toulouse, heute im Museum in Mulhouse.
▶ Nr. 57-501/S: dreisitziges Coupé mit einem Heck ähnlich wie bei den Firmenkarosserien, ausgeliefert in Auxerre im März 1937, seit 2001 im Besitz von Sir Michael Kadoorie in Hongkong.
▶ Nr. 57-532/S: zweisitziges Coupé, ausgeliefert durch den Vertreter in Niort, von 1948 bis 1951 im Besitz des Sängers Georges Ulmer, seit 1993 in der Sammlung Y. Meijer in den Niederlanden.

Pau, 21. Februar 1937
Anpassungen

Um am Grand Prix de Pau, der Sportwagen offen steht, teilnehmen zu können, werden zwei Bugattis für diese Klasse umgerüstet. Der erste ist einer jener wenigen 57S, die als ausgesprochen sportliche Fahrzeuge entstanden sind. Den Wagen kauft Raymond de Saugé eine Woche zuvor (Nr. 57-522/S). Den rudimentären Rumpf aus Aluminium baut der Karosserieschneider Louis Dubos in wenigen Tagen. In dasselbe Rennen schickt Bugatti einen Typ 59 (Nr. 59-428), der durch den Einbau von Scheinwerfern und Kotflügeln zu einem Sportwagen umgebaut wird. Jean-Pierre Wimille gewinnt das Rennen mit diesem Auto; anschließend wird es an König Leopold von Belgien verkauft.

Genf, Februar 1937
Der modifizierte Roadster

Der Roadster des Pariser Autosalons 1936 (Nr. 57-385/S) kehrt in die Fabrik zurück, um nach dem Design Nr. 1082 umgestaltet zu werden. Die vorderen Kotflügel werden konventioneller. Sie sind nunmehr unbeweglich und über eine breite Verkleidung, an der die Scheinwerfer befestigt sind, mit dem Fahrgestell verbunden. Das Auto wird auf dem Genfer Autosalon gezeigt, dann am 12. März 1937 in das Département Haute-Savoie verkauft.

Im November erwirbt es André Derain. 1952 bekommt das Fahrgestell eine zeitgenössischere, aber auch gewöhnlichere Karosserie vom Handwerker Turesi. Eine Kopie des Roadsters in der ursprünglichen Form wie am Autosalon 1936 steht im Behring Museum in Kalifornien.

Ein 57S Atalante, ausgeliefert in Paris im Februar 1937.

London, 1. März 1937
Die 57S von Corsica

Nach dem sportlichen spartanischen Roadster für Nicholas Embiricos vom Sommer 1936 realisiert die Firma Corsica vier stärker touristisch geprägte Karosserien mit abnehmbarem Verdeck:

► Nr. 57-491/S: ein zweisitziges Cabriolet, ziemlich konventionell, bestellt vom Herrenfahrer T.A.S.O. Mathieson.
► Nr. 57-503/S: ein viersitziger Tourenwagen, mit seinen oben ausgeschnittenen Türen sehr viel britischer aussehend.
► Nr. 57-512/S: ein weiterer viersitziger Tourenwagen in einem ähnlichen Stil.

Der Roadster des Pariser Autosalons nach dem Umbau.

Der 57S (Nr. 57-531/S) von Malcolm Campbell mit der Karosserie von Corsica, 2003 in den Straßen von Carmel.

Nizza, 8. bis 18. April 1937
Ein Atlantic am Autosalon

Der zweite Atlantic mit der Nummer 57-453/S wird erst für Werbezwecke fotografiert und unternimmt dann eine Promotion Tour. Er ist am Autosalon in Nizza zu sehen, und das ist die einzige offizielle Gelegenheit, bei der man einen Atlantic zu sehen bekommt. In Paris wird er nie zu bewundern sein.

Paris, 30. April 1937
Die 57S von Vanvooren

Der Karosseriebauer Vanvooren realisiert im Frühling drei Cabriolets auf dem Fahrgestell 57S. Ihre ziemlich klassischen Linien heben die Sportlichkeit des Chassis nicht wirklich hervor.

▶ Nr. 57-482/S: Cabriolet, ausgeliefert an den großen Kunstliebhaber Georges Halphen. 1999 gelangt der Wagen in die Sammlung Samuel Mann, USA.

▶ Nr. 57-513/S: ein Cabriolet nach demselben Muster

▶ Nr. 57-571/S: das dritte Cabriolet mit denselben allgemeinen Formen wie die beiden Vorgänger. Die Karosserie zeigt allerdings zu viel Verzierung nach der Art von Figoni & Falaschi (Zierleiste auf der Motorhaube, Flamme auf dem Scheibenschutz der Hinterräder). Sie wird im September 1937 ausgeliefert.

Der 57S Atlantic (Nr. 57-453/S) beim Autosalon in Nizza 1937.

▶ Nr. 57-531/S: ein Roadster für Malcolm Campbell, den Mann der vielen Geschwindigkeitsrekorde. Das Modell hat nur zwei Sitze, ist aber in einem ähnlichen Stil gehalten wie die drei vorhergehenden Wagen.

Ein Cabriolet 57S (Nr. 57-513), ausgeliefert von Vanvooren im März 1937.

Tunis, 16. Mai 1937
Der Typ 59 in Sportversion

Neuer Auftritt für den zu einer Sportversion umgerüsteten 59 mit Scheinwerfern und Kotflügeln. Auch hier übernimmt Jean-Pierre Wimille die Aufgabe, das Monster mit der Nr. 8 im Rennen zu zähmen.

Paris, Mai 1937
Viele Veränderungen für einen Typ 51

Beim Start zum Rennen Paris-Nizza präsentiert sich ein merkwürdiges Auto. Es zeigt die Züge eines 57 Atlantic, aber die Proportionen … eines Typ 51 Grand Prix! Dieser eigenartige Zwitter entsteht auf Initiative eines gewissen André Bith, eines jungen reichen Erben jener Familie, die ihre Grundstücke in Javel an André Citroën verpachtet! André Bith besitzt einen Typ 51 Grand Prix, die Nr. 51-133 von Louis Chiron. Auf dieses Fahrgestell möchte er eine komfortablere geschlossene Karosserie im Stil des Atlantic setzen! Der Karosseriebauer Louis Dubos (7–9 Rue de Sablonville, Paris 17e) soll den Auftrag übernehmen. Das hellblau lackierte Auto wird gerade für das Rennen Paris–Nizza fertig und nimmt unter der Nr. 44 daran teil. Es kommt gerade mal 300 km weit und gibt dann seinen Geist auf, nicht aber, ohne die Zuschauermengen zu beeindrucken! Die sportliche Karriere des 51-133 geht damit zu Ende und macht einer mondänen Platz: Auftritt zunächst am Pariser Autosalon am Stand von Louis Dubos, dann beim Concours d'Élégance an der Porte d'Auteuil am 19. Juni 1938. Für diese Gelegenheit wird das Auto »südseeblau« lackiert.

Nach dem Krieg gelangt das Auto in die Vereinigten Staaten und erleidet dort einen Unfall. Der große Sammler Jack Nethercutt bekommt das Chassis in die Hände und lässt ihm eine falsche Grand-Prix-Karosserie aufsetzen. Die ursprüngliche Karosserie als Coupé wird von einem anderen Sammler erworben und schmückt schließlich die Replik eines Chassis vom Typ 51. Damit sind zwei

Der 51 (Nr. 51-133), den Louis Dubos umbaute, präsentiert 2003 in Pebble Beach.

Autos jeweils zur Hälfte falsch! Im Jahre 1999 bekommt Nethercutt auch das zweite Auto in seine Hände. Nun wird es möglich, die Dubos-Karosserie wieder auf das Originalchassis zu setzen. 2003 ist das Coupé wieder vollständig und wird in Pebble Beach gezeigt.

Colmar, 11. Juli 1937
Ein einzigartiges Cabriolet von Gangloff

Pierre-Edgar Bosc bestellt am 23. November 1936 ein Cabriolet des Typs 57S. Der Stoffhändler hat Ansprüche: Er möchte, dass sein Auto so aussieht wie das Cabriolet, das Gangloff im Oktober 1936 (Design Nr. 3616) schuf, aber mit dem Heck des fabrikeigenen Coupés Atlantic. Ferner wünscht er eine eingebaute Ablage für die Kleider. Durch das Hin und Her zwischen Bugatti, Gangloff und Bosc wird das Cabriolet erst am 11. Juni ausgeliefert. Pierre-Edgar Bosc ist aber unzufrieden wegen mehrerer Vorkommnisse mit Flammenrückschlag und trennt sich im September von seinem Wagen mit der Nr. 57-533/S!

Ein einzigartiges Cabriolet 57S (Nr. 57-533/S) von Gangloff, ausgeliefert im Juni 1937.

1937: Erster Sieg in Le Mans

Das experimentelle Modell 54S 45 beim Training zum Grand Prix de l'ACF.

Die beiden Wagen des Typs 57G beim 24-Stunden-Rennen von Le Mans, Grafik von Geo Ham.

Ein Cabriolet 57 Stelvio, gebaut im Juli 1937 (Foto: Xavier de Nombel).

Le Mans, 19. und 20. Juni 1937
Die Offensive des Tanks

Bugatti meldet zwei der drei Tanks 57G an, die für den Grand Prix de l'ACF 1936 hergerichtet wurden. Neben diesen beiden Fahrzeugen sieht man auch den 57S, den Louis Dubos für Raymond de Saugé mit einer Karosserie versehen hatte und der schon im Februar am Grand Prix de Pau teilnahm. Leider muss der Wagen aufgeben, denn sein Schaltgetriebe streikt. Einem alten Torpedo des Typs 44 geht es nicht besser. Der Tank von Labric/Veyron gibt in der 130. Runde seinen Geist auf. Es ist eine glückliche Fügung, dass der einzige überlebende Bugatti in diesem Rennen auch triumphiert, an dem die französischen Konstrukteure seit jeher eine glänzende Figur machen. Der Tank von Robert Benoist und Jean-Pierre Wimille ist derselbe, der 1936 auch den Grand Prix de l'ACF und den Grand Prix de la Marne gewonnen hat. Er setzt sich hier gegenüber zwei Delahaye 135 Sport und dem wunderbaren Delage D6-70 Sport mit einer Karosserie von Figoni & Falaschi durch. Die Peugeot 402 Darl'Mat belegen die Plätze 7, 8 und 10.

Nr. 1: Typ 57G (Nr. 57-456), Roger Labric/ Pierre Veyron (n. klass.)
Nr. 2: Typ 57G (Nr. 57-455), Robert Benoist/ Jean-Pierre Wimille (1.)
Nr. 18: Typ 57S Roadster (Nr. 57-522/S), Raymond d'Edrez de Saugé/Genaro Leoz-Abad (n. klass.)
Nr. 20: Typ 44 Torpedo, René Kippeurt/ René Poulain (n. klass.)

Montlhéry, 4. Juli 1937
Kurzer Auftritt

Beim Training zum Grand Prix de l'ACF sieht man einen neuen Rennwagen, den Typ 57S 45. Die alles einhüllende Karosserie ist im Vergleich zum 57G abgesenkt und weiter verfeinert. Aber die Kotflügel und deren Zwischenverbindung sind stärker abgesetzt und liegen tiefer. Der 57S 45 ruht möglicherweise auf einem Fahrgestell des Typs 57G von 1936. Doch er enthält einen Motor 50B: 4431 cm³ (84 x 100 mm) mit neunfach gelagerter Kurbelwelle. Der Wagen bekommt für das Rennen die Nummer 16, nimmt dann aber doch nicht daran teil.

Genf, 17. Juli 1937
Ein Schweizer Sportwagen

Über den Bugatti-Agenten in Genf, Jean Séchaud, wird ein Chassis des Typs 57S (Nr. 57-361/S) an einen gewissen Louis de Montfort ausgeliefert, hinter dem sich Prinz Louis Napoléon Bonaparte verbirgt. Ein Schweizer Handwerker versieht es mit einem rudimentären Rumpf im selben Stil wie beim 57-522/S. Der Prinz nimmt damit an mehreren Schweizer Rennen teil: am Bergrennen Rheineck–Walzenhausen–Lachen im Juni 1938, am Großen Preis von Bremgarten bei Bern im August 1938 und 1939, am Bergrennen Casaccia–Maloja–Kulm im September 1938 und 1939, am Bergrennen Valangin–Vue des Alpes in Juni 1939 und am Bergrennen Develier–Les Rangiers im Juli 1939. Von Ghia–Aigle bekommt das Fahrgestell eine neue Karosserie als Coupé und wird anschließend am Genfer Autosalon 1952 ausgestellt.

Colmar, 13. August 1937
Das zweite Cabriolet von Gangloff

Ein zweites Cabriolet 57 mit der Fahrgestellnummer 57-563/S verlässt die Werkstatt von Gangloff. Es unterscheidet sich

sehr deutlich vom Cabriolet, das Pierre-Edgar Bosc (Nr. 57-533/S) in Auftrag gegeben hatte, denn sein Heck ist zugespitzt und die hinteren Kotflügel sind fliehend angelegt wie bei den beiden Coupés 57S derselben Firma (Nr. 57-471/S und 57-532/S). Philippe Lévy, der Leiter der Firma Grands Moulins Strasbourg, kauft das Stück. 1952 emigriert es in die Vereinigten Staaten, um sie nie wieder zu verlassen. Ralph Lauren nimmt es 1984 in seine Sammlung auf.

Montlhéry, 27. August 1937
Wer bekommt die Million?

Der Automobile Club de France will das Interesse der französischen Autobauer an einer Disziplin wach halten, an der sie mehr und mehr das Interesse verlieren, und setzt dafür einen Preis aus. Es geht darum, vor dem 31. August 1937 die Durchschnittsgeschwindigkeit zu schlagen, die ein Mercedes-Benz auf dem Rundkurs von Montlhéry 1935 erreichte, nämlich 146,508 km/h. Das Preisgeld beläuft sich auf eine Million Francs. Drei Marken entscheiden sich zu einer Teilnahme: Bugatti, Delahaye und SEFAC. Bugatti bestimmt dazu seinen Einsitzer, der beim Großen Preis von Monaco 1936 für kurze Zeit zu sehen war. Die Karosserie ist verändert, am Heck erhöht, runder, mit einem Profil hinter der Kopfstütze. Der Hubraum des Motors vom Typ 50B wird auf 4,5 Liter reduziert, um sich an die Bestimmungen zu halten.

Das Cabriolet 57S (Nr. 57-562/S), realisiert 1937 von Gangloff, heute in der Sammlung Ralph Lauren.

Ein Cabriolet von Letourneur & Marchand auf dem Chassis Nr.57-587.

Das Cabriolet 57S von Gangloff, mit Verdeck.

Der unglückliche Einsitzer beim Grand Prix du Million.

1937: Die Typ 57 des Jahres 1938

Ein 57C Stelvio des Jahres 1938 (Nr. 57-707) mit einer Karosserie von Gangloff, hergestellt im Juni 1938 (Foto: Xavier de Nombel).

Der im Oktober 1937 nach England ausgelieferte 57 S Atalante (Nr. 57- 573/S), auf dem Bild in Pebble Beach im Jahre 2003.

Ein Cabriolet 57 (Nr. 57-505) mit einer Karosserie der tschechischen Firma Sodomka.

Paris, 7. bis 17. Oktober 1937
Willkommene Verbesserungen

Am Eröffnungstag empfängt Ettore Bugatti den Staatspräsidenten Albert Lebrun an seinem Stand, an dem vier Modelle ausgestellt sind: eine Limousine Galibier, ein Coach Ventoux, zwei Coupés Atalante (ein Typ 57 und ein Typ 57S). Im Katalog vom 1. Oktober unterscheidet Bugatti weiterhin vier Modellreihen:
Tourenwagen (Typ 57) und Gran-Turismo-Wagen (Typ 57C)
▶ Limousine Galibier.
▶ Coach Ventoux.
▶ Cabriolet Stelvio.

▶ Coupé Atalante.
▶ reines Fahrgestell.
Sportwagen (Typ 57S) und Grand Sport (Typ 57SC)
▶ Coupé Atalante.
▶ Coach Atlantic.
▶ reines Fahrgestell.

Am Autosalon wird die Reihe 57S von einem Atalante (Nr. 57-573/S) mit modernisierter Frontpartie repräsentiert, denn die Scheinwerfer sind in eine stromlinienförmige Verkleidung integriert. Drei weitere Coupés, die zwischen Juli und September entstehen, zeigen dieselbe Besonderheit: Nr. 57-551/S, 57-552/S und 57-562/S. Der Atlantic ist im Katalog vom Oktober 1937 zwar

noch enthalten, wird aber im Salon nicht gezeigt. Die Wagen des Typs 57 weisen für das Jahr 1938 mehrere Verbesserungen auf: hydraulische Bremsen von Lockheed, hydraulische Teleskopstoßdämpfer der Marke Allinquant. Um diese Neuheit zu integrieren, muss man das Design der vorderen Kotflügel verändern und die Verankerung des Kotflügels auf der Höhe des Kühlers um ungefähr 20 Zentimeter anheben.

Eine Limousine Galibier des
Jahres 1938.

Ein Coach 57 Ventoux
(Nr. 57-506) des Jahres 1937.

Ein besonderer Coach mit
windschlüpfiger Karosserie
(Nr. 57-535) vom Juni 1938. Er
bleibt zwei Jahrzehnte lang im
Besitz des Unternehmens. Im
Jahre 2003 nimmt er mit seinen
beiden originalen Grüntönen am
Concours von Pebble Beach teil.

1938: Der letzte Atalante

Der Roadster 57S (Nr. 57-593/S) von Geoffrey Morgan Giles, Karosserie von Corsica, von der Seite gesehen, April 1938.

Derselbe Wagen in Dreiviertelansicht von hinten.

London, 7. März 1938
Das letzte Stück

Der Lieutenant-Colonel Wyndham Sorel, der Konzessionär von Bugatti in London, übernimmt den letzten der 17 Atalante mit firmeneigener Karosserie. Es ist das einzige Stück, das 1938 die Fabrik in Molsheim verlässt. Das Coupé 57-592/S unterscheidet sich von den vier vorhergehenden Atalante durch die Lage der Scheinwerfer, die nicht in die Karosserie integriert sind, und durch zwei Reihen senkrechter Luftschlitze an den Seiten der Motorhaube – anstelle von Gittern. Dieses letzte Stück ist für einen britischen Arzt bestimmt.

Pau, 10. April 1938
Anfänge eines Rennfahrers

Der Grand Prix de Pau steht erneut echten Grand-Prix-Rennwagen offen. Mercedes-Benz ist präsent, aber zur allgemeinen Überraschung und zur Befriedigung des national gesinnten Publikums gewinnt ein Delahaye 145. Die Firma Bugatti ist nur durch Privatwagen des Typs 51 vertreten und hält sich im Hintergrund. Immerhin legt hier ein Anfänger namens Maurice Trintignant seine ersten Runden zurück …

London, 21. April 1938
Ein Meisterwerk von Corsica

Nach einem Rennwagen 1936 und vier Cabriolets mit zurückklappbarem Verdeck 1937 baut die Firma Corsica Coachworks Ltd. eine sechste Karosserie für das Fahrgestell 57S, ihr absolutes Meisterwerk, den

Roadster 57-593/S. Eric Giles entwirft die Karosserie für seinen Bruder Geoffrey Morgan Giles. Der zweisitzige sehr schlichte Roadster zeigt ein silberfarbenes Motiv, das beim Kühler beginnt, sich auffächert und an der Vorderseite der Tür am breitesten wird. Die restliche Karosserie ist blau lackiert. Neben dem Heck stehen die beiden Kotflügel wie die Auftriebskörper eines Auslegerbootes. Die Polster im Inneren bestehen aus braun gefärbtem Krokoleder. Das Fahrgestell wird am 23. Februar an Corsica ausgeliefert. Acht Wochen später ist die Karosserie fertig, und das Auto bekommt die Zulassungsnummer GU7. John Mozart kauft später das wundervolle Stück und lässt es schwarz lackieren. Beim Concours in Pebble Beach 1998 erhält es den Ehrentitel »Best of Show«.

Cork, 23. April 1938
Der Einsitzer in der 3-Liter-Version

Nach zehn Jahren der freien Formel wird der Hubraum der Grand-Prix-Rennwagen nunmehr auf 3 Liter für aufgeladene Motoren und auf 4,5 Liter für Motoren ohne Kompressor begrenzt. Der erste 3-Liter-Bugatti hat weit weg vom heimischen Elsass entfernt seinen ersten Auftritt, auf der Insel Cork, gefahren von Jean-Pierre Wimille (Nr. 18). Die Grundlage des Wagens bildet das Chassis

des einsitzigen Typs 59, wie es in Monaco, bei der Coupe Vanderbilt 1936 und beim Grand Prix du Million 1937 zum Einsatz kam. Der Motor des Typs 50B mit neunfach gelagerter Kurbelwelle ist der Formel entsprechend auf 3 Liter begrenzt und besitzt dafür einen Kompressor: 2988 cm³ (78 x 78 mm). Es handelt sich dabei um die Variante 50B III. Der Einsitzer verwendet die »ewige« Bugatti-Lösung mit Starrachsen, vorne mit Halbelliptik-, hinten mit Viertelelliptikfedern. Eine kräftige Strebe ist weit vorne an der Karosserie verankert.

Die Karosserie sieht bis auf einige Details der der Jahre 1936/37 ähnlich: Das Kühlergitter liegt weiter vorne und umschließt auch den Ölkühler und teilweise auch die Vorderachse. Das Heck wird neu gestaltet und nimmt das Profil der Kopfstütze auf. Wimille muss frühzeitig aufgeben, aber Dreyfus rettet die Ehre Frankreichs mit einem Sieg in einem Delahaye.

Der Bugatti Typ 59/50B 3 Liter, Detail der Radaufhängung vorne.

Der neue Typ 59/30B III 3 Liter in Cork, April 1938.

1938: Der letzte Atlantic

London, 3. Mai 1938
Ein vierter Atlantic

Der vierte und letzte Atlantic (Nr. 57-591/S) wird am 3. Mai 1938 über die Bugatti-Agentur in London an Richard B. Pope ausgeliefert. Die blau lackierte Karosserie ist um 12 mm angehoben. Richard Pope sorgt sich um die Frischluft im Innenraum und lässt oberhalb der Windschutzscheibe kleine verschließbare Öffnungen und an den Seiten große Ausstellfenster anbringen. Der rechte Scheibenwischer ist oberhalb der Windschutzscheibe angebracht, und auf den Kotflügeln stehen stromlinienförmige Scheinwerfer.

Der 57-591/S bleibt lange Zeit in England, wo er erst in den Besitz von Barrie Price (1967), dann von Anthony Bamford (1977) übergeht. 1981 gelangt er in die Sammlung von Tom Perkins in San Francisco, und der verkauft ihn 1988 an Ralph Lauren. Dieser Atlantic ist stärker mitgenommen, als er aussieht und wird bei Paul Russell einer grundlegenden Restaurierung unterworfen. Der Eschenholzrahmen ist stark beschädigt und wird ersetzt. Der Motor wird neu aufgebaut, wobei die Kolben unverändert bleiben. Die Armaturentafel bekommt ihr ursprüngliches Aussehen zurück, und die Alukarosserie bleibt erhalten. Leider lässt Ralph Lauren, sonst ein großer Ästhet, den Wagen schwarz lackieren.

Danach werden alle Atlantic, die auf unserem Planeten aufblühen, nur noch apokryphe Kopien sein. Die Seltenheit dieses Modells, seine Rätsel und Tragödien und vor allem seine einzigartige Schönheit rechtfertigen alle Abkömmlinge, auch die des exzellenten dänischen Karosseriebauers Erik Koux!

Der vierte und letzte Atlantic mit der Chassis-Nummer 57-591/S in seiner ursprünglichen blauen Lackierung.

Der 57S Atlantic in der
Sammlung Ralph Lauren
(Foto: Xavier de Nombel).

Die schwarze Lackierung gefällt
dem bekannten Modemacher.
(Foto: Xavier de Nombel).

EXK 6

Der Atlantic von Ralph Lauren,
fotografiert auf seinem
Grundstück auf Long Island
(Foto: Xavier de Nombel).

1938: Endzeit

Der einsitzige 3-Literwagen vor dem Start zum Grand Prix de l'ACF 1938 (rechte Seite oben).

Der Wagen 57-248, umgerüstet für den Gebrauch auf der Straße. Später wird er an Leopold von Belgien verkauft (rechte Seite unten, Foto: Xavier de Nombel).

Auf dem Pariser Autosalon 1938 taucht das Cabriolet Stelvio mit einer schlanker wirkenden Karosserie auf.

Prescott, 15. Mai 1938
Bergrennen

Auf Betreiben seines Sekretärs und Schatzmeisters Eric Giles organisiert der Bugatti Owner's Club sein erstes Bergrennen, den Prescott Speed Hill Climb. Es ist für Clubmitglieder reserviert.

Tripoli, 15. Mai 1938
Ausflug nach Libyen

Für den Großen Preis meldet Bugatti Jean-Pierre Wimille mit dem Einsitzer der Coupe Vanderbilt an, nunmehr aber mit profiliertem Heck. Drei Mercedes-Benz liegen unangefochten an der Spitze und versperren anderen den Weg dorthin.

Nr. 62: Typ 59/50B, Jean-Pierre Wimille (...)

Reims, 3. Juli 1938
Grand Prix de l'ACF

Der einsitzige 3-Liter-Wagen von Cork startet erneut beim Grand Prix de l'ACF. Nur vier Wagen halten bis zum Ziel durch: drei Mercedes-Benz W154 und ein vereinsamter Talbot T150. Bugatti ist nicht mit von der Partie.

Nr. 22: Typ 59/50B, Jean-Pierre Wimille (n. klass.)

London, 23. Juli 1938
Die letzten der Linie

Die beiden letzten Chassis des Typs 57S, das 41. und das 42., erhalten im Juni bzw. Juli eine Karosserie bei Corsica. Beide sind Coupés, aber sie unterscheiden sich ziemlich deutlich:

▶ Nr. 57-601/S: ein zweisitziges Coupé mit unangenehmem Profil. Es wird bei einem Unfall in den Fünfzigerjahren beschädigt, dann bei einem Brand vollends zerstört. Das Wrack dient später als Grundlage für eine Replik des Roadsters von Geoffrey Giles.

▶ Nr. 57-602/S: ein zweisitziges eleganteres Coupé, realisiert nach einem Entwurf des Karosseriebauers Vanden Plas, heute im Museum in Mulhouse.

Paris, 6. bis 16. Oktober 1938
Ende des 57S

Im Katalog vom 13. Oktober, der auch für den Autosalon gilt, behält Bugatti nur noch zwei Modellreihen bei, nämlich den Typ 57 mit oder ohne Kompressor. Der 57S und seine Variante SC mit Kompressor sind nicht mehr zu bekommen. Auch das Angebot an firmeneigenen Karosserien wird verringert. Die Limousine Atlantic, das Coupé Atalante

Der Typ 57 Galibier auf dem Pariser Autosalon 1938.

und der Coach Ventoux verschwinden. Dafür wird ein neues zwei- oder dreisitziges Cabriolet aufgenommen, der Aravis.

▸ Tourenwagen
Typ 57 (acht Zylinder, 3,3 Liter)
Der Typ bleibt weiterhin verfügbar, sei es als reines Fahrgestell oder in einer von drei Karosserieformen: als vier- oder fünfsitzige Limousine Galibier, als viersitziges Cabriolet Stelvio und als zwei- oder dreisitziges Cabriolet Aravis.
▸ Gran Turismo
Typ 57C (acht Zylinder, 3,3 Liter mit Kompressor)
Als vier- oder fünfsitzige Limousine Galibier, als viersitziges Cabriolet Stelvio und als zwei oder dreisitziges Cabriolet Aravis.

Dieses sehr britisch wirkende Cabriolet schuf der Karosseriebauer James Young auf dem Fahrgestell Nr. 57-787.

Diese Limousine 57 (Nr. 57-770) ohne Mittelsäule geht auf die Firma Veth in Arnhem zurück.

1938: Der Typ 57 im Jahre 1939

Die Limousine Galibier des Jahres 1939 behält ihre einige Monate zuvor aktualisierte Karosserie. Nur die Frontpartie wird modernisiert, indem man die Scheinwerfer in die vorderen Kotflügel integriert. Auch das viersitzige Cabriolet Stelvio wird verändert und bekommt ein durch verlängerte Kotflügel stärker fliehendes Heck mit spitz zulaufendem Kofferraum. Bei zweifarbigen Karosserien geschieht die farbliche Teilung längs der Gürtellinie bis ganz zum Heck und nicht mehr längs einer Kurve, die vor dem hinteren Kotflügel nahe dem Boden endet. Die Luftschlitze an den Seiten der Motorhaube sind nun waagrecht wie beim Galibier und beim Aravis.

Die zwei- oder dreisitzigen Aravis gehören zu den seltensten und begehrtesten Modellen der 57er-Reihe. Ihre Linie ist sehr ähnlich der des neuen Cabriolet Stelvio, besonders hinten. Aber der Aravis erscheint schlanker, besonders bei geschlossenem Verdeck, weil das Cockpit kürzer ausfällt. Nur zehn Stück werden davon gebaut, die meisten von der Firma Letourneur & Marchand, ferner drei weitere bei Gangloff.

Hier die vollständige Liste:

► Nr. 57-692: Cabriolet von Letourneur & Marchand, schwarz, innen rot, ausgestellt erst am Pariser Autosalon 1938, dann im Geschäft an der Avenue Montaigne, schließlich für Werbefotos verwendet.

► Nr. 57-693: Cabriolet von Letourneur & Marchand, metallicblau, im Oktober 1938 fertig gestellt, verkauft an einen Herrn Bazoge.

Der Tourenwagen von Vanden Plas auf dem Chassis Nr. 57-541/S von 1937, präsentiert im Jahre 1992 beim Wettbewerb »Automobiles Classiques et Louis Vuitton« in Bagatelle.

Ein Cabriolet ist unter den zahlreichen Karosserien des Schweizers Hermann Graber, die auf dem Fahrgestell des Typs 57 ruhen.

- ▶ Nr. 57-710: Cabriolet von Gangloff, Ende 1938 ausgeliefert an einen Herrn Rey.
- ▶ Nr. 57-713: Cabriolet von Letourneur & Marchand, ausgeliefert am 24. Februar 1939 an die Agentur Noll in Düsseldorf.
- ▶ Nr. 57-732: Cabriolet von Letourneur & Marchand, blau lackiert, innen rot, fertig gestellt am 15. August 1939.
- ▶ Nr. 57-734: Cabriolet von Letourneur & Marchand, nach Deutschland ausgeliefert.
- ▶ Nr. 57-738/C: Cabriolet von Letourneur & Marchand, ausgeliefert am 30. Dezember 1938 an die Vertretung Zeiner & Schmidt in Berlin.
- ▶ Nr. 57-768: Cabriolet von Gangloff.
- ▶ Nr. 57-798: Cabriolet von Gangloff.
- ▶ Nr. 57-826/C: Cabriolet von Letourneur & Marchand, am 2. Mai 1939 in Belgien ausgeliefert.

London, Oktober 1938
Die 57S von Vanden Plas

In der Olympia Hall zeigt die Firma Vanden Plas einen Tourenwagen auf dem Chassis des 57S aus dem vergangenen Jahr. Es handelt sich um einen von zwei Wagen, die der Londoner Karosserieschneider auf dieser mechanischen Grundlage fertigt:

- ▶ Nr. 57-541/S: viersitziger Tourenwagen mit an der Oberkante ausgeschnittenen Türen, im reinsten britischen Stil gehalten, ausgeliefert im April 1937.
- ▶ Nr. 57-572/S: zweisitziges Cabriolet, ausgeliefert im September 1937. Leider hat es eine zu hohe und zu steil gestellte Windschutzscheibe. Das Stück befindet sich heute in Mulhouse.

Das Coupé 57C (Nr. 57-784/C) wird im Dezember 1938 als reines Fahrgestell geliefert und erhält seine Karosserie von Vanvooren.

Ein Cabriolet 57C (Nr. 57-825/C) von Letourneur & Marchand 1939, präsentiert 1993 am Concours Automobiles Classiques et Louis Vuitton in Bagatelle.

Die Limousine Nr. 57-739, die Figoni & Falaschi im Februar 1939 auf einem Fahrgestell des Typs 57 bauen (Foto: Xavier de Nombel).

Der erste Aravis.

1939: Eleganz und Üppigkeit

New York, Januar 1939
Der französische Pavillon

Die USA feiern den 150. Jahrestag ihrer Demokratie und der Wahl ihres ersten Präsidenten mit einem großen Fest für die Moderne. The World of Tomorrow – so lautet das Thema dieser viel versprechenden Weltausstellung in New York. Die Welt von Morgen! Französische Eleganz wird von einigen Karosseriebauern gezeigt, etwa Letourneur & Marchand oder Figoni & Falaschi. Die Kunst der Karosserie führt auch ein Bugatti 57C Atalante (Nr. 57-766) vor. Er verlässt den Kontinent nicht mehr und wird viel später, am 3. Juni 2007, von Christie's in Greenwich, in Connecticut, für 825 500 Dollar versteigert.

Genf, März 1939
Unerwarteter Manierismus

Die Firma Gangloff hat eigene Stilisten, die sich auch einige Fantasien erlauben. So bekommt ein Typ 57C (Nr. 57-749/C), der im November 1938 die Firma verlässt, eine besondere Behandlung. Sein Stil zeigt eine Üppigkeit, die man eher bei Saoutchik oder Figoni & Falaschi, den Meistern der barocken Karosserie in Frankreich, vermuten würde. Das Cabriolet bricht unter der üppigen Verzierung schier zusammen, was ungewöhnlich ist für einen Bugatti. Es wird erst am Genfer Autosalon ausgestellt und dann an den französischen Juwelier Charles Olivero ausgeliefert.

Dieses Stück versteigert die Firma Bonhams

& Butterfield am 13. August 2004 in Carmel Valley im eleganten Rahmen des Quail Lodge Resort. Der erzielte Preis von 1 930 000 Dollar stellt einen Rekord für einen Wagen des Typs 57 dar. Käufer ist der niederländische Sammler Frans Van Haren. Das Cabriolet bekommt seine Pastelltöne zurück: hellgrau die Kotflügel, elfenbeinfarben der Korpus der Karosserie. Es wird einer der Stars beim Concours d'Élegance in der Villa d'Este im April 2005.

Levallois-Perret, März 1939
Renaissance

Der 57S Atalante Nr. 57-543/S, den Jean-Pierre Dreyfus im Juni 1937 übernommen hatte, wird zu einem großen Teil bei einem Brand zerstört. Der neue Besitzer, Roger Taillac, will dem Stück aber neues Leben geben. Er lässt ihm von Paul Née eine neue Karosserie mit abnehmbarem Verdeck schneidern. Das Auto ist heute im Museum in Mulhouse zu sehen.

Paris, 11. März 1939
Wieder aufgetauchter Royale

Der Neffe von Raymond Patenôtre, des Wirtschaftsministers in der Regierung Daladier, kauft den Royale (Nr. 41-111), der Henry Esders gehört und der von Binder eine neue Karosserie als Stadtcoupé bekommen hatte. Leider haben die ungeschickten Proportionen nichts mit der Eleganz des Coupés Napoléon zu tun.

La Turbie, 13. April 1939
Ein neuer Einsitzer

In der Familie der 59er mit einem Motor des Typs 50B wird ein völlig neuer Einsitzer gebaut. Seine Karosserie sieht deutlich moderner aus als die der 3-Liter-Version von 1938 und weist besonders einen schönen geneigten und gewölbten Kühlergrill auf. Er umhüllt auch die Radaufhängung, sodass keine Federn mehr zu sehen sind. Die Technik allerdings hat sich kaum weiterentwickelt. Dieses Auto erlebt seine Feuertaufe beim Bergrennen von La Turbie.

Der 57C Atalante (Nr. 57-766/C), wie er 1939 an der Weltausstellung in New York gezeigt und 2007 von Christie's versteigert wurde.

Der 57S (Nr. 57-543/S) mit der neuen Karosserie von Paul Née (Foto: Xavier de Nombel).

1939: Die Kunst der Kopie

Teheran, 21. April 1939
Ein Geschenk für den Schah

Erbprinz Mohammad Reza Pahlavi, der künftige persische Schah, heiratet Fawzieh, die Schwester von König Faruk von Ägypten. Das Ereignis zieht alle Mächtigen dieser Welt an, und jede Nation will die andere mit einem noch großzügigeren Geschenk übertreffen: Großbritannien schickt Flugzeuge, Deutschland einen weißen Mercedes-Benz, die Vereinigten Staaten einen klimatisierten Wohnwagen ... Die französische Regierung, repräsentiert von General Maxime Weygand, zögert nicht. Der Emissär überbringt einen Kristallservice von Baccarat mit Gold und Diamanten und ein außergewöhnliches Automobil, das stellvertretend steht für das Savoir-Faire des französischen Handwerks. Lange Zeit sorgte dieses Geschenk für Verwirrung. Auf den ersten Blick deutet alles darauf hin, dass die Karosserie von Figoni & Falaschi stammt, denn dessen Linien stimmen mit denen des Delahaye 165 vom selben Karosseriebauer überein, der auf dem Pariser Autosalon 1938 zu sehen ist. Doch bei genauerem Hinsehen wird deutlich, dass der Rumpf nicht so gebaut ist wie bei Figoni üblich. Die Trittbretter und die Kotflügel sind angestückt und nicht in den Rumpf integriert. Dieses Verfahren verrät auch die Identität des Karosseriebauers: Es handelt sich um die Werkstatt Vanvooren, ein respektables Haus, das allerdings vor einer fast unlösbaren Aufgabe stand: Es sollte laut Auftrag die Kreation eines Konkurrenten genau kopieren, sie aber dem Fahrgestell eines Bugatti 57C (Nr. 57-808/C) anpassen. Eine persische Delegation verfolgt Tag für Tag die Entstehung dieses Wagens, der »tango-rot« lackiert wird. Die Abgesandten überprüfen jeden Herstellungsschritt in Courbevoie und kümmern sich um die gewünschte Geheimhaltung. Um Zeit zu gewinnen, reist das Auto auf dem Straßenweg in den Iran, in einem innen gepolsterten Lastwagen, und nicht auf dem Seeweg.

Der persische Schah verwendet den einzigartigen Bugatti nur wenig, und der Kaiserhof entledigt sich im Jahre 1957 des ungeliebten Fahrzeugs. Der Bugatti verbleibt lange Zeit in einer amerikanischen Sammlung im Nordosten des Landes. Am 10. März 2001 wird er von der Firma RM Auctions in Amelia Island, Florida, für umgerechnet 1 408 000 Euro versteigert. So gelangt er in das Museum Petersen in Kalifornien.

Der 57C (Nr. 57-808/C) von Vanvooren ... im Stil von Figoni.

1939: Ruhm und Tragödie

Niort, 28. April 1939
Zweites Leben

Es kommt in der Automobilgeschichte nicht selten vor, dass man auf Wagen stößt, die mehrere Existenzen führten. Durch den Willen ihrer jeweiligen Besitzer ändern sie ihr Aussehen vollständig. Das ist zum Beispiel bei einem Typ 44 (Nr. 44-713) der Fall, der von der Firma Tirbois im Département Deux-Sèvres am Vorabend des Zweiten Weltkriegs eine neue Karosserie bekommt.

Montlhéry, 7. Mai 1939
Erneuter Auftritt für den Einsitzer

Der Einsitzer, der in La Turbie (Nr. 50-180) eingeweiht wurde, nimmt an der Coupe de Paris teil und wird von Jean-Pierre Wimille gefahren.

Luxemburg, 4. Juni 1939
Letzte Munition

Jean-Pierre Wimille nimmt mit dem für Rennzwecke umgerüsteten Typ 59 mit integrierten Scheinwerfern, verstrebten Kotflügeln und an der Seite festgemachtem Ersatzrad am Grand Prix du Luxembourg teil.

Der neue Einsitzer Nr. 50-180 bei der Coupe de Paris.

Le Mans, 17. und 18. Juni 1939
Zweiter Sieg

Bugatti meldet für das 24-Stunden-Rennen von Le Mans nur einen Wagen an. Der Schein trügt: Der Tank von 1939 unterscheidet sich von dem der Jahre 1936 und 1937. Das neue Auto verwendet nicht mehr das Fahrgestell

Der gezähmte 59 in Luxemburg, Juni 1939.

Pierre Veyron und Jean-Pierre Wimille vor ihrem Tank 57C beim 24-Stunden-Rennen von Le Mans 1939.

Delage D6-70, den Delahaye 135 Compétition und den Talbot Lago T150 SS. Der Bugatti ist nicht der schnellste, macht aber Platz um Platz wett, weil Konkurrenten ausfallen. In der Morgendämmerung beginnt der Delahaye von Mazaud und Mongin zu brennen. Am frühen Morgen fliegt der Talbot von Luigi Chinetti und T.A.S.O. Mathieson von der Straße. Dann bekommt der Delage an der Spitze, gefahren von Gérard und Monneret, seinerseits mechanische Probleme, wird langsamer und muss den Bugatti definitiv ziehen lassen.

des 57S mit kurzem Radstand, da dieses Modell im Katalog nicht mehr auftaucht. Die mechanische Basis bildet vielmehr ein Chassis 57C mit einem Radstand von 3,30 m – wie bei den Serienmodellen. Die leichtere Karosserie ist gut für die Spitzengeschwindigkeit und die Stabilität auf diesem Kurs, der eine lange Gerade umfasst. Der Tank 57C wird von einem aufgeladenen Motor angetrieben, der bei 5000 U/min 200 PS leistet. Damit erreicht der Wagen auf der 5 km langen Geraden von Hunaudières, zwischen den Kurven von Tertre-Rouge und Mulsanne, 230 km/h. Vom Start an ist das Rennen eine rein französische Angelegenheit zwischen den

Nr. 1: Typ 57C Tank, Pierre Veyron/ Jean-Pierre Wimille (1.)

Prescott, Juli 1939
Rennen für einen Debütanten

Jean-Pierre Wimille fährt wieder den Einsitzer mit dem Motor 50B (Nr. 50-180). Für diese enge Bergstrecke bekommt der Bugatti Nr. 1 hinten Zwillingsräder. Trotzdem erweist sich der Einsitzer von Raymond Mays, der sich in den englischen Hügeln auskennt, als wendiger und erzielt die beste Zeit beim Bergrennen von Prescott Hill.

Der Typ 57C beim 24-Stunden-Rennen von Le Mans 1939.

Der für den Grand Prix du Comminges 1939 zum Sportwagen umgerüstete Einsitzer 59.

Der Typ 59/50B beim Bergrennen von Prescott Hill 1939.

Entzheim, 11. August 1939
Jean Bugatti stirbt

Am Abend will Jean Bugatti den 57 testen, der am 3. September 1939 am Grand Prix de la Baule teilnehmen soll. In der Abenddämmerung startet er zu einem Hochgeschwindigkeitstest auf einem Stück der Route Nationale zwischen Duppigheim und Entzheim. Auf der Geraden erreicht der Tank fast 200 km/h, als Jean Bugatti plötzlich einen Radfahrer am Straßenrand sieht. Er reißt das Steuer herum und verliert die Kontrolle über das schwere Auto.

Ettore Bugatti verliert seinen wertvollsten Mitarbeiter.

Saint-Gaudens, 6. August 1939
Grand Prix du Comminges

Jean-Pierre Wimille tritt mit einem sehr speziellen 59 an. Er ist zu einem Sportwagen umgebaut mit angesetzten Kotflügeln und einer Verkleidung, die auch die Scheinwerfer und den gewölbten Kühlergrill integriert. Die neue Variante bekommt Hydraulikbremsen, aber der 4,5-Liter-Motor funktioniert ohne Kompressor. Mit diesem Zweisitzer mit der Nummer 10 beendet Jean-Pierre Wimille das Rennen an zweiter Stelle hinter einem Talbot mit Le Bègue am Steuer.

Ein Cabriolet 57C (Nr. 57-804) des Jahres 1939.

Der Typ 64, der auf den 57 hätte folgen sollen, fotografiert im Jahre 1956.

1939: Kriegsbeginn

Molsheim, August 1939
Der Typ 64 als Nachfolger des 57

Von Januar 1937 an hatte Jean Bugatti an einem neuen Modell gearbeitet, das die Nachfolge des Typs 57 antreten sollte. Dieser Typ 64 weist zahlreiche Verbesserungen auf, besonders bei der Struktur und der Kraftübertragung. Das Chassis ist aus einer Leichtmetalllegierung (Duralumin), und der

Künstlerische Vision für den Typ 64.

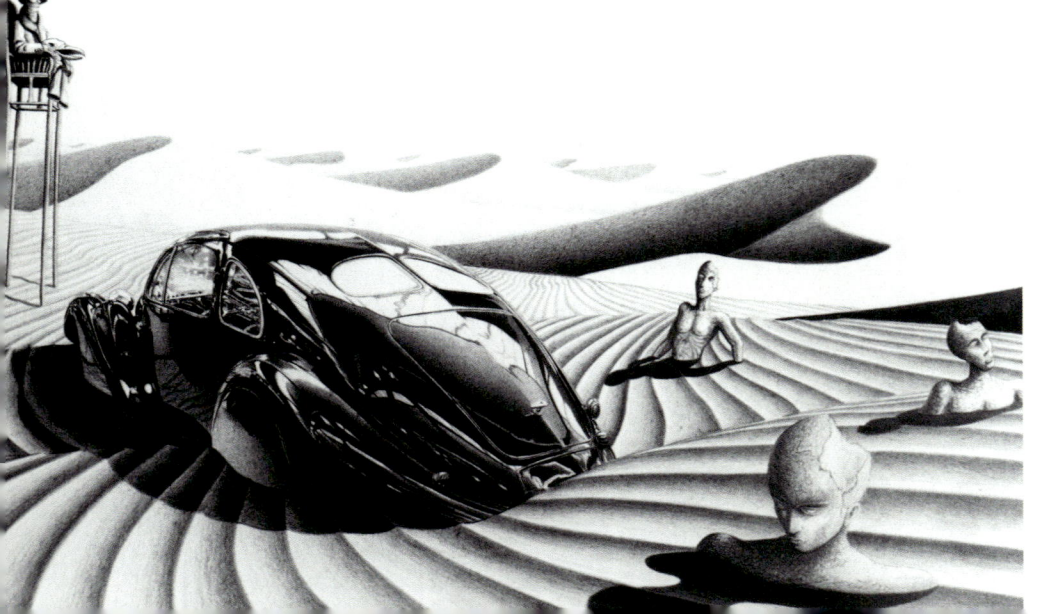

Prototyp bekommt ein elektromagnetisches Schaltgetriebe von Cotal.

Berlin, 14. November 1939
Der 57 gesehen von Voll & Ruhrbeck

Das Klima zwischen Frankreich und Deutschland ist gespannt, als die Agentur Noll in Düsseldorf den Bugatti 57C mit der Nr. 57-819/C geliefert bekommt. Es handelt sich um eines der allerletzten Exemplare, die das Werk vor dem Ausbruch des Zweiten Weltkriegs verlassen. Das Fahrgestell wird sogleich an die Firma Voll & Ruhrbeck in Charlottenburg im Südwesten Berlins gesandt. Der Karosseriebauer, der seit 1920 besteht, gilt als guter Handwerksbetrieb, aber nicht als besonders kreativ – ganz im Gegensatz zu seinem deutschen Konkurrenten Erdmann & Rossi. Voll & Ruhrbeck entwirft ein lang gestrecktes, zu langes Cabriolet mit abnehmbarem Verdeck. Trotzdem wirkt die Karosserie elegant durch die

Kotflügel, die die Hinterräder verbergen. Die Frontpartie hingegen wirkt beschwert durch eine Chromkaskade, die drei Viertel des hufeisenförmigen Kühlergrills verdeckt. Den Bugatti fährt die norwegische Eiskunstläuferin und Olympiasiegerin Sonja Henie.

Kurz vor Kriegsausbruch konfiszieren die polnischen Behörden den Wagen. In den Sechzigerjahren kann er diskret den Ostblock verlassen und gelangt in den Westen.

Dort führt aber Spekulation dazu, dass die Originalkarosserie ersetzt wird durch die Kopie eines Atlantic. Im Jahre 2002 übernimmt der bedeutende amerikanische Sammler James Patterson den Wagen und bringt das Chassis Nr. 57-819 und die ursprüngliche deutsche Karosserie wieder zusammen – gerade rechtzeitig, um am Concours in Pebble Beach im Jahre 2006 teilnehmen zu können.

Das Cabriolet 57C (Nr. 57-819/C), realisiert von Voll & Ruhrbeck, präsentiert beim Concours d'Élégance in der Villa d'Este 2007.

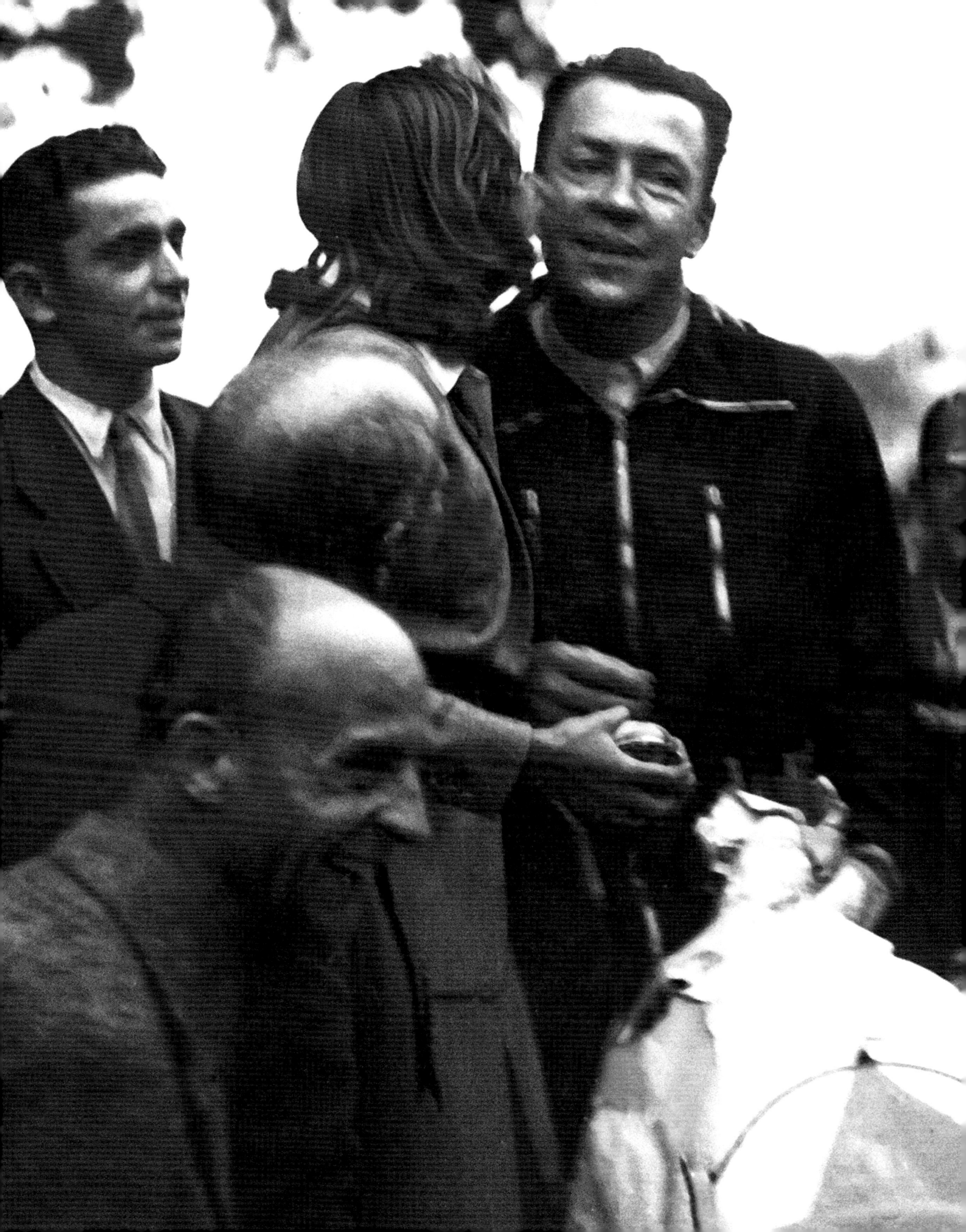

SZENE 3

AKT III

Dunkle Stunden
1940–1947

Einige Wochen nach dem Unfalltod von Jean Bugatti tritt Frankreich in den Krieg ein. Das Werk in Molsheim fällt in die Hände des Gegners. Ettore Bugatti fühlt sich erneut hin und her gerissen zwischen seiner italienischen Staatszugehörigkeit und seiner unverbrüchlichen Treue zu Frankreich. Im Jahre 1940 stirbt sein Vater Carlo Bugatti. Ettore ist nun allein und ordnet sein Leben neu. Dessen letzte Abschnitte schreibt er in französischer Sprache.

Jean-Pierre Wimille siegt bei
der Coupe des Prisonniers
1945.

1940–1946: Exil

Das Coupé 44 von Lidia Bugatti in einem der Salons des Château Ermenonville.

Dorlisheim, 31. März 1940
Letzter Gruß

Carlo Bugatti, der Vater von Deanice, Rembrandt und Ettore, stirbt im Château Saint-Jean im Alter von 84 Jahren.

Bordeaux, Februar 1941
Exodus

Seit dem Beginn des Zweiten Weltkriegs befindet sich Ettore Bugatti in einer zweischneidigen Situation, da Molsheim sehr nahe an der deutschen Grenze liegt. Der Kriegseintritt Italiens am 10. Juni 1940 kompliziert die Lage noch weiter, denn Ettore Bugatti ist von der Staatsangehörigkeit gesehen Italiener, aber Franzose in seinem Herzen, und juristisch gesehen leitet er eine französisches Unternehmen. So befindet er sich in einer paradoxen Situation. Auf Weisung der französischen Regierung zieht er sich

nach Bordeaux zurück. Eine größere Menge Material wird in Molsheim auf den Weg gebracht und schließlich in einem Gebäude am Boulevard Alfred-Daney 113 gelagert.

Der Einsitzer vom Typ 59/50B, gefahren von Jean-Pierre Wimille bei der Coupe des Prisonniers 1945 (Foto: Xavier de Nombel).

Es handelt sich um neue Fahrgestelle, Nutzfahrzeuge und rund 20 Wagen, die teilweise bereits Kunden und teilweise noch der Fabrik gehören. Zu diesen zählt auch der dritte Atlantic (Nr. 57-453/S) und der Typ 10 von 1909. Bugatti arbeitet in Bordeaux für die französische Armee und produziert Kurbelwellen für Jagdflugzeugmotoren von Hispano-Suiza.

Molsheim, 2. Dezember 1941
Der Verkauf des Werks

Unter Zwang entscheidet sich Ettore Bugatti dazu, das Werk in Molsheim zu dem Preis zu verkaufen, den ihm die Deutschen auferlegen: 150 Millionen Francs, ungefähr die Hälfte dessen, was die Gebäude und die Maschinen wert sind. Das Geschäft ist ein finanzielles Debakel, ermöglicht es aber dem Patron, nicht für die deutsche Armee arbeiten zu müssen. Der Verkauf geschieht in drei Schritten (2. Dezember 1941, 15. Januar 1942, 26. Februar 1943), und die Käufer sind die Trippelwerke GmbH in Molsheim, die Luftfahrtanlagen GmbH Berlin und Hans Trippel selbst. Das nach Bordeaux überführte Material wird beschlagnahmt und nach Molsheim zurückgeführt. Ettore Bugatti zieht sich daraufhin in seine Wohnung an der Rue Boissière in Paris zurück. Er besitzt sie seit 1916, und sie dient ihm seit mehreren Jahren als Sitz der Verwaltung. Er hat auch eine Werkstatt an der Rue Débarcadère nahe der Porte Maillot.

Neuilly-sur-Seine, 15. Dezember 1942
Neues Leben

Thérèse Georgette Fernande kommt auf die Welt, das erste Kind von Ettore Bugatti mit seiner zweiten Frau Geneviève Delcuze.

Paris, 25. Februar 1945
Französische Staatsbürgerschaft

Ettore Bugatti bekommt endlich die französische Staatsbürgerschaft. Er ist nun 65 Jahre alt und hat nur noch zwei Jahre zu leben.

Feucherolles, 12. Juli 1945
Der letzte Erbe

Michel Bugatti kommt auf die Welt. Er ist das zweite Kind aus der Ehe von Ettore Bugatti mit Geneviève Delcuze, die in diesem Jahr 25 Jahre alt wird. Auch Michel Bugatti macht eine Karriere in der Welt des Automobils. Er leitet den Anneau du Rhin, eine 2,9 km lange Trainingsstrecke bei Blitzheim im Süden von Colmar. Auch seine Tochter Caroline Bugatti wird später diese Rennstrecke leiten.

Ermenonville, August 1945
Neue Adresse

Im Lauf des Jahres 1945 lässt sich die Familie Bugatti im Château d'Ermenonville nieder, dessen Geschichte bis ins 10. Jahrhundert zurückreicht. Es wurde viele Male umgebaut und war im Zweiten Weltkrieg von den Deutschen besetzt. Einige der Wagen im Familienbesitz finden hier ein Refugium. Das Coupé 44 von Lidia Bugatti thront in einem Salon, und das Coupé Napoléon dämmert in einer Scheune vor sich hin. In einem Hangar sieht man auch das Flugzeug, das Louis de Monge 1937 für Bugatti entworfen hatte. Es sollte einen Motor vom Typ 50B bekommen.

Paris, 9. September 1945
La Coupe des Prisonniers

Um den Neubeginn nach der Befreiung zu feiern, organisiert der AGACI drei Rennen im Bois de Boulogne: die Coupe Robert Benoist für Wagen mit einem Hubraum unter 1500 cm³, die Coupe de la Libération für Wagen mit einem Hubraum von 1500 bis 3000 cm³ und die Coupe des Prisonniers für Wagen mit mehr als 3000 cm³. Dieses zuletzt genannte Rennen gewinnt Jean-Pierre Wimille am Steuer des Einsitzers vom Typ 59/50B (Nr. 50-180), der 1939 debütiert hatte.

Paris, 5. bis 13. Oktober 1946
Motoren!

Bugatti hat einen Stand am Pariser Autosalon, dem ersten nach der Befreiung. Auf kleinem Raum, eingequetscht zwischen den Schildern für Hotchkiss und Irat, zeigt er zwei Motoren, die er während der Besatzungszeit entwickelt hat:

▸ Typ 68, Vierzylinder-Reihenmotor, 370 cm³, 48,5 x 50 mm, 48 PS bei 8000 U/min, zwei oben liegende Nockenwellen, zwei Ventile pro Zylinder, von der Kurbelwelle angetriebener volumetrischer Kompressor.

▸ Typ 73A, Vierzylinder-Reihenmotor, 1488 cm³, 76 x 82 mm, 100 PS, eine oben liegende Nockenwelle.

Bugatti baut den fahrenden Prototyp 68. Er sieht wie ein sehr kleines spielzeugartiges Cabriolet aus und wird im Museum in Mulhouse aufbewahrt. Am Stand von Bugatti ist auch der Einsitzer vom Typ 59/50B zu sehen, mit dem Jean-Pierre Wimille die Coupe des Prisonniers gewonnen hat.

Zum Motorenbau gehört auch die Produktion eines Einzylindermotors (170 cm³, 60 x 60 mm), der ein kleines Boot antreiben soll. Die Werft dazu befindet sich in Maisons-Laffitte.

Der Kleinwagen des Typs 68 im Magazin des Musée National de l'Automobile in Mulhouse.

1947: Der Tod von Ettore Bugatti

Nizza, Mai 1947
Handwerk

In Nizza sieht man den Piloten Benoît Falchetto am Steuer eines Einsitzers, den er ausgehend von einem Chassis des Typs 35 mit einem Motor des Typs 50B (4,5 Liter) selbst improvisiert hat. Das alles ist von der Karosserie eines Handwerkers aus Nizza umgeben.

Paris, 11. Juni 1947
Die Gerechtigkeit siegt

Direkt nach dem Zweiten Weltkrieg muss Ettore Bugatti die Gerichte anrufen, um wieder in den Besitz seines Unternehmens zu gelangen, das ihm die Deutschen 1940 weggenommen hatten. Zwei Jahre nach dem Waffenstillstand ist Ettore Bugatti wieder rechtmäßiger Besitzer. Nach einer ersten Niederlage vor dem Gericht in Saverne ist die Berufung vor dem Colmarer Gericht erfolgreich. Die Fabriken und alle Besitztümer werden ihm zurückgegeben. Die Gerechtigkeit siegt, zwei Monate bevor Ettore Bugatti stirbt ...

Neuilly-sur-Seine, 21. August 1947
Der Tod des Patrons

Ettore Bugatti stirbt am 21. August 1947 im amerikanischen Krankenhaus von Neuilly. Er war ausgelaugt, gebrochen von den vielen Tragödien. Er konnte den letzten Schlägen des Schicksals keinen Widerstand mehr leisten. Eine Erkältung, eine infektiöse Grippe, eine Embolie ... eine große Müdigkeit gewann wahrscheinlich die Oberhand. Der Tod des Patrons, im Alter von 66 Jahren, bedeutet auch für die Marke den Untergang – nachdem der tödliche Unfall von Jean Bugatti deren Niedergang eingeläutet hatte. Weder die Nachkommen der Familie Bugatti noch die in Molsheim tätige Leitung haben das Format, das notwendig wäre, um das Unternehmen ohne den Patron weiterzuführen. Nach seinem Tod übernimmt Roland Bugatti die allgemeine Firmenleitung. Technischer Leiter wird Pierre Marco, Präsident René Bolloré, und das Entwicklungsbüro leitet Noël Domboy.

Um zu überleben, muss das Werk andere

Der Motor des Typs 73C ohne
die Zylinderkopfabdeckung
(Fotografiert bei Henri Novo um
1976).

Aufträge übernehmen, etwa Wartungsar-
beiten an den Triebwagen, die Produktion
von Übungsgranaten für die Marine, von
Werkzeug für Citroën, von Webstühlen für
Gantois, von Gussteilen für Holwegg und von
Ersatzteilen für die Staatliche Eisenbahn.

Paris, 7. bis 17. Oktober 1947
Der Typ 73 als Attraktion

Trotz Ettores Tod verzichtet die neue Direk-
tion von Bugatti nicht auf den Autosalon.
Der Motor des Typs 73C mit zwei oben liegenden Nockenwellen wird erneut auf einem

Der Typ 73C mit seiner
Karosserie aus den 1960er-
Jahren, gestaltet von De Dobeleer
(fotografiert bei Henri Novo um
1976).

Der Einsitzer des Piloten Benoît Falchetto in Nizza, 1947.

Sockel ausgestellt. Er besitzt einen abnehmbaren Zylinderkopf – eine Neuheit bei Bugatti. Die beiden Nockenwellen werden von Zahnrädern vorne am Motor angetrieben. Er ist als Antrieb für einen Rennwagen konzipiert, aber dieser existiert nicht. Erst sehr viel später, gegen 1963, bekommt ein Chassis des Typs 73C eine Karosserie – im Stil der 1920er-Jahre, von Jean De Dobeleer in Brüssel.

Bugatti präsentiert übrigens eine kleines Gran-Turismo-Coupé mit demselben 1500-cm³-Motor, allerdings etwas gezähmt für eher touristische Zwecke. Der Motor dieses Typs 73B kommt mit einer einzigen Nockenwelle aus, hat aber trotzdem einen Kompressor. Die Firma Pourtout in Rueil-Malmaison entwirft und realisiert die Karosserie. Es handelt sich um eine kompakte Limousine mit ziemlich angenehmen Formen und schmucklosen Oberflächen. Die vorderen Kotflügel sind angestückt, umhüllen aber das Rad. Die hinteren Kotflügel bilden eine vollständige Verkleidung. Fritz Schlumpf wird dieses Coupé des Typs 73B später wieder finden. Heute ist es im Museum in Mulhouse ausgestellt.

Daten zu den Typen 73B und 73C	
Chassis	Rahmen mit Längsträgern
Karosserie	Stahl
Motor	Vierzylinder-Reihenmotor
Anordnung	Längs, in der Mitte
Hubraum	1488 cm³ (76 x 82 mm)
Ventilsteuerung	Eine oben liegende Nockenwelle (Typ 73C: zwei oben liegende Nockenwellen), zwei Ventile pro Zylinder
Gemisch	Solex-Vergaser, Roots-Kompressor
Leistung	100 PS (73,5 kW) – Typ 73C: 230–250 PS (169–184 kW)
Verdichtung	–
Kraftübertragung	Hinterradantrieb
Gangschaltung	Vier Gänge
Vorderradaufhängung	Halbelliptikfedern
Hinterradaufhängung	Viertelelliptikfedern
Bremsen	Trommelbremsen, hydraulisch betrieben
Lenkung	Zahnstangenlenkung
Reifen	165 x 400 – Typ 73C: 5,50 x 19
Maße	380 x .. x .. cm
Radstand x Spurweite	260 (Typ 73C: 240) x 125 x 125 cm
Gewicht	1000 kg (10 kg/PS) – Typ 73C: 800 kg (3,5 kg/PS)
Höchstgeschwindigkeit	160 km/h – Typ 73C: 230 km/h
Produktion	2 Stück

AKT IV
Interregnum
1948–1986

Nach Ettore Bugattis Tod beginnt die Marke mit ihrem unaufhaltsamen Abstieg. Die Erben versuchen eine letzte Wiederbelebung ohne Hoffnung und ohne Mittel. Nach einem letzten erbärmlichen Auftritt beim Grand Prix de l'ACF 1956 überlebt der Name nur noch innerhalb eines Luftfahrtunternehmens. Die Erinnerung an die Bugatti-Automobile der großen Zeit wird aber überall auf der Welt von Sammlern hochgehalten.

Der Bugatti 101 (Nr. 101-506)
mit einer Karosserie von Ghia,
fotografiert 2003 in Pebble Beach.

SZENE AKT IV 1

Bugatti ohne Bugattis
1948–1956

Der Tod von Ettore Bugatti beschleunigt den Niedergang des Unternehmens, ist aber nicht der einzige Grund dafür. Die Marke kämpft mit denselben Problemen wie alle französischen Produzenten von Luxuswagen, denn sie sind nicht fähig, sich den neuen wirtschaftlichen Rahmenbedingungen anzupassen. Der gute Wille von Roland Bugatti, die Treue von Pierre Marco und die Kühnheit des Ingenieurs Gioacchino Colombo können daran nichts ändern.

Erste Ausfahrt des Typs 251
mitten in der Stadt.

1948–1950: Überleben

Das zweite Projekt von Louis Lepoix für ein Coupé 1500 cm³, März 1949.

Projekt von Louis Lepoix für ein Coupé 1500 cm³, November 1948.

Der 57S Atalante (Nr. 57-551/S) am Concours d'Élégance im Bois de Boulogne, Juni 1949.

Paris, 7. bis 17. Oktober 1948
Ehrensache

Während die Entwicklung des Typs 73 weitergeht, hat die Firma Bugatti doch noch nichts Neues, das sie auf dem dritten Autosalon nach dem Krieg ausstellen könnte. Trotzdem will Bugatti im Grand Palais vertreten sein, wenn auch mit einem winzigen Stand in einem Eck, zwischen Isotta-Fraschini und Packard. Ein Typ 57 Atalante der Vorkriegszeit wird dort ausgestellt.

Enghien-les-Bains, 13. November 1948
Stilstudie

In der direkten Nachkriegszeit ist der Beruf des unabhängigen Designers noch nicht weit verbreitet in Europa. Trotzdem versuchen sich einige originelle Geister darin, etwa Philippe Charbonneaux, der für Delahaye arbeitet. Bei Bugatti spielt Louis Lepoix dieselbe Rolle. Er bekommt den Auftrag, mehrere Karosserien zu entwickeln. Der junge Designer ist nur 21 Jahre alt und hat die Akademie der Schönen Künste in Lyon absolviert, wo er Architektur und Bildhauerei belegte. In Deutschland möchte er sich auf dem Gebiet der Luftfahrt weiter ausbilden. Die erste Zeichnung von Louis Lepoix bezieht sich auf ein Coupé auf einem Chassis 1500 cm³ – ohne Zweifel des Typs 73.

Enghien-les-Bains, 13. März 1949
Neues Projekt

Louis Lepoix liefert ein neues Design für den stets noch hypothetischen Bugatti 1500 cm³. Er sieht nun dynamischer und moderner aus als auf dem Entwurf vor vier Monaten.

Paris, 15. Juni 1949
Handwerklicher Nachweis

Beim Concours d'Élégance im Bois de Boulogne macht ein zwölf Jahre alter 57S Atalante noch eine gute Figur. Und das ist nicht irgendein Atalante. Das schwarze Auto, das im Juli 1937 das Werk verlässt, geht 1951 in den Besitz des Malers André Derain über. Das Heck wird verändert, die Kotflügel werden länger. Ganz im Gegensatz zum gewollt nüchternen Stil von Jean Bugatti bekommt das Auto störende breite Stoßstangen mit Hörnern, Nebelleuchten, Hupen, Steinschlagschutzecken an den hinteren Kotflügeln, gekrümmte Zierleisten auf den Flanken und konische Radkappen, das alles großzügig verchromt. Nach einer Restaurierung durch Bill Harrah in den 1960er-Jahren

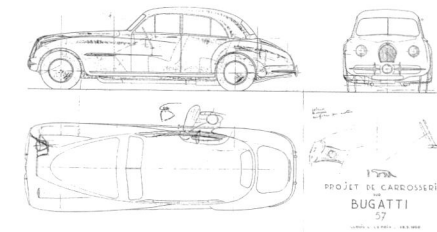

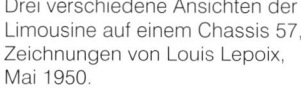

wird das Auto in zwei Gelbtönen lackiert, und nach der Aufnahme in die Sammlung von James Patterson in Louisville, Kentucky, wird das überschüssige Chromzierrat entfernt.

Enghien-les-Bains, 18. Mai 1950
Ein Produkt des Designs

Louis Lepoix beendet die Entwicklung seines »Karosserieprojekts für Bugatti 57«. Sein Design findet Anwendung bei der großen Limousine, die als Prototyp der Modellreihe 101 dienen soll. In kurzer Zeit stellt Louis Lepoix ein Modell im Maßstab 1:5 her.

Bei einem Treffen zu Ende der 1980er-Jahre erinnert sich Louis Lepoix nicht mehr daran, »dass er für diese Arbeit jemals bezahlt worden wäre« (!), doch diese erste Erfahrung in der Autoindustrie macht ihn bekannt und stellt eine der Grundlagen für seine spätere Tätigkeit dar. Kurz danach gründet er das Studio FTI Design, das vor allem das berühmte Feuerzeug Bic kreierte. Seine Agentur hat zwei Niederlassungen, die eine in Frankreich, in Enghien-les-Bains, die andere in Baden-Baden. Nach zahlreichen Projekten von Lkws und Pkws sowie anderen Produkten wird FTI Design dem Publikum vor allem durch den Prototyp des Stadtautos Urbanix bekannt, das auf der Internationalen Automobilausstellung in Frankfurt 1973 gezeigt wird.

1951: Einführung des Typs 101

Der Prototyp des Typs 100 bei Testfahrten, 1951.

Im Vergleich zum Entwurf vom Mai 1950 ist die Frontpartie verändert. Charakteristisch ist die Lage der Scheinwerfer unter einer Art Visier. Insgesamt bleibt aber der Eindruck eines großen sportlichen Tourenwagens erhalten. In der Ausgabe vom 15. Februar 1951 veröffentlicht die Zeitschrift *L'Auto-Journal* Fotos dieses Wagens mit der Bezeichnung Typ 100. Danach legt der Prototyp viele Kilometer im Elsass zurück. Er wird am Ende elfenbeinfarben lackiert. Mit dieser Farbe kommt er ins Museum in Mulhouse.

Molsheim, 10. Februar 1951
Der Prototyp des Typs 100

Die von Louis Lepoix entworfene Limousine nimmt Form an. Ein Prototyp wird im Werk in Molsheim zusammengebaut. Einige Elemente des Blechkleids liefert der Karosseriebauer Spohn.

Enghien-les-Bains, März 1951
Ein Typ 57, neu gesehen von
Saoutchik

Beim traditionellen Concours d'Élégance, der vor dem Casino am Seeufer stattfindet, nimmt auch ein Typ 57 (Nr. 57-417) mit einer neuen Karosserie von Saoutchik teil. Der Stil wirkt zeitgenössischer mit der Pontonkarosserie und den integrierten Scheinwerfern am oberen Ende der Kotflügel, aber insgesamt wirkt das Auto doch sehr schwer! Auch dieser Wagen, ursprünglich im

Der Typ 57 mit der Nr. 57-417, mit neuer Karosserie als Coupé von Saoutchik, 1951.

Département Haute-Saône zugelassen, gelangt am Ende ins Museum in Mulhouse.

Paris, 4. bis 14. Oktober 1951
Der neue Typ 101

Eine Handvoll Männer kämpft um den Erhalt des Namens Bugatti. Dazu wollen sie mehr schlecht als recht den Typ 57 aktualisieren und daraus den Typ 101 entwickeln. Er wird erstmals während des 38. Autosalon gezeigt. Das Chassis ist sehr ähnlich dem des Typs 57 mit seiner archaischen Starrachse vorn, dem altmodischen Rahmen mit Längsträgern, die durch Querträger verstärkt werden, um schwerere und umfangreichere Karosserien zu tragen.

Noël Domboy als technischer Leiter und enger Vertrauter von Ettore Bugatti verriet dem Historiker Maurice Sauzay im Juni 1988: »Das Fahrgestell stammte vom Typ 57. Die beweglichen Teile der Rohrachse waren nur um 2 Millimeter größer als beim 57. Die Längsträger wurden hinten verstärkt durch ein innen angeschweißtes Blech, um zu verhindern, dass die Befestigungsbolzen des Federbocks verstemmen und die Löcher dadurch unrund werden.« Vor seinem Tod hatte Jean Bugatti eine neue Version des

Daten zum Typ 101	
Chassis	Rahmen mit Längsträgern
Karosserie	Stahl
Motor	Achtzylinder-Reihenmotor
Hubraum	3257 cm³ (72 x 100 mm)
Ventilsteuerung	Zwei oben liegende Nockenwellen, zwei Ventile pro Zylinder
Gemisch	Doppelvergaser Weber 36 DCF – 101C: Kompressor
Leistung	135 PS (99 kW) bei 5500 U/min – 101C: 190 PS (140 kW) bei 5400 U/min
Drehmoment	23 mkg (214 Nm) bei 3000 U/min – 101C: 27 mkg (251 Nm) bei 4200 U/min
Verdichtung	6,8:1 – 101C: 6,5:1
Kraftübertragung	Hinterradantrieb
Gangschaltung	Vier Gänge, manuelle Schaltung oder elektromagnetisches Getriebe von Cotal
Vorderradaufhängung	Starrachse, Halbelliptikfedern
Hinterradaufhängung	Starrachse, Viertelelliptikfedern
Bremsen	Trommelbremsen, hydraulisch betrieben
Lenkung	Schraubenlenkung
Reifen	6,00 x 17
Maße	520 x 172 x 155 cm
Radstand x Spurweite	330 x 135 x 135 cm
Gewicht	1750 kg (13 kg/PS – 101C: 9,2 kg/PS)
Höchstgeschwindigkeit	150 km/h – 101C: 175 km/h
Produktion	6 Stück

Der Typ 101 Cabriolet (Nr. 101-501), Pariser Autosalon 1951.

Achtzylindermotors entwickelt. An die Stelle der zahlreichen Getrieberäder für die Ventilsteuerung beim Typ 57 trat eine Kette. Zwei Motorvarianten werden für den Typ 101 angeboten, die eine ohne, die andere mit Kompressor, der die Leistung von 135 auf 190 PS ansteigen lässt. Dazu muss man neue Saugrohre konstruieren, denn die Firma Zénith liefert keine Vergaser aus der Vorkriegszeit mehr. Man muss auch die Achsantriebsübersetzung verändern, weil die Karosserien deutlich schwerer werden. Die Räder sind nun 17 statt 18 Zoll groß, und man verwendet eine elektromagnetische Gangschaltung von Cotal.

Bugattis Nachfolger verwenden dieselben empirischen Rezepte wie ihre Landsleute Delage, Delahaye oder Hotchkiss; auch sie bleiben bei den Fahrgestellen der Vorkriegszeit, um auf dem Luxusmarkt präsent zu bleiben. Wie sie alle ist auch Bugatti auf dem Weg zur Pleite. Alle diese französischen Konstrukteure von Luxuswagen geraten in eine Abwärtsbewegung in Richtung Bankrott, weil sie mit der neuen Generation ausländischer Gran-Turismo-Wagen nicht mehr mithalten können, etwa mit Ferrari, Jaguar oder Aston-Martin. Mit einer merkwürdigen Mischung aus Frechheit und Naivität laufen alle diese Marken verzweifelt einer Chimäre hinterher.

Zwei Autos sind am Stand von Bugatti am Autosalon 1951 zu sehen:

▶ ein Cabriolet auf dem Fahrgestell Nr. 101-501, himmelblau lackiert. Es wird im Lauf des Winters 1951/52 umgebaut und anschließend von mehreren Sammlern konserviert.

▶ ein Coach mit einer Fahrgestellnummer des Typs 57 (Nr. 57-454) in Marineblau, später in der Sammlung Schlumpf.

Der Typ 101 Coach (57-454), Pariser Autosalon 1951.

Der Typ 101 Coach (Nr. 57-454) mit dem im Winter 1951/52 angebrachten Retuschen.

1952: Falsche Hoffnungen

Zusammenfassung der Wagen des Typs 101

Nr. 57-454 (Motor 101-150): Coach von Gangloff, marineblau, ausgestellt auf dem Pariser Autosalon 1951, im Winter 1951/52 verändert, ausgestellt im Musée National de l'Automobile, Mulhouse.

Nr. 101-500: Prototyp Limousine, weiß, im Musée National de l'Automobile in Mulhouse.

Nr. 101-501: Cabriolet von Gangloff, hellblau, ausgestellt auf dem Pariser Autosalon 1951, im Winter 1951/52 verändert, 1956 nach Amerika verkauft, in den Achtzigerjahren nach Deutschland exportiert, in der Sammlung Peter Mediger, München, schließlich erworben von Walter Grell, Schweizer Kennzeichen BE 22870.

Nr. 101-502: Coach von Guilloré, im Besitz eines Herrn Roquet, im März 1973 in Genf verkauft.

Nr. 101-503: rotes Cabriolet von Gangloff. Ausgestellt Genfer und Pariser Autosalon 1952, heute im Musée National de l'Automobile in Mulhouse.

Nr. 101-504: Coupé von Antem, schwarz und rot, fertig gestellt 1954, heute in der Sammlung Jacques Harguindeguy in den USA.

Nr. 101-506: Spider von Ghia aus dem Jahre 1965, marineblau, ausgestellt auf dem Turiner Autosalon 1965, in den 1980er- und 1990er-Jahren in der Sammlung Blackhawk, Kalifornien.

Molsheim, Januar 1952
Retuschen an den Wagen des Autosalons

Der Karosserieschneider Gangloff überarbeitet seine Entwürfe. Nach dem Autosalon kehren die beiden Wagen, die am

Der Typ 101 (Nr. 101-502) mit der Coach-Karosserie von Guilloré, fotografiert 1973 in Genf.

Der Typ 57S (Nr. 57-561/S) mit der neuen Coupé-Karosserie von Ghia-Aigle, 1952, heute im Museum in Mulhouse.

Das zweite Cabriolet des Typs 101 (Nr. 101-503).

Aigle, Februar 1952
Metamorphose bei Ghia-Aigle

Die Schweizer Werkstatt Ghia in Aigle schließt die Arbeiten an einer Karosserie auf einem alten Fahrgestell des Typs 57 ab. Das Exemplar mit der Nummer 57-561/S bekam im Juli 1937 eine Rennkarosserie mit Kotflügeln für die Räder. Es nahm vor dem Krieg mit Prinz Louis Napoléon am Steuer an einigen Schweizer Rennen teil. In den Werkstätten von Ghia-Aigle verwandelt es sich in ein Coupé, das ein bisschen an die zeitgenössischen Aston-Martin erinnert. Dieser umgebaute Bugatti wird auf dem Stand des waadtländischen Karosseriebauers auf dem Genfer Autosalon 1952 gezeigt. Das Auto verbirgt dabei sein Alter aber nicht. John Shakespeare verkauft im März 1964 diesen Wagen an Fritz Schlumpf.

Bugatti-Stand ausgestellt waren, nämlich das Cabriolet (Nr. 101-501) und der Coach (Nr. 54-554) zu Gangloff zurück, um die gröbsten Fehler auszubessern. Die Frontpartie wird verändert: man will den hässlichen Buckel, den die Motorhaube bildet, zum Verschwinden bringen. Da der Kühlergrill nun höher reicht, bildet die Motorhaube eine Einheit mit den Kotflügeln. Auch die Scheinwerfer liegen nun weiter oben.

Genf, März 1952
Drittes Exemplar

Ein neuer Bugatti 101 wird auf dem Genfer Autosalon gezeigt. Dieses dritte Exemplar (Nr. 101-503) profitiert von den Retuschen, die im Winter am Cabriolet und am Coach des Pariser Autosalons 1951 angebracht wurden: Motorhaube besser

Der Typ 50 (Nr. 50-146) mit der neuen Karosserie als Coupé von Saoutchik, 1952.

integriert, Kühlergrill verlängert, Scheinwerfer weiter oben gelegen. Diese neue Karosserie zeigt noch weitere ästhetische Verbesserungen: feinere Gürtellinie auf der Höhe der Seitenfenster, besseres Design der Windschutzscheibe mit vier abgerundeten Ecken, Nebelleuchten direkt unter den Hauptscheinwerfern integriert, Chromleiste zwischen den beiden Radkästen.

Neuilly-sur-Seine, Oktober 1952
Ein Typ 50 – mit neuem Leben von Saoutchik

Noch eine plastische Operation: Dieses Mal vertraut sich ein altes Chassis des Typs 50 (Nr. 50-146) dem Talent des Karosserieschneiders Saoutchik an. Das Ergebnis sieht ziemlich gut aus. Das zwanzig Jahre alte Chassis wird mit Schwung neu eingekleidet. Dank gelungener Proportionen bekommt das Ganze ein zeitgenössisches Flair. Die großen für den Typ 50 typischen Räder werden beibehalten.

Dieser Bugatti wird aber nicht am Stand von Saoutchik auf dem Pariser Autosalon ausgestellt. Da ist nur Platz für drei Kreationen: ein Cabriolet Delahaye 135, ein Coupé Delahaye 235 und ein Cabriolet Pegaso Z-102.

Paris, 2. bis 12. Oktober 1952
Abschied

Zum letzten Mal – vor den 1990er-Jahren – hat Bugatti einen Stand am Pariser Autosalon. Der Stand Nr. 71 ist bescheiden, winzig, am Rand einer Fläche gelegen, in die sich Fiat, Delage und Delahaye teilen. Das rote Cabriolet (Nr. 101-502) des Genfer Autosalons steht auf einem Teppich. Die Marke Bugatti verabschiedet sich vom Pariser Publikum mit Diskretion.

Der Typ 101 Cabriolet (Nr. 101-503), ausgestellt auf dem Genfer Autosalon 1952.

Der Typ 101 Cabriolet (Nr. 101-503), Pariser Autosalon 1952.

1953–1954: Abschweifungen

Der Typ 57S (Nr. 57-385/S) mit der neuen Karosserie als Spider von Tunesi, 1954.

Während er sich mit einem Einsitzer beschäftigt, der es Bugatti erlauben sollte, auf höchstem Niveau wieder in den Rennsport einzusteigen, denkt er auch über die Marktfähigkeit eines kleinen Sportwagens nach. Für dieses Projekt, das die Bezeichnung »125« bekommt, konzipiert der Italiener ein Coupé mit ungewöhnlicher Architektur. Der Vierzylindermotor mit doppelter Nockenwelle liegt in der Mitte des Wagens, vor der Hinterachse, und wird quer eingebaut. Die geschlossene Karosserie ruht auf einem Rahmen mit einem Radstand von 230 cm. Sie wird 3,50 m lang, 1,80 m breit und 1,20 m hoch. Der Plan für dieses Projekt stammt direkt von Colombo.

Molsheim, 1. März 1954
Das Projekt »125«

Pierre Marco gibt dem Ingenieur Gioacchino Colombo den Auftrag, über die Zukunft von Bugatti nachzudenken – sowohl auf sportlichem wie industriellem Gebiet. Dieser robuste Italiener, Jahrgang 1903 hat eine schöne Karriere vorzuweisen: Von 1924 bis 1937 und von 1951 bis 1952 war er bei Alfa Romeo, von 1945 bis 1950 bei Ferrari und schließlich 1953 bei Maserati.

Vienne, Juni 1954
Die Rückkehr des Roadsters

Der Roadster 57S mit der Nummer 57-385/S, der auf dem Pariser Autosalon 1936 ausgestellt war, dann eine Umarbeitung erfuhr und auf dem Genfer Salon 1937 gezeigt wurde, gelangte schließlich in den Besitz des Malers André Derain. Den Zweiten Weltkrieg hat das Auto überlebt. 1952 fand man es in der Rhone in den Händen eines gewissen Henri Faure. Zwei Jahre später lässt der neue Besitzer vom Handwerker Tunesi in Vienne,

Wer würde unter diesen schlanken Linien einen Bugatti 57S erkennen?

Département Drôme, eine neue, etwas modernere Karosserie anfertigen. Der 57S wird in einen Sportwagen in zeitgenössischem Stil umgewandelt, mit einer alles umhüllenden abgesenkten Karosserie, mit sinnlichen Linien und stark gewölbten Kotflügeln und missglückten Heckflossen. Dieser bordeauxrote Rumpf verschleiert elegant das Alter des Fahrgestells und verbirgt dessen Identität hinter einem anonymen Kühlergrill.

Paris, September 1954
Der Bugatti 101, gestaltet von Antem

Das Fahrgestell Nr. 101-504 erhält schließlich ein Blechkleid vom Karosseriebauer Antem. Der Stil macht einige Konzessionen an die Mode der Zeit mit seiner Panorama-Windschutzscheibe amerikanischen Zuschnitts und der langen Pontonkarosserie. Das schwarz-rot lackierte Auto wird an René Bolloré ausgeliefert, der nunmehr eine bedeutende Papierfabrik besitzt und 1951

die Witwe von Ettore Bugatti geheiratet hat. 1963 überquert dieser Bugatti den Atlantik und gelangt in die Sammlung von William Harrah in Reno, Nevada. Dort bleibt er bis 1986. Dann kauft ihn der baskischstämmige amerikanische Sammler Jacques Harguindeguy.

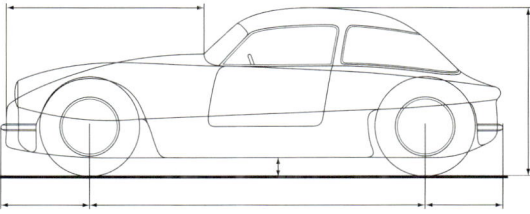

Der Typ 101 Coupé (Nr. 101-504) des Karosseriebauers Antem, 1954.

Ein sehr konventionelles Coupé, realisiert 1952 auf einem Fahrgestell vom Typ 57 von einem nicht näher bekannten Karosseriebauer.

Plan des Projekts »125«, gezeichnet von Gioacchino Colombo, 1954.

Erste Ausfahrt in Molsheim im November 1955.

Rechte Seite:
Der Typ 251 gefahren von Maurice Trintignant beim Grand Prix de l'ACF 1956.

Maurice Trintignant am Steuer des zweiten Exemplars des 251 auf dem Rundkurs von Reims 1956.

Das Fahrgestell des Typs 251, wie es im Musée de l'Automobile in Mulhouse gezeigt wird.

Das zweite Exemplar des 251 mit verlängertem Radstand und verbesserter Karosserie.

Der Typ 57 (Nr. 57-645) mit einer von James Brown entworfenen Karosserie.

Das ursprüngliche Konzept des Typs 251, Zeichnung von Robert Roux.

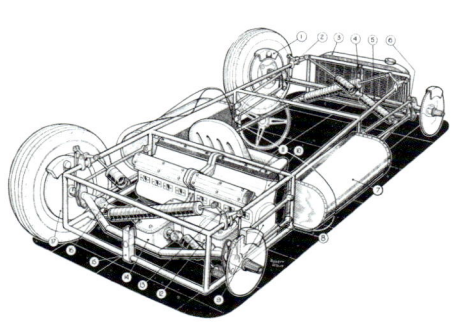

1955: Abwechslung

Paris, Oktober 1955
Mobile Skulptur

Ein Bugatti ist am Pariser Autosalon nicht mehr zu sehen. Es handelt sich um eine windschlüpfige kleine Limousine, die auf den Bildhauer James Brown zurückgeht. Die Karosserie ruht auf einem Chassis des Typs 57 (Nr. 57-645) und ist aus Kunststoff. Die stromlinienförmige Frontpartie integriert die Scheinwerfer und den Kühlergrill. Der glasartige Innenraum zeigt hübsche fliehende Formen.

Entzheim, November 1955
Letzter Atemzug

An diesem Spätherbst erscheinen die Männer, die in ihren langen Mänteln auf dem Asphalt des Flugplatzes Entzheim stehen, ebenso ausgekühlt wie aufgeregt. Sie sind Zeugen der ersten Runden des Bugatti 251. Drei Jahre nach der Markteinführung des letzten Tourenwagens von Bugatti hat sich das Werk in Molsheim entschieden, ein neues Abenteuer zu wagen. Zwei Männer nehmen die Herausforderung an: Roland Bugatti, der Erbe von Ettore Bugatti, und Pierre Marco, der treue Mitarbeiter. Sie wollen auf direktem Weg zurück in den großen Rennsport, in die Formel 1. Am Steuer sitzt der Mailänder

Testfahrer Stefano Meazza mit seiner charakteristischen Mütze, der von Ferrari gekommen ist.

Mit der Konstruktion eines ganz neuen Einsitzers hatte Bugatti den renommierten Ingenieur Gioacchino Colombo beauftragt. Mit einem solchen Meister kann man mit Fug und Recht eine glänzende Rückkehr erwarten. Tatsächlich ist der Einsitzer in mancherlei Hinsicht originell. Das gilt für die allgemeine Struktur wie für die gedrungene Silhouette. Die Karosserie erscheint extrem kompakt, gedrungen, ein bisschen bauchig gar, aber mit einem c_w-Wert von 0,54 sehr windschlüpfig für einen Formel-1-Wagen. Der Kühlergrill nimmt die gesamte Breite ein und verlängert sich durch Schürzen, die die Vorderräder verkleiden. An den Seiten befinden sich weiche Benzintanks, die insgesamt 70 Liter Treibstoff fassen.

Das Geheimnis des geringen Platzbedarfs liegt im Aufbau: Der Motor liegt in der Mitte, quer eingebaut. Diese Anordnung findet man erst zehn Jahre später beim Lamborghini Miura! Colombo entwirft hier einen Achtzylinder-Reihenmotor, der durch die Verbindung zweier Vierzylindermotoren entsteht. Eine Reihe von Getrieberädern sorgt für die Kraftstoffverteilung. Mit seiner doppelten Zündung und der doppelten oben liegenden Nockenwelle zeigt dieser Bugatti-Motor ein modernes Design – trotz der Anordnung in einer Reihe. Der 251 schwankt zwischen archaischen und modernen Merkmalen hin und her – zwischen der De-Dion-Achse und einzigartigen Scheibenbremsen.

1956:
Der kühne Typ 251

Reims, 1. Juli 1956
Letzte Runden

Maurice Trintignant, der in der Saison 1956 offiziell für Vanwall fährt, akzeptiert mit Begeisterung den Vorschlag, abweichend von seinem Vertrag ein neues französisches Auto zu fahren, selbst wenn es nur um ein einziges Rennen geht! Zwei Exemplare des Typs 251 nehmen am Training teil: Das erste wird zu Winterbeginn fertig, das zweite entsteht in den ersten drei Monaten des Jahres 1956. Dieses wird deutlich verändert, vor allem im Hinblick auf den verlängerten Radstand. Damit kann man die Karosserie vorne und in der Mitte feiner gestalten.

Doch am Ende hat Maurice Trintignant nicht genug Zeit, um das zweite Chassis abzustimmen, und startet mit dem ersten Wagen, trotz seiner Unvollkommenheiten. Seine ersten Eindrücke am Steuer sind nicht schmeichelhaft: »Wenn ich bremse, machen die Räder, was sie wollen, und ich kann nicht mehr die Richtung bestimmen.« Die Vorderachse ist zu leicht, die Stabilität in der Geraden nicht gegeben. Die Organisatoren des Grand Prix de l'Automobile Club in Reims beharren auf einem Start des Wagens.

Der Bugatti mit der Nummer 28 steht bei der Startaufstellung in der siebten Reihe, 18 Sekunden hinter dem Ferrari von Juan Manuel Fangio, der die beste Rundenzeit erzielt. Sehr schnell wird die Straßenlage schlechter. Der wackere Trintignant hält 18 Runden durch, bis das Gaspedal festklemmt! Die Ferrari 8CL ganz vorne sind längst entkommen. Peter Collins und Eugenio Castellotti belegen die beiden ersten Plätze. Juan Manuel Fangio wird Vierter. Jean Behra gelingt es, mit seinem Maserati auf den dritten Platz zu fahren. Drei weitere Maserati 250 F folgen im Schlussklassement an 5., 6. und 7. Stelle.

Angesichts dieses italienischen Feuerwerks vergisst man leicht die Leistung der blauen Wagen, besonders des enttäuschenden Bugatti, der nicht ans Ziel kommt, aber auch der Gordini, die auf dem 8. und dem 9. Platz landen. Das ist der letzte öffentliche Auftritt eines Bugattis ... bis zur Wiederauferstehung in Italien in den 1990er-Jahren.

Der Typ 251, eine ganz runde Sache (Foto: Xavier de Nombel).

Der Typ 251 zeigt sehr gedrungene Formen (Foto: Xavier de Nombel).

1956: Nahaufnahme des Typs 251

Nach dem Misserfolg mit dem Typ 251 muss das Werk Bugatti seine Aktivitäten diversifizieren. Es präpariert Motoren für Simca, stellt für Parsons Propeller und Rotorblätter für Hubschrauber sowie Werkzeugmaschinen für die Autoindustrie her. Schließlich beginnt auch die Restaurierung der Bugattis der Sammlung Schlumpf.

Nahaufnahme des quer eingebauten Motors (Foto: Xavier de Nombel).

Daten zum Typ 251	
Chassis	Gitterrohrrahmen
Karosserie	Stahl
Motor	Achtzylinder-Reihenmotor
Hubraum	2431 cm³ (75 x 68,8 mm)
Ventilsteuerung	Zwei oben liegende Nockenwellen, zwei Ventile pro Zylinder
Gemisch	Waagerechter Doppelvergaser Weber 42 mm
Leistung	265 PS (195 kW) bei 7500 U/min
Drehmoment	28,5 mkg (265 Nm) bei 6000 U/min
Verdichtung	7,5:1
Kraftübertragung	Hinterradantrieb
Gangschaltung	Fünf Gänge
Vorderradaufhängung	De-Dion-Achse, Schraubenfedern
Hinterradaufhängung	De-Dion-Achse, Schraubenfedern
Bremsen	Scheibenbremsen, hydraulisch betrieben
Lenkung	Schneckenlenkung
Reifen	6,00 x 17
Maße	380 x 140 x 120 cm
Radstand x Spurweite	220 x 130 x 130 cm (Fahrgestell Nr. 2: 230 x 130 x 130 cm)
Gewicht	750 kg
Höchstgeschwindigkeit	260 km/h
Produktion	2 Stück

1956: Letzte Überraschungen

Das Projekt 252 stellt den letzten Versuch einer Renaissance des Unternehmens dar. Es wird parallel zum Projekt 251 entwickelt. Es handelt sich um einen sportlichen Roadster, angetrieben von einem 1500-cm^3-Motor mit doppelter oben liegender Nockenwelle. Die Radaufhängung hinten besteht aus einer De-Dion-Achse. Ein Wagen bekommt eine summarische Roadsterkarosserie, der andere bleibt im Stadium des Fahrgestells stecken. Zur gleichen Zeit entwirft der italienische Designer Michelotti ein Coupé Gran Sport auf der Grundlage des Chassis 252. Die Skizze verrät die kräftige naive Handschrift des Designers. Es werden sogar Pläne gezeichnet, das Projekt wird aber nie durchgeführt. Folgende Maße sind vorgesehen: Radstand 245 cm, Spurweite 130 cm, Länge 430 cm, Breite 160 cm, Höhe 130 cm.

Bordeaux, November 1959
Anmaßung

Das Office Technique Internationale (OTI) unter der Leitung eines gewissen Villeplé enthüllt ein Kleinauto, das von einem 125-cm^3-Motor angetrieben wird. Dasselbe Unternehmen war bereits auf diesem Marktsegment mit dem Microcar hervorgetreten, den die Filmschauspielerin Michèle Morgan im März 1957 präsentiert hatte. Das Projekt verpuffte aber. Der neue Prototyp mit Aluminiumkarosserie wurde in den alten Bugatti-Werkstätten in Bordeaux gefertigt. Das erklärt das Vorhandensein eines falschen Kühlergitters in Form eines Hufeisens. Ein anspruchsvolles und ungewöhnliches Motiv für ein Fahrzeug, das eher wie ein Autoscooter auf dem Jahrmarkt aussieht.

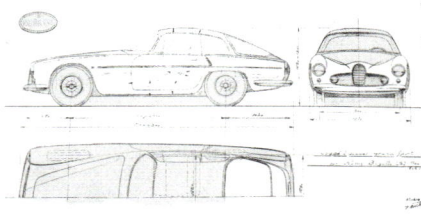

Das Projekt von Michelotti für den 252.

Der Kleinstwagen OTI, der in Bordeaux gefertigt wurde (1956).

SZENE 2

AKT IV

Auf Sparflamme
1957–1986

Die letzten Prototypen, die 1956 entstehen, markieren das Ende der Automobilgeschichte von Bugatti. Doch das Unternehmen geht nicht unter. Es wendet sich dem Luftfahrtsektor zu, der dem Werk in Molsheim ein Überleben ermöglicht.

Sammler und Auomobilhistoriker pflegen mit Hingabe die Erinnerung an die Marke. Im Rahmen des Automobilmuseums in Mulhouse entsteht eine Art Tempel zu deren Verherrlichung.

Eine meisterhafte Linienführung.

Ein Projekt von Michelotti aus dem Jahre 1963.

1957–1965: Vereinzelte Aktionen

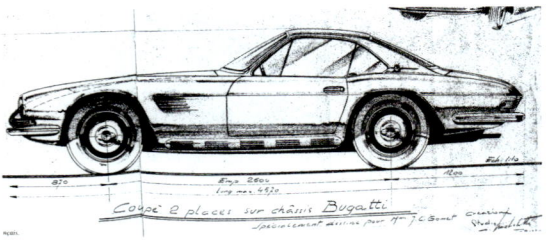

Turin, November 1962
Schönes Versprechen

Giovanni Michelotti entwirft ein »zweisitziges Coupé auf einem Bugatti-Chassis« für eine gewisse Madame J.C. Gomet. Der Designer nimmt ein Thema auf, das er auch für die Karosserie eines Chassis des D-Type von Jaguar verwendet. Diese wird auf dem Genfer Autosalon 1963 zu sehen sein. Das Coupé ruht auf einem Chassis mit einem Radstand von 250 cm und einer Spurweite von 146 cm. Die Abmessungen lauten 457 x 174 x 125 cm.

Molsheim, Juli 1963
Unter den Fittichen von Hispano-Suiza

Das Unternehmen Bugatti geht in der Firma Hispano-Suiza auf. Sie übernimmt den Mehrheitsanteil. Dies bestätigt die Neuorientierung von Bugatti zum Luftfahrtsektor hin. Sie umfasst die Produktion von Fahrwerken für die Caravelle von Sud-Aviation, später auch für die Concorde.

Neuilly-sur-Seine, Oktober 1965
Der letzte Bugatti 101

Das Ausstellungshaus der Firma France Motors, die in Frankreich auch die Produkte des Karosseriebauers Ghia vertreibt, lädt zu einer Pressekonferenz und zeigt dabei einen Prototyp, der am Pariser Autosalon nicht zu sehen sein wird: einen neuen Bugatti 101,

Der Bugatti EB 101 von Ghia auf dem Turiner Autosalon 1965.

entworfen von Virgil Exner, einem der bekanntesten amerikanischen Designer.

Exner beginnt seine Karriere in den 1930er-Jahren bei General Motors. Dann leitet er das Designstudio von Pontiac und wird 1938 von Loewy Associates angestellt. Sehr schnell überwirft er sich mit seinem Patron und Rivalen und geht 1947 zu Studebaker, einem der wichtigsten Kunden von Raymond Loewy. Zwei Jahre darauf ist er bei Chrysler, wo seine Kunst in den üppigen 1950er-Jahren aufblüht. 1961 gibt er die Leitung des Designbüros von Chrysler ab und eröffnet in Birmingham, Michigan, ein unabhängiges Studio, Virgil Exner Incorporated. Dort bringt er seinen einzigartigen Stil zur Vollendung und prägt eine ganze Richtung. Er steht mit dem Mercer-Kobra am Beginn der neoklassischen Bewegung. Diese Karosserie wird von Sibona-Bassano realisiert und auf dem Pariser Autosalon 1964 ausgestellt. Exner verwendet dieselben Stilelemente auch beim Bugatti 101. Er schafft dabei moderne sportliche Linien und baut an einigen Stellen Reminiszenzen an die Vergangenheit ein. Den Prototyp fertigt Ghia in Turin zu einer Zeit, als Sergio Coggiola die Werkstatt für Prototypen und Filippo Sapino seit über fünf Jahren das Kreativstudio leitet. Möglich wird alles durch den Ankauf des Chassis 101-506, das nie eine Karosserie erhalten hatte. Ein gewisser Allen Henderson hatte es nach der Schließung des Werks in Molsheim entdeckt, bei sich in New Jersey aufbewahrt und es dann Scott Bailey, dem Gründer der Zeitschrift *Automobile Quarterly*, überlassen, der es seinerseits an Virgil Exner weitergab.

1965: Ghias Interpretation

Turin, 3. November 1965
Am Stand von Ghia

Die Firma Ghia zeigt am Turiner Autosalon vier Karosserien:

▸ den bereits bekannten De Tomaso Vallelunga, der die Annäherung zwischen Ghia und De Tomaso symbolisiert. Der Prototyp entstand allerdings bei Fissore.

▸ den De Tomaso P70, ein vom Amerikaner Pete Brock entworfener Sportwagen. Er steht auf einem Zentralrohrrahmen, der bereits den des Mangusta ankündigt.

▸ ein Cabriolet auf einem Fahrwerk Cobra 427, ein erstes Anzeichen für den Flirt zwischen Ford und Ghia.

▸ und den berühmten Bugatti 101. Zu Ende der 1980er-Jahre wird er in der Sammlung Blackhawk in Kalifornien landen.

Der Bugatti 101 (Nr. 101-506) mit der Karosserie von Ghia, fotografiert 1987 in der Sammlung Blackhawk in Kalifornien.

Der Stutz Blackhawk vom Januar 1970 wird während vieler Jahre in kleiner Serie in Italien produziert.

Der Duesenberg 1966 mit einer Karosserie von Ghia, ein Prototyp ohne Nachfolger. Unverkennbar ist die Verwandtschaft mit dem Bugatti 101.

Der Mercer Cobra, realisiert 1964 von der Karosserieschmiede Sibona-Bassano auf dem Fahrwerk Shelby Nr. CSX 2451, inspirierte das Design des Bugatti 101.

Ganz am Anfang der neoklassischen Bewegung (folgende Doppelseite).

1968–1977: Der Weg durch die Wüste

Colombes, 28. Mai 1968
Unter den Fittichen der Snecma

Hispano-Suiza kommt 1968 unter die Kontrolle der Firma Snecma. Bugatti wird eine direkte Tochtergesellschaft des Luftfahrtunternehmens.

Bois-Colombes, Januar 1971
Transfer

Den Bau von Fahrwerken, bisher eine Domäne von Bugatti, übernimmt nun ganz die Hispano-Suiza.

Bois-Colombes, Januar 1972
Annäherung an Messier

Das Unternehmen Bugatti in Bois-Colombes übernimmt die Tätigkeitsbereiche Räder und Bremsen, die bisher Messiers Domäne waren.

Montrouge, Juli 1972
Umzug

Die Produktion von Rädern und Bremsen bei Messier wird in das Bugatti-Werk an der Rue Racine 51 in Montrouge transferiert. Der Firmensitz bleibt aber am Boulevard Haussmann 150 in Paris.

Paris, 13. September 1972
Lidia Bugatti stirbt

Lidia Ettorina Maria Bugatti, die zweite Tochter von Ettore Bugatti, Gemahlin des Conte François de Boigne, stirbt im Alter von 65 Jahren.

Paris, Dezember 1973
Kapital

Die Snecma übernimmt die Mehrheitsbeteiligung (51 Prozent) am Unternehmen Messier-Hispano. Bugatti wird von 1975 an ein 85-prozentiges Tochterunternehmen der Gruppe Messier-Hispano.

Mulhouse, 7. März 1977
Gewaltstreich in Mulhouse

Die Sammlung Schlumpf wird zum »Arbeitermuseum« und steht auf Initiative der Gewerkschaft und der gesamten Arbeiterschaft dem Publikum offen! Das ist ein Schlag für die Brüder Hans und Fritz Schlumpf, die die beeindruckendste Sammlung in ganz Europa zusammengetragen hatten. Aus diesem Museum entsteht später das Musée National de l'Automobile in Mulhouse.

Die beiden Brüder, die in der Textilindustrie reich geworden waren, pflegten eine maßlose Leidenschaft für die Wagen von Ettore Bugatti. Seit 1960 häuften sie insgeheim eine schier unglaubliche Sammlung seltenster Autos an. Im Mai 1966 wird die einzigartige Sammlung diskret im Beisein einiger Privilegierter eingeweiht. Sieben Jahre darauf schließen die Industriellen ihren Betrieb, um sich ganz ihrer verzehrenden Leidenschaft zu widmen – am Schicksal der Arbeiter und Angestellten sind sie nicht interessiert. Es folgt ein langer sozialer Konflikt. Im März besetzen die Arbeiter das Museum.

Die wütenden Besetzer entdecken zu ihrem größten Erstaunen eine geradezu irreale Welt, wie sie sich sie niemals hätten vorstellen können, einen gewaltigen Raum im Gebäude einer ehemaligen Spinnerei, einem prächtigen Industriebau des 19. Jahrhunderts. Die Gänge werden von 80 Straßenlaternen erhellt, die identisch sind mit denen des Pont Alexandre III in Paris! Insgesamt stehen 427 Autos, darunter 122 Bugatti, in diesem prunkvoll barocken Dekor – unter einem Riesenporträt von Jeanne Schlumpf, der von Hans und Fritz über alle Maßen verehrten Mutter. Im Jahre 1978 verfügt der Conseil d'État, dass 285 Autos als nationales Kulturgut zu betrachten seien. Damit können sie Frankreich nicht verlassen. Die Brüder Schlumpf fliehen in die Schweiz, und 1982 wird aus ihrer Sammlung das Musée

National de l'Automobile, das nun jedermann frei zugänglich ist.

Aix-en-Provence, 29. März 1977
Roland Bugatti stirbt

Roland César Maria Carlo Bugatti, der zweite Sohn von Ettore Bugatti stirbt im Alter von nur 55 Jahren.

Paris, Juni 1977
Autokunst

Das Auto findet dank dem Visionär Hervé Poulain Eingang ins Centre Georges Pompidou. Anlässlich einer Wohltätigkeitsveranstaltung beim Bal des Petits Lits Blancs nimmt der Auktionator die Idee der bemalten Autokarosserien wieder auf. Den Anfang hatte er mit einem BMW gemacht, den Alexander Calder für das 24-Stunden-Rennen von Le Mans 1975 verziert hatte.
Modelle im Maßstab 1:5 dienen als Vorlage für den Surrealismus von Félix Labisse und Roland Topor, für die geometrische Abstraktion von Victor Vasarely, für die lyrische Abstraktion von Georges Mathieu oder Raymond Moretti, für den neuen Realismus von Arman, für die Figuration Narrative von Bernard Rancillac. Hervé Poulain vertraut das Modell eines Bugatti 35 Sonia Delaunay an. Sie ist müde, gelähmt, verbraucht … und 92 Jahre alt. Zwei Jahre darauf stirbt sie. Ihr Modell bedeckt sie mit Farbpapier, das ungeschickt ausgeschnitten und grob aufgeklebt ist. Doch das macht kaum etwas aus, die Seele der Farbkünstlerin tritt in dieser improvisierten Geometrie noch deutlich hervor. Ungefähr 15 Jahre später erhält der Sammler Marc Nicolosi vom Besitzer des Kunstwerks die Erlaubnis, das Muster in Maßstab 1:1 auf seinem Bugatti 35 anzubringen.

Paris, 12. Juli 1977
Umgruppierung

Durch die Fusion zwischen Messier-Hispano und ihrer Tochter Bugatti entsteht eine neue Gruppe. Das Unternehmen heißt Messier-Hispano-Bugatti. Das neue Logo vereinigt den Adler von Messier, den Storch von Hispano-Suiza und das Oval von Bugatti.

Das Modell des Bugatti 35, dekoriert nach den Angaben von Sonia Delaunay.

1978-1981: Den Mythos pflegen

London, 8. Oktober bis 18. November 1979
Angewandte Künste

»The Amazing Bugattis« heißt eine Ausstellung, die die Zeitschrift *The Observer* zusammen mit Moët & Chandon und dem Bugatti Owner's Club im Royal College of Art veranstaltet. Sie zeigt die verschiedenen Künstler dieses Namens, Carlo, Rembrandt, Ettore und Jean anhand ihrer Kreationen.

Mulhouse, 8. April 1981
Eröffnung des Nationalmuseums

Im Jahre 1978 hatte der Conseil d'État große Teile der Sammlung Schlumpf als nationales Kulturgut klassifiziert. Damit konnte sie von der Trägerschaft des Musée National de l'Automobile angekauft werden. So wird sie schließlich dem Publikum zugänglich.

Paris, 18. Mai 1981
Die Bugattis von Alain Delon

Im Auktionshaus Drouot versteigert Hervé Poulain die Skulpturen von Rembrandt Bugatti, die Alain Delon mit Sachkenntnis zusammengetragen hat. Den Katalog dazu verfasst Véronique Fromanger des Cordes.

Saint-Ouen, September 1981
Wiederaufbau

Der 57S Atlantic Nr. 57-473/S entsteht neu in den Werkstätten des Karosseriebauers André Lecoq. Das ursprüngliche Fahrzeug war am 22. August 1955 auf einem Bahnübergang bei Giens von einem Zug erfasst worden. Die beiden Insassen kamen dabei ums Leben, und das Auto wurde völlig zertrümmert. Zehn Jahre nach diesem Unfall existieren nur noch wenige Teile dieses Atlantic.

Alain Delon mit einer der Skulpturen von Rembrandt Bugatti.

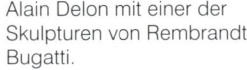

Der vom Karosseriebauer
Lecoq neu aufgebaute Bugatti
57S Atlantic Nr. 57-473/S.

Der 57S Atlantic während der
Restaurierung durch André
Lecoq (zweiter von links auf dem
Bild, mit Paul Bracq zu seiner
Rechten, Paul Bouvot, kauernd,
und Gérard Welter, 1981).

Doch ein gewisser Paul-André Berson kauft
das Wrack und macht sich an den Wiederaufbau. Er lässt eine neue Karosserie und
ein neues Chassis bauen und erwirbt einen
weiteren Motor des Typs 57 (Nr. 57-171). Die
wenig befriedigende Reproduktion übernimmt 1974 der Sammler Michel Seydoux.
Er gibt bei André Lecoq einen zweiten Wiederaufbau in Auftrag. Dieser zieht mehrere Designer hinzu, um die Richtigkeit der
Formen zu überwachen: Paul Bouvot, Paul
Bracq und Gérard Welter, alle drei Angestellte im Centre Style von Peugeot.

So entsteht der Atlantic 1981 neu aus den ver-
bliebenen Resten. Er ist dunkel aubergine-
farben lackiert und wird im Herbst 1981 bei
der Rallye du Centenaire im Elsass erstmals
gezeigt.

Werbung für die Bugatti-Uhren der Firma Muller SARL, 1985 (rechte Seite).

1982–1986: Ein langer Schlaf

Besançon, August 1985
Im Takt der Zeit

Die Firma Muller SARL, gegründet im Februar 1983 in Besançon durch Jean Muller und Frédérique Fritz, gestaltet eine Reihe von Uhren, die das Markenzeichen von Bugatti tragen. Sie werden erstmals bei der Basler Uhrenmesse, dann auf dem Salon Bijhorca in Paris gezeigt. Das Uhrwerk stammt von ETA Swiss Quartz, und es gibt die Uhren in Massivgold, Stahl und Gold, Stahl, plattiert oder zweifarbig.

Pebble Beach, August 1985
Alle Royale

Zum allerersten Mal sind alle sechs Bugatti Royale an ein und demselben Ort versammelt. Sie nehmen am Concours d'Élégance von Pebble Beach in Kalifornien teil. Fotografiert werden sie dabei von Jean-Paul Caron, der bei der Organisation dieses Wiedersehens behilflich war.

Reno, Juni 1986
Besitzerwechsel

Die Sammlung Harrah wird aufgelöst und die Reiselimousine des Typs 41 mit der Nummer 41-150 steht zum Verkauf. Der glückliche neue Besitzer heißt Jerry Moore. Er hat eine Ladenkette in Houston und unterzeichnet einen Scheck über 6,5 Millionen Dollar!

Die sechs Bugatti Royale auf dem Rasen von Pebble Beach, August 1985.

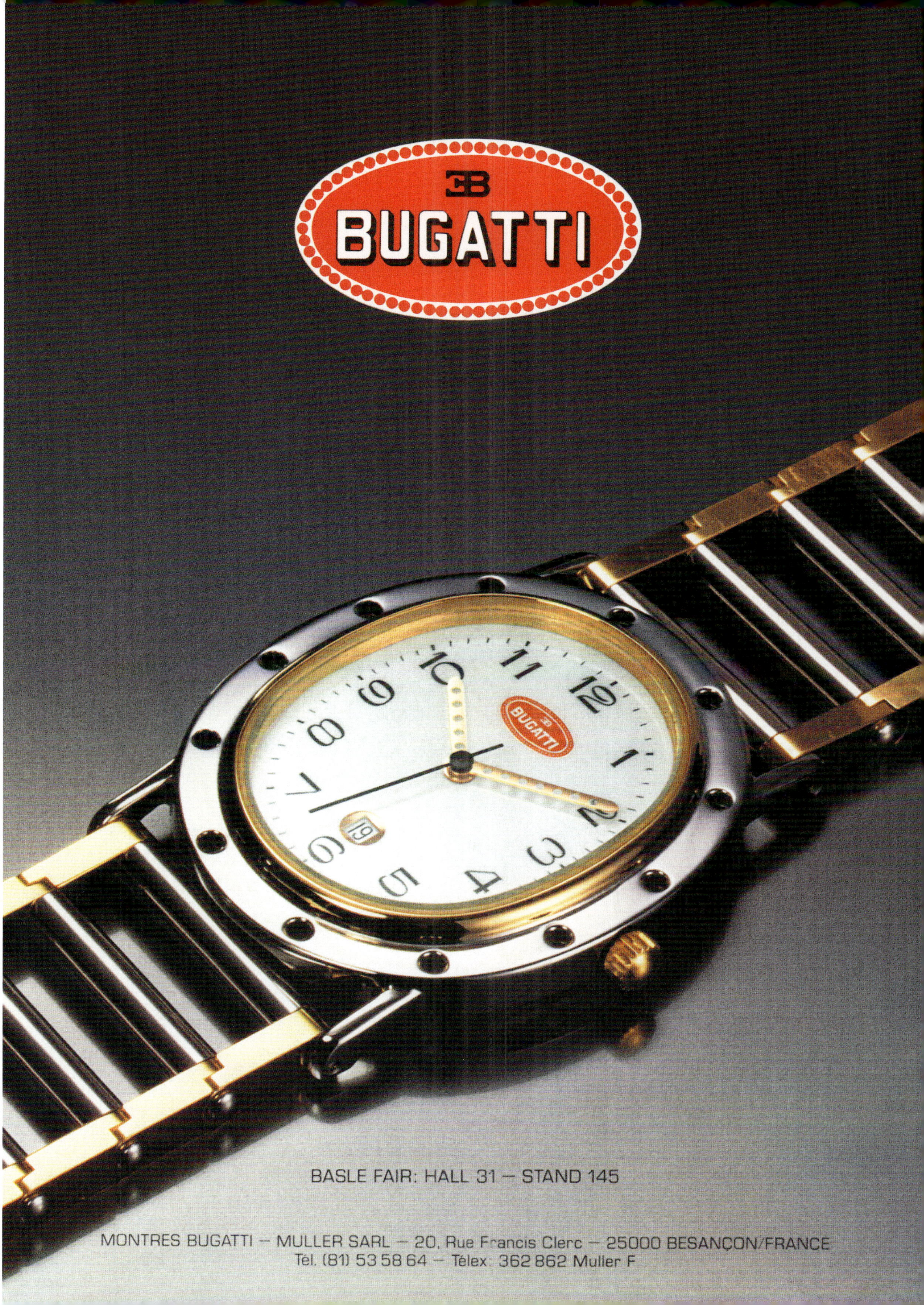

BASLE FAIR: HALL 31 — STAND 145

MONTRES BUGATTI — MULLER SARL — 20, Rue Francis Clerc — 25000 BESANÇON/FRANCE
Tél. (81) 53 58 64 — Télex: 362 862 Muller F

AKT V
Das italienische Abenteuer
1987–1997

Einer europäischen Investorengruppe gelingt es 1987, die Rechte an der Marke Bugatti zu erwerben. Sie findet eine neue Heimat in der Emilia-Romagna, und eine Renaissance an der Spitze der Autoindustrie erscheint nun möglich. Zwischen 1991 und 1995 bietet die Firma einen der begehrenswertesten Gran-Turismo-Wagen jener Zeit an. Aber leider: Bugatti Automobili fällt einer Wirtschaftskrise in den 1990er-Jahren zum Opfer.

Modell im Maßstab 1:1.

SZENE 1
AKT V

Renaissance
1987–1991

Eigentlich gab es keinen Zweifel daran, dass die Produktion von Autos mit dem ovalen Bugatti-Markenzeichen der Vergangenheit angehörte. Der Name steht nur noch mit der Luftfahrtindustrie in Verbindung. Doch eine Handvoll Unternehmer will dieses Schicksal nicht hinnehmen und die legendäre Marke wieder zum Leben erwecken. Der Name Bugatti hat durch die Pflege des Mythos nichts von seinem Klang verloren. Ende der 1980er-Jahre wird die Renaissance in aller Heimlichkeit vorbereitet …

Einer der Prototypen des Bugatti EB 110.

1987-1988: Vorbereitungen

Die Fundamente der Fabrik in Campogalliano.

A Charitable Trust whose objectives are to preserve and make available for study the works of Ettore Bugatti

Die Broschüre des Bugatti Trust.

Luxemburg, 14. Oktober 1984
Die Holding Bugatti International

Seit jeher lässt der Name Bugatti die Augen von Investoren aufleuchten. Jean-Marc Borel war so stark motiviert, dass er lange Verhandlungen mit der Snecma aufnahm. Er wollte die Rechte am Namen Bugatti erwerben und sie für Automobile nutzen.

Die Verhandlungen kommen zu einem glücklichen Abschluss. Im Oktober 1987 wird die Holding Bugatti International SA in Luxemburg gegründet, und ihr erster Präsident wird Jean-Marc Borel. Die Holding umfasst zwei Gesellschaften:

▶ Bugatti Automobili SpA mit Sitz in Modena, 60 Prozent gehalten von Bugatti International, 30 Prozent von Romano Artioli, dem Präsidenten, 5 Prozent von Paolo Stanzani, dem technischen Leiter.

▶ Ettore Bugatti SRL, kontrolliert von Romano Artioli (70 Prozent). Die restlichen Anteile von 30 Prozent hält Bugatti International.

Romano Artioli, der aus der Gegend von Bozen stammt, ist kein Unbekannter in der Welt des Automobils. Er vertrieb mehrere Luxusmarken, darunter auch Ferrari, und produzierte unter der Marke Fisico auch Autozubehör.

Cheltenham, 16. Oktober 1987
Bugatti Trust

Der ausgewiesene Bugatti-Historiker Hugh Conway gründet zusammen mit einer Gruppe von Liebhabern dieser Marke den Bugatti Trust. Die Vereinigung hat ihren Sitz in Prescott Hill in Gloucestershire, einem für Bugattisten mythischen Ort, denn an diesem Hügel röhren seit 1938 die Bugatti-Motoren. Der Bugatti Trust wird zu einem Meilenstein auf dem Weg zurück in die Geschichte der Marke. Er will die Erinnerung an die Marke pflegen, Objekte aus der Vergangenheit zeigen und alle möglichen Unterlagen archivieren. Er ist allen Liebhabern zugänglich.

London, 19. November 1987
Teure Automobile

Bei einer von Christie's organisierten Auktion in der Royal Albert Hall wird ein neuer Rekord aufgestellt. Der Royale mit der Karosserie von Kellner wird bei einem Preis von 5 500 000 Pfund Sterling zugeschlagen. Das entspricht zu jenem Zeitpunkt 15 950 000 DM und wäre heute rund 8 150 000 Euro.

Dieser Royale blieb 1932 unverkäuflich und somit im Besitz der Familie Bugatti. Im Juni 1950 hatte der Herrenfahrer und Milliardär Briggs Cunningham am 24-Stunden-Rennen von Le Mans mit zwei Cadillacs teilgenommen. Auf der Rückreise machte er in Ermenonville Station, um die drei Royale zu kaufen. Lidia Bugatti wollte sich nicht vom Coupé Napoléon ihres Vaters trennen, stimmte aber einem Verkauf der beiden anderen Royale zu. Briggs Cunningham überließ die Reiselimousine bald seinem Freund Cameron Peck, behielt aber den Coach lange Zeit und integrierte ihn in seine Sammlung. Für die beiden Royale musste Cunningham einen Scheck über 3000 Dollars ausstellen und … zwei Kühlschränke liefern! Zu Beginn des Wirtschaftswunders fehlte es in Frankreich noch an vielem! Der Bugatti Royale wurde zu einem der Meisterwerke des Museums Cunningham in Costa Mesa im Süden von Los Angeles. Gegen Ende seines Lebens überließ Briggs Cunningham

seine Sammlung seinem Freund Miles Collier. Aber auch dieser wurde nicht jünger, und so wurde die Sammlung Ende der 1980er-Jahre definitiv in alle Winde zerstreut. Der Auktionator Robert Brooks von der Firma Bonhams & Brooks kann diesen Royale im Oktober 2001 erneut versteigern, aber das Ergebnis wird nicht bekannt gegeben …

Modena, 1. Februar 1988
Kapitalerhöhung

Das Kapital der Firma Bugatti Automobili SpA wird von 200 Millionen auf 2,5 Milliarden Lire (heute rund 1,3 Millionen Euro) erhöht.

Molsheim, März 1988
Rückkehr ins Elsass

Während sich die Bugatti Automobili SpA in Position bringt, fährt die Firma Messier-Bugatti ganz unabhängig davon in ihrer Aktivität fort. Sie will sogar zu ihrem historischen Sitz in Molsheim zurückkehren. So fällt die Entscheidung, den Betrieb Messier-Bugatti in Montrouge zu schließen und die Aktivitäten nach und nach ins

Elsass zu verlagern. Vom April 1987 beginnt Messier-Bugatti die Sektoren für die Reparatur, die Hydraulik und den Mittelbau in Molsheim neu zu gruppieren. Zwischen März und Oktober 1988 findet der Umzug statt und alle Fabrikationszweige wandern von Montrouge nach Molsheim.

Modena, 29. Juni 1988
Neue Kapitalerhöhung

Das Kapital der Bugatti Automobili SpA wird erneut erhöht und steigt auf 5 Milliarden Lire (heute rund 2,6 Millionen Euro).

Irvine, Juli 1988

Trevor Fiore aus dem kalifornischen Ort Irvine ist einer der ersten, der dem künftigen Bugatti Gestalt verleihen soll. Innerhalb weniger Wochen realisiert er ein Modell, das er passend Atlantic nennt. Trevor Fiore war bei mehreren Gelegenheiten für die französische Autoindustrie tätig gewesen. Im Januar 1980 übernahm er die Leitung des Centre de Création Citroën. Zuvor war er bekannt geworden für das Design schöner Sportwagen für TVR und Elva in Großbritannien oder für die schweizerische Firma Monteverdi. Der elegante Stylist Fiore bekundet Mühe, sich unter das Joch einer Marke mit derart bedeutender Vergangenheit zu beugen. Von 1982 an schickte ihn die Leitung von Citroën nach Südfrankreich, um ein dezentrales Studio in Sophia Antipolis aufzubauen. Als man dieses auflöste, kehrte Trevor Fiore in seine Wahlheimat Kalifornien zurück.

1989: Erste Rohformen

Modena, 15. März 1989
Ruhe, er läuft!

Im Verborgenen hat Paolo Stanzani lange Zeit am künftigen Bugatti gearbeitet. Romano Artioli hatte ihn von Anfang an in das Abenteuer Bugatti Automobili miteinbezogen. Er entwickelte den Zwölfzylindermotor »035«, und der läuft nun zum ersten Mal auf dem Prüfstand! Stanzani hat eine brillante Karriere in Zusammenhang mit dem Aufstieg von Lamborghini vorzuweisen. Er wurde am 20. Juli 1937 in Bologna geboren und kam 1967 zu Lamborghini. Zwölf Jahre blieb er dieser Firma treu. 1967 wurde er Fertigungsleiter, dann 1968 technischer Leiter als Nachfolger von Giampaolo Dallara. Mit der neuen Leitung überwarf er sich, verließ die Firma 1975 und eröffnete ein unabhängiges Entwicklungsbüro in einem alten Pfarrhaus im Hügelgebiet um Bologna.

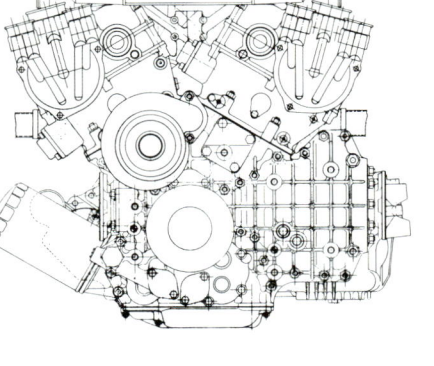

Querschnitt durch den Motor des künftigen Bugatti, 1989.

Paris, 9. und 10. September 1989
50 Jahre Warten

Das ist die zweite Auflage des Wettbewerbs des Magazins *Automobiles Classiques* im Park von Bagatelle, im Bois de Boulogne vor den Toren der Hauptstadt. Die Luxusgüterfirma Louis Vuitton nimmt an der Organisation des Ereignisses teil. Im Feld der stets außergewöhnlichen Teilnehmer fällt ein bisher unbekannter Bugatti 57 auf. Er wurde 1939 entworfen ... doch nie realisiert. In den meisten Fällen sind Repliken alter Automobile nicht sammelwürdig. Diesen apokryphen Kopien fehlt jegliches historisches Interesse, und oft sind sie in betrügerischer Absicht entstanden. Aber es gibt ein paar Sonderfälle, bei denen eine moderne Rekonstruktion gerechtfertigt erscheint: etwa wenn ein Markstein der Geschichte untergegangen ist – oder wenn er nie existiert hat!

So kam Jean-Marc Robert auf den Gedanken, ein Projekt zu realisieren, das bisher im Stadium der Intention stecken geblieben war. Der Sammler aus der Champagne stieß auf die Zeichnung eines wundervollen Coupés, datiert 19. Juni 1939, mit der Nummer 4027, unterzeichnet von Lucien Schlatter, damals Angestellter beim Karosseriebauer Gangloff.

Der Kriegsausbruch hatte die Konkretisierung dieses Projekts verhindert. Doch 1989 war es soweit. Jean-Marc Robert ließ eine Karosserie anfertigen für das Chassis Nr. 57-324, das dem Historiker Alain Spitz gehört hatte. Das Projekt vertraute er dem englischen Karosseriebauer Rod Jolley in Lymingon nahe Southampton an. Die Polsterarbeiten übernahm Amedeo de Oliveira aus der Umgebung von Rémois. Einen Tag nach der Fertigstellung nimmt das Auto am Concours »Automobiles Classiques et Louis Vuitton« in Bagatelle teil. Am 15. Dezember 2002 lässt Jean-Marc-Robert seinen schönen Bugatti bei Poulain-Le Fur versteigern. Er wird bei 261 100 Euro zugeschlagen. Weitere identische Neubauten erfolgen, aber die Gründe für ihre Entstehung sind wohl eher finanzieller Natur!

Das von Gangloff im Jahre 1939 projektierte Coupé 57, realisiert 50 Jahre danach (Foto: Michel Zumbrunn).

Ora/Auer, 15. September 1989

Am 15. September 1989, am Geburtstag des Patrons, öffnet das Centro Culturale Ettore Bugatti in Auer bei Bozen seine Pforten.

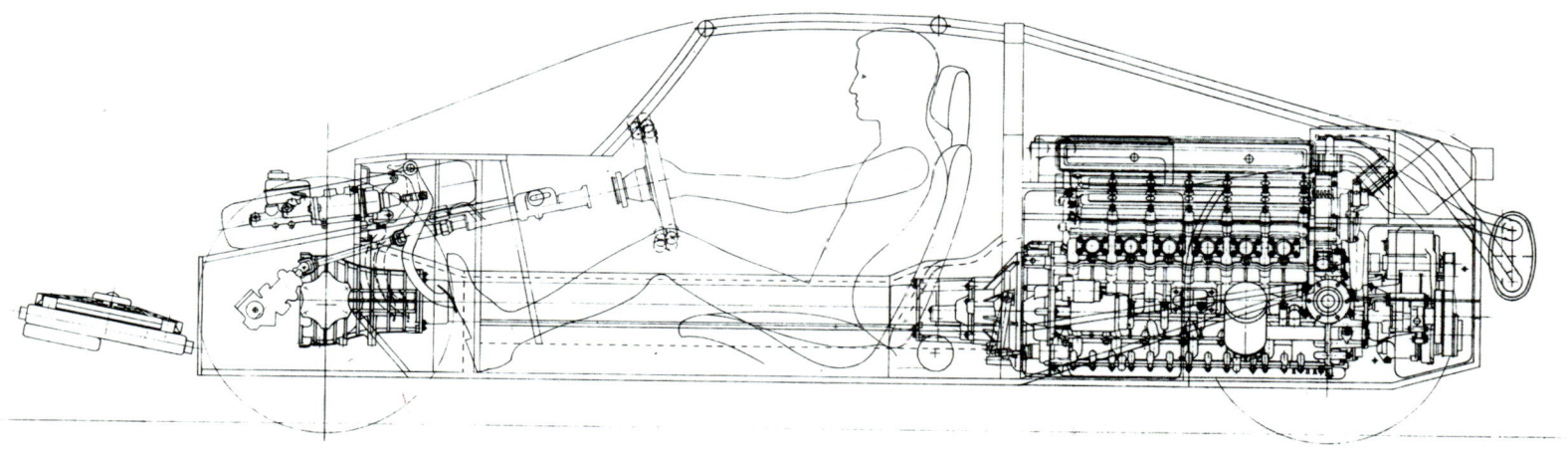

Turin, Dezember 1989
Gandinis Hand

Ein halboffizielles Foto erscheint auf der Titelseite der französischen Wochenzeitung *AutoPlus*. Es handelt sich um ein Projekt von Marcello Gandini. Der Designer ist eine der großen Meister der italienischen Karosseriekunst. Marcello Gandini wurde bei Bertone bekannt, wo er 1965 als Nachfolger von Giorgetto Giugiaro eingetreten war. Er verbrachte dort fast 15 Jahre und baute ein richtiges Entwicklungsbüro auf. Während der Sechzigerjahre entwickelte Marcello Gandini einen eindeutigen Stil. Mit seiner üppigen Kreativität und seiner Kompetenz als Ingenieur und Künstler schuf er extravagante Werke, wobei er extrem scharfe Linien mit der organischen Welt entsprungenem Dekor verband. Marcello Gardini verließ Bertone 1979, mit 41 Jahren, um als Freiberufler zu arbeiten und sein isoliert dastehendes atypisches Werk weiter fortzuführen.

Als Bugatti Automobili Marcello Gandini konsultiert, hat er gerade das Design zweier kleiner Gran-Turismo-Limousinen fertig gestellt: des Cizeta-Moroder V16T von 1988 und des Lamborghini Diablo, der 1990 auf den Markt kommt. Das erste Modell im Maßstab 1:1, das Marcello Gandini für Bugatti realisiert, trägt die Seriennummer 110-0000035/0000. Es ist durch eine keilförmige gerade Gürtellinie gekennzeichnet. Sie läuft hinten in einen Spoiler aus, der über dem Heck liegt. Das silbergrau gestrichene

Modell ist insofern asymmetrisch, als die Lufteinlässe nicht identisch sind auf beiden Seiten: rechts ein schräg geschnittener Luftschlitz mit vier waagrechten Schlitzen, direkt vor dem Hinterrad, rechts eine Art deformiertes NACA-Inlet.

Längsschnitt durch den künftigen Bugatti, 1989.

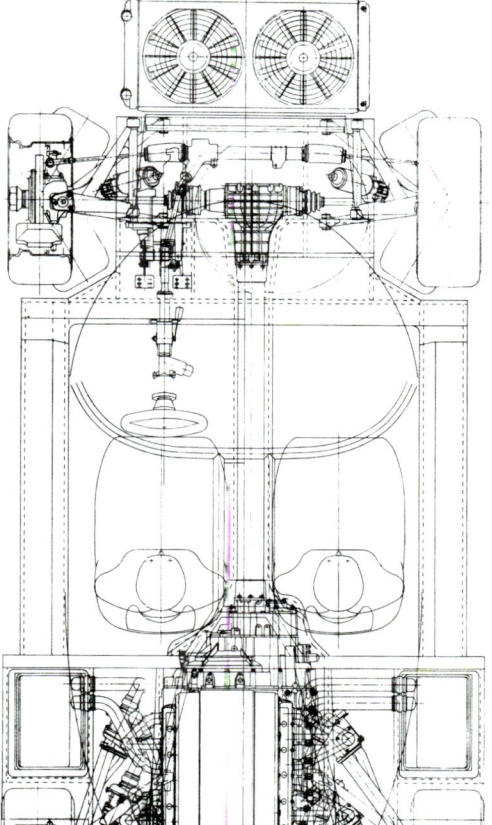

Aufsicht auf den Bugatti, konzipiert von Paolo Stanzani, 1989.

Das Modell des Bugatti, entworfen von Marcello Gandini, auf der Titelseite der Zeitschrift *AutoPlus*, 1989.

Das Projekt ID90, von vorne
gesehen, April 1990.

1990: Giugiaros Blick

Turin, 20. April bis 1. Mai 1990
Kürlauf

Giorgetto Giugiaro liebt den Ruhestand
nicht. Der geniale Designer, der zusammen mit Aldo Mantovani Italdesign gegründet hat, veröffentlicht seine Version dessen,
wie der künftige Bugatti aussehen könnte.
Er zeigt sein Projekt ID90 auf dem 63. Turiner Autosalon und teilt gleichzeitig mit, dass
es sich um eine private Initiative handle. Er
habe sie unabhängig von Bugatti Automobili
SRL entwickelt. Immerhin respektiert das
Modell die Maße des Chassis, wie »sie seit
März 1989 in der Fachpresse veröffentlicht
wurden«.

Es handelt sich um eine zweisitzige Berlinette, die um einen Mittelmotor herum organisiert ist. Italdesign zufolge sollte er quer eingebaut werden, was aber bei den »wahren«
Prototypen nicht der Fall ist. Beim Design
bilden die Dachkuppel und die ellipsenförmigen Motive das Hauptthema. Der Einstieg wird möglich, weil sich die Tür und das
Seitenfenster, das bis zur Dachmitte reicht,
gleichzeitig öffnen. Man kann bedauern,
dass sich das Projekt ID90 nicht auf die vergangenen Bugatti-Modelle bezieht. Die Identität des Prototyps wird an keinem Merkmal
deutlich, wenn man einmal von den Vollrädern absieht, die vom Typ 50 inspiriert
erscheinen.

Daten zum Projekt ID90

Motor	Zwölfzylinder-V-Motor, Bankwinkel 60°
Anordnung	Mittelmotor, quer eingebaut
Reifen	245/50 VR 17 Pirelli
Maße	410 x 184 x 109 cm
Radstand x Spurweite	255 x 155 x 155 cm

Das Projekt ID90 in Dreiviertelansicht von vorne, April 1990.

Das Projekt ID90 von der Seite gesehen, April 1990.

1990: Den Boden bereiten

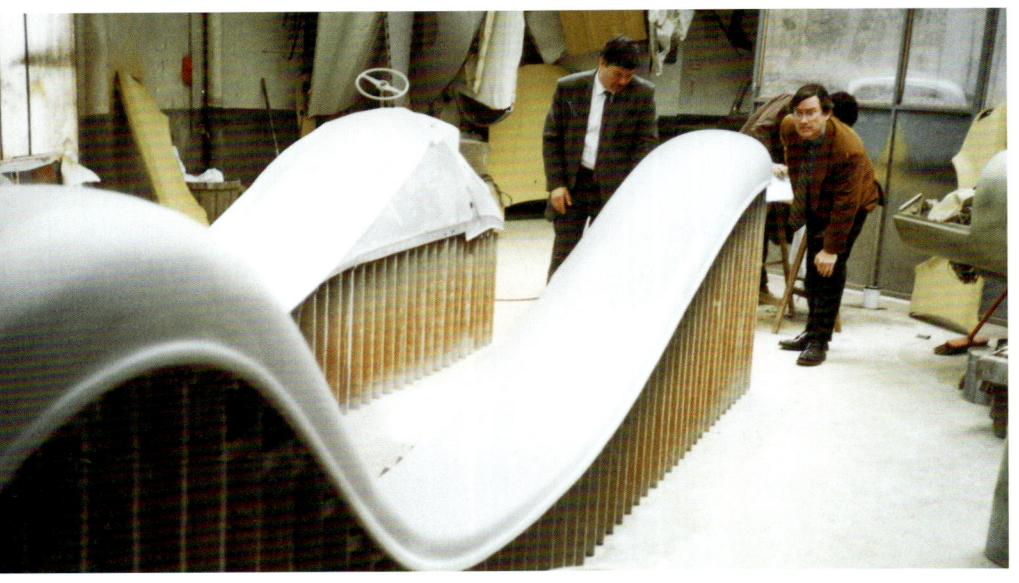

Der Royale von Esders bei der Rekonstruktion in den Werkstätten von Lecoq. Rechts überprüft Bernard Brulé die Linienführung der Kotflügel.

Plan des Werks in Campogalliano.

Campogalliano, April 1990
Im Bau

Die neuen Gebäude in Campogalliano sind noch nicht ganz fertig. Einige Abteilungen können immerhin schon einziehen.

Campogalliano, Juli 1990
Ziemlich unfein

Paolo Stanzani versucht mit einem Handstreich, seine Beteiligung am Kapital von Bugatti Automobili von 2,6 Prozent auf 52,6 Prozent aufzustocken! Sein Manöver geht schief. Der Verwaltungsrat entbindet Paolo Stanzani von all seinen Funktionen und kündigt ihm zu Ende des Monats.

Molsheim, 1. April 1990
Neue Firmenbezeichnung

Aus Messier-Hispano-Bugatti wird Messier-Bugatti. Auch der Firmenslogan ändert sich: »Landen, bremsen: unser Geschäft« ersetzt »Die Landung ist unser Arbeitsgebiet«.

Mulhouse, 27. Juli 1990
Der wiedererstandene Royale

Die Rekonstruktion eines der verschwundenen Royales, des Roadster von Esders, geht in den Werkstätten von Lecoq dem Ende entgegen. Auch hier überwachen Designer von Peugeot, nämlich Paul Bracq und Bernard Brulé, das grandiose Werk.

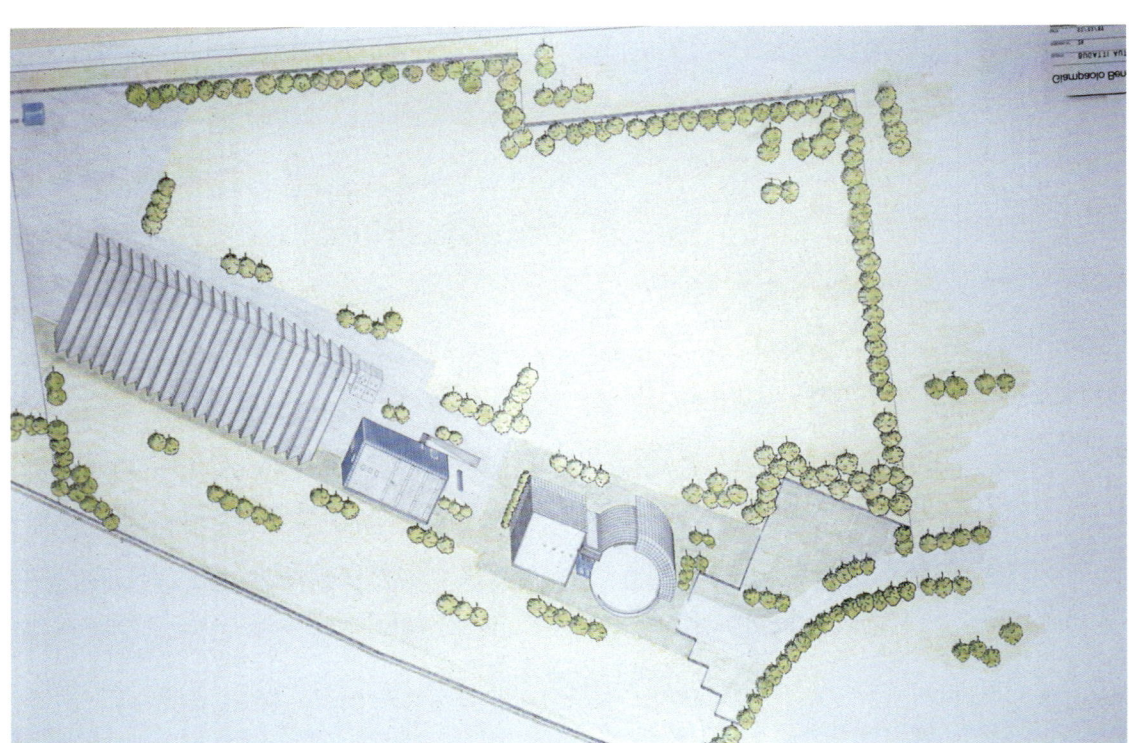

Der erste fahrende Prototyp.

Die Brüder Schlumpf hatten bereits in den Siebzigerjahren beabsichtigt, den Roadster wieder herstellen zu lassen. Dazu gaben sie ein neues Chassis bei Pont-à-Mousson in Auftrag. Der Bankrott der Schlumpfs setzte dem Projekt ein Ende. Im Jahre 1988 hatte die Leitung des Musée National de l'Automobile, angeregt von Jean-Claude Delerme und Patrick Garnier, den Entschluss gefasst, dieses Abenteuer neu zu wagen. Im Lauf des Sommers 1990 kommt es zum Abschluss.

Campogalliano, 3. September 1990
Direkt aus Maranello …

Bugatti Automobili ernennt einen neuen technischen Leiter. In Gerüchten war von Giampaolo Dallara und Luigi Marmiroli die Rede, aber schließlich fällt die Wahl auf Nicola Materazzi.

Nicola Materazzi kommt in Salerno, im Süden von Neapel, auf die Welt, wo er auch sein Ingenieurstudium absolviert, bevor er zu Lancia geht. Dort verbringt er zehn Jahre, wechselt dann zu Abarth, wo er den Einsitzer der Formula Italia entwirft. Materazzi arbeitet anschließend mit Osella zusammen, bei dem er die Formel 1 und 2 entdeckt. 1979 geht Materazzi zu Ferrari, zunächst für drei Jahre in die Rennabteilung, dann ins Entwicklungsbüro für Serienfahrzeuge. Auf seinem Reißbrett entstehen in dieser Zeit nacheinander die großen Klassiker: Testarossa, 328 GTB, 288 GTO und schließlich F40. Doch Materazzi erträgt das in Maranello herrschende Betriebsklima nicht mehr, kündigt und schließt sich dem Abenteuer Bugatti an. »Ich bin nicht wegen Ferrari weggegangen, sondern wegen Fiat«, präzisiert Materazzi in einem Interview, das er Jean-François Marchet für die Zeitschrift *Auto Hebdo* gibt.

Clermont Ferrand, September 1990
Erste Testfahrten

Der erste fahrende Prototyp, noch ohne Fahrgestellnummer, ein silbergrauer gut getarnter Erlkönig, unternimmt seine ersten Testfahrten auf der Michelinpiste von Ladoux bei Clermont-Ferrand.

Die provisorische Karosserie, entworfen von Marcello Gandini, ist aus Aluminium und stammt von der Firma ITCA in Turin. Sie ist 4,12 m lang, und ihr Luftwiderstandsbeiwert beträgt 0,28. Sie liegt über einem Chassis aus Aluminiumblech mit Wabenstruktur, hergestellt von Monfrini.

Campogalliano, 15. September 1990
Einweihung der Fabrik

Das Werk von Bugatti Automobili in Campogalliano bei Modena wird mit viel Pomp eingeweiht. Der jüngste Angestellte der Firma schwenkt eine Fackel, die man in Molsheim entzündet hatte! Die Sopranistin Rajna Kabaiwanska singt im Teatro Ducale in Modena. Das Grundstück in Campogalliano umfasst 72000 m²; darauf stehen zwei Gebäude mit 13000 m². Das eine ist ein Zylinder aus blauem Glas, der die Verwaltung und die Entwicklungsbüros beherbergt, im anderen ist die Produktion untergebracht. Der Architekt Giampaolo Benedini ist für den Bau verantwortlich: »Um etwas wirklich Exzellentes zu bauen, muss man unbedingt angenehme Arbeitsbedingungen haben«, erklärt er. »Ich wollte, dass die Entwicklungsbüros nach Norden offen sind, um eine Verbindung zu Molsheim anzudeuten.« So geschehen!

1991: Test auf der Piste

Misano, 15. Januar 1991
Drei Prototypen im Versuch

Nach den ersten Runden des Erlkönigs auf der Michelinpiste beginnt nun die ernsthafte Arbeit an den drei Prototypen EB 110 Nr. 39001 (marineblau), 39002 (mittelblau) und 39003 (mittelblau). Die Karosserie sieht der des Erlkönigs ähnlich und ist immer noch provisorisch. Jean-Philippe Vittecoq, ehemals Testpilot bei Michelin, führt die ersten Abstimmungen auf der Rennstrecke von Misano durch. Der 3,5 km lange Rundkurs wurde 1969 im Rahmen des Themenparks Riviera di Rimini gebaut und liegt am Ufer der Adria. Die Tests gehen später auf den Rennstrecken von Monza und Maggione weiter.

Paris, Februar 1991
Plattgemacht

Die Bauträger haben gewonnen! Die Aktionsgemeinschaft »Paris Demeure« wollte das Haus, in denen die Familie Bugatti zwischen 1904 und 1914 wohnte, in ein Museum

Blick in die Werkstatt der Firma Bugatti Automobili.

Die Wohnung der Familie Bugatti an der Rue Duméril in Paris vor dem Abriss.

umwandeln. Nichts half. Bulldozer brachen es ab. Es befand sich an der Rue Duméril 15 im 13. Arrondissement, nur wenige Schritte vom früheren Standort der Firma Delahaye an der Rue du Banquier entfernt.

Nürburgring, Mai 1991
Tests auf dem alten Rundkurs

Die Prototypen Nr. 39001 und 39003 verlassen das Land. Auf einem Lkw reisen sie in die Eifel. Die Firma Bugatti mietet dort den Nürburgring, um die beiden Prototypen allen nur erdenklichen Torturen zu unterwerfen. Die alte, lange und vielfältige Strecke erlaubt es, die Wagen effizient zu testen, in höllischem Gefälle, verräterischen Kurven, engen Serpentinen, langen Geraden, mit Löchern in der Straße, in denen die Stoßdämpfer kaputtgehen, und mit Buckeln, die das Chassis zerlegen …

Pavel Rajmis, ehemals Angestellter der tschechischen Firma Tatra, ist bei Bugatti Automobili verantwortlich für die Planung der Versuche. Er organisiert auch die dynamischen Testfahrten zweier neuer Prototypen, des 39004 (Berlinerblau) und 39005 (nachtblau).

Daten zum Bugatti EB 110 Prototyp	
Chassis	Leichtmetall
Karosserie	Aluminium
Motor	Zwölfzylinder-V-Motor, Bankwinkel 60°
Anordnung	In der Mitte längs eingebaut
Hubraum	3499,92 cm³ (81 x 56,6 mm)
Ventilsteuerung	Zwei oben liegende Nockenwellen, fünf Ventile pro Zylinder
Gemisch	Elektronische Multipoint-Einspritzung, vier Turbokompressoren IHI 1,05 bar
Leistung	540 PS (397 kW) bei 8000 U/min
Drehmoment	55 mkg (512 Nm) bei 4000 U/min
Verdichtung	7,5:1
Kraftübertragung	Vierradantrieb
Gangschaltung	Sechs Gänge
Vorderradaufhängung	Schraubenfedern, Querlenker
Hinterradaufhängung	Schraubenfedern, Querlenker
Bremsen	Belüftete Scheibenbremsen (332 mm) mit ABS Bosch/Bugatti
Lenkung	Zahnstangenlenkung
Reifen	Vorne 235/40 R, hinten 325/30 R
Maße	432,5 x 195 x 120 cm
Radstand x Spurweite	225 x 155,6 x 160,6 cm
Gewicht	1544 kg (2,86 kg/PS)
Höchstgeschwindigkeit	–
Produktion	5 Stück

1991: Posthume Hommage

Paris, 7. und 8. September 1991
Ein künstlerischer Typ 35 …

In Bagatelle werden die »Autos der Stars« gezeigt. Der Werbegrafiker Razzia malte dazu Clark Gable als rätselhaften Charmeur. Unter den unerschütterlichen Augen der Pfauen und Stockenten müssen die Jurymitglieder über ganz unterschiedliche Autos urteilen. Wie soll man sich zwischen Sportlichkeit und Raffinesse entscheiden? Und wie soll man den Bugatti 35 beurteilen, den Marc Nicolosi in dem Farbkleid lackieren ließ, das Sonia Delaunay 14 Jahre zuvor entworfen hatte? Nicolosi hat dazu vom Besitzer des Kunstwerks von Sonia Delaunay das Recht erworben, seinen Bugatti nach dem Vorbild zu bemalen – für eine strikt auf drei Jahre begrenzte Zeitspanne.

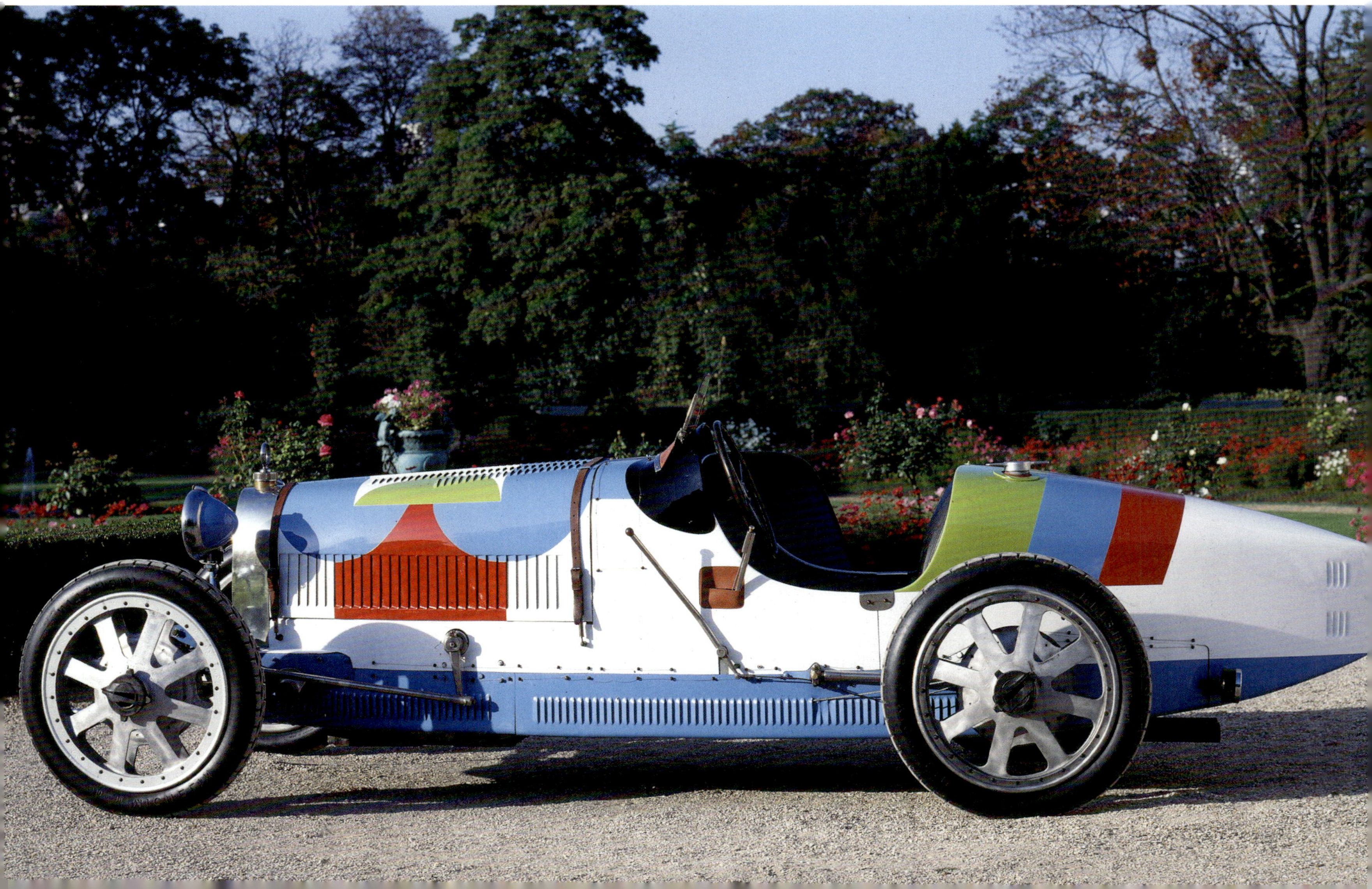

Ein Bugatti 35 lackiert nach den Vorgaben des Projekts von Sonia Delaunay, präsentiert beim »Concours d'Automobiles Classiques et Louis Vuitton« in Bagatelle, September 1991.

1991: Treffen in Paris

Paris, 14. September 1991
Der Schleier hebt sich über dem EB 110

Zahlreiche geladene Gäste treffen auf dem zentralen Platz von La Défense bei Paris ein. Die Presse und ganz Paris haben sich für die feierliche Präsentation des neuen Bugatti EB 110 auf die Beine gemacht. Es handelt sich um das erste Exemplar in definitivem Gewand. Der Bugatti EB 110 (Nr. 39006) ist in der Farbe der französischen Rennwagen lackiert und hat sich im Vergleich zu den fünf vorausgegangenen Prototypen (39001 bis 39005), die man für Fahrtests brauchte, erheblich weiterentwickelt.

Marcello Gandini wird nun vom Architekten Giampaolo Benedini, der das Werk in Campogalliano entworfen hat, unterstützt (oder durch ihn ersetzt?). Er bekam den Auftrag, den Linien den letzten Schliff zu geben. Die Volumina erscheinen nun gedrungener, die Linien noch einzigartiger. Es wurden zwei Modelle im Maßstab 1:1 angefertigt, um das neue Design zu veranschaulichen: das eine ist metallic marineblau lackiert, das andere in Berlinerblau kündigt die Supersportversion an.

Auch die technischen Eigenschaften sind nun festgelegt. Der 3,5-Liter-Motor leistet 560 PS und damit 20 PS mehr als bei den Prototypen. Der Rumpf ist aus Karbonfaser. Die französische Industrie ist in einem großen Umfang an der italienischen Renaissance von Bugatti beteiligt. Die Firmen Aérospatiale, Composite Aquitaine, Messier-Bugatti und Michelin bekommen Aufträge zu diesem Projekt.

In der Werkstatt, in der der Prototyp entsteht, erkennt man hinter dem Designmodell von rechts nach links Romano Artioli, Giampaolo Benedini und Marcello Gandini.

Modell im Windkanal von Pininfarina.

Blaues Modell im Maßstab 1:1
für das Design des EB 110
Supersport, Ansicht schräg von
vorne.

Rechte Seite:
Präsentation auf dem zentralen
Platz von La Défense, Paris,
September 1991.

Alain Delon ist der Pate des
neuen Bugatti.

Ein weiteres Modell im
Maßstab 1:1.

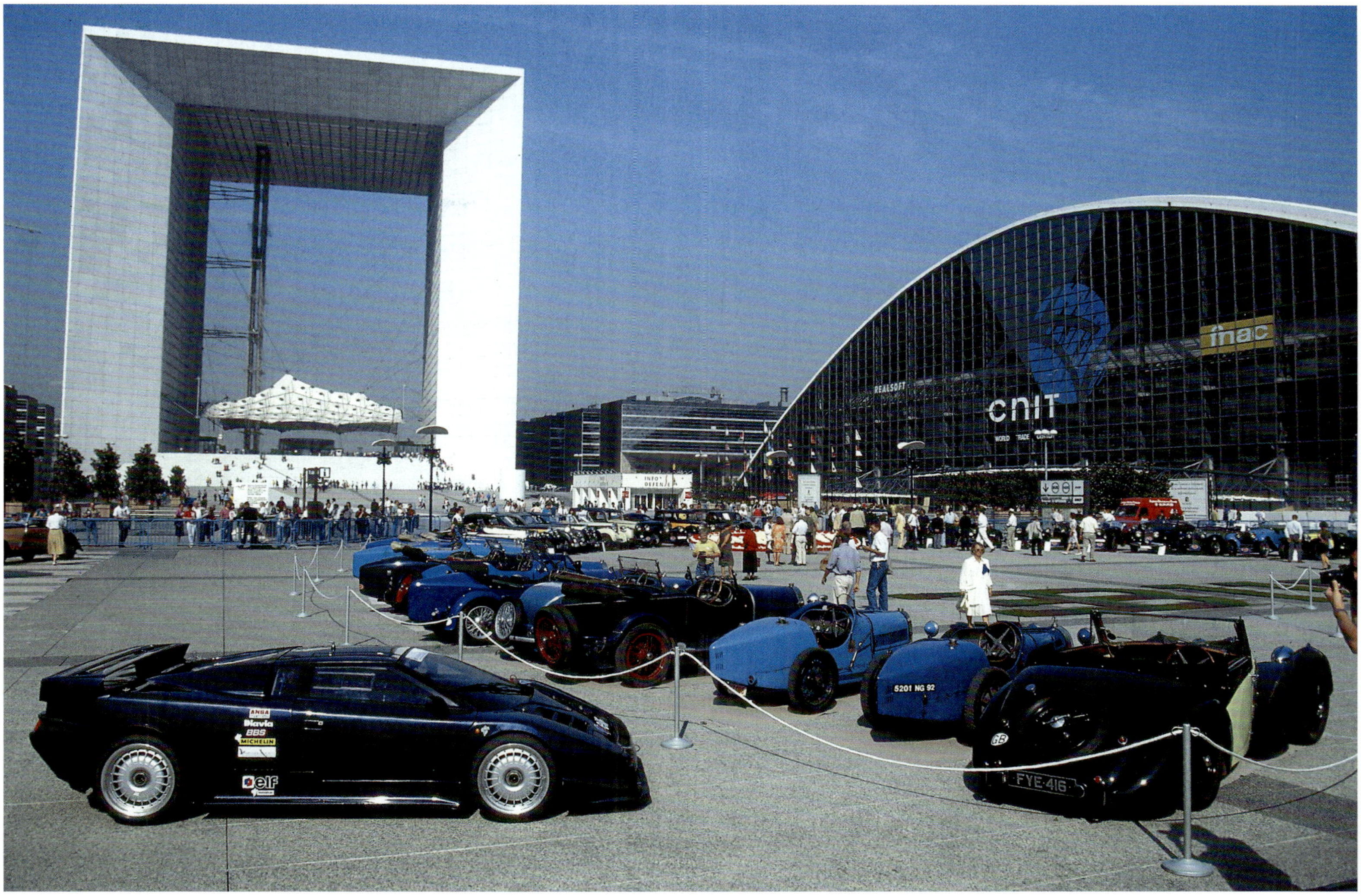
fnac
cnit
5201 NG 92
FYE 416

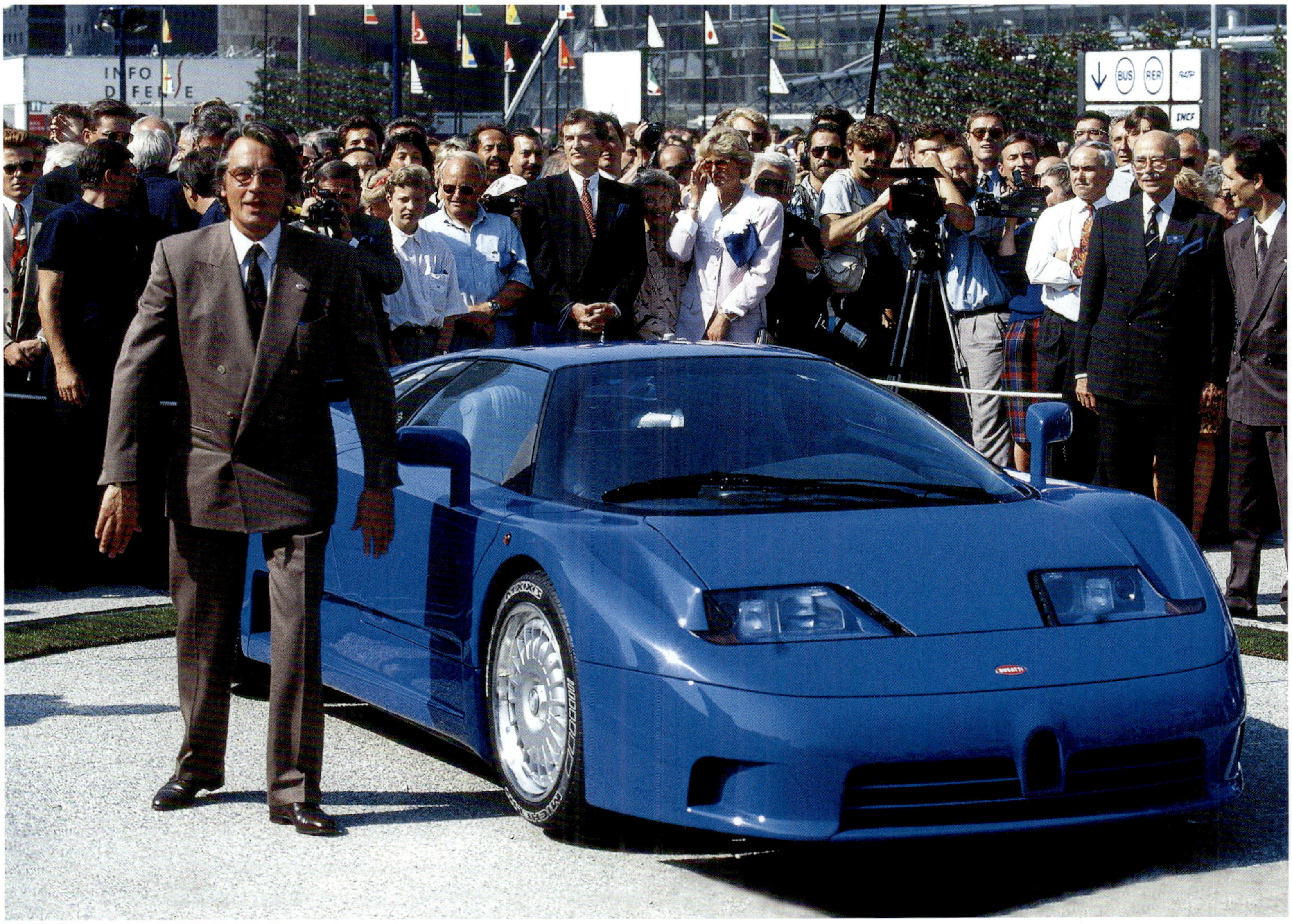
INFO
BUS
RER

Der Typ EB 110, die beiden
ersten Exemplare der Vorserie,
Jahrgang 1992.

Typ EB 110, Detail aus dem
Innenraum.

1991: Nahaufnahme des EB 110

Daten zum Bugatti EB 110 (EB 110 GT)	
Chassis	Verbundwerkstoffe
Karosserie	Aluminium
Motor	Zwölfzylinder-V-Motor, Bankwinkel 60°
Anordnung	In der Mitte längs eingebaut
Hubraum	3499,92 cm³ (81 x 56,6 mm)
Ventilsteuerung	Zwei oben liegende Nockenwellen, fünf Ventile pro Zylinder
Gemisch	Elektronische Multipoint-Einspritzung, vier Turbokompressoren IHI 1,05 bar
Leistung	560 PS (412 kW) bei 8000 U/min
Drehmoment	62,3 mkg (611 Nm) bei 4200 U/min
Verdichtung	7,8:1
Kraftübertragung	Vierradantrieb
Gangschaltung	Sechs Gänge
Vorderradaufhängung	Schraubenfedern, Querlenker
Hinterradaufhängung	Schraubenfedern, Querlenker
Bremsen	Belüftete Scheibenbremsen (332 mm) mit ABS Bosch/Bugatti
Lenkung	Zahnstangenlenkung
Reifen	Vorne 245/40 R 18, hinten 325/30 R 18
Maße	440 x 196 x 111,4 cm
Radstand x Spurweite	255 x 155 x 161,8 cm
Gewicht	1620 kg (2,89 kg/PS)
Höchstgeschwindigkeit	342 km/h
Produktion	95 Stück (Fahrgestellnummern 39015 bis 39102)

Präsentation in Molsheim, September 1991.

Der Typ EB 110 GT, Dreiviertelansicht von hinten.

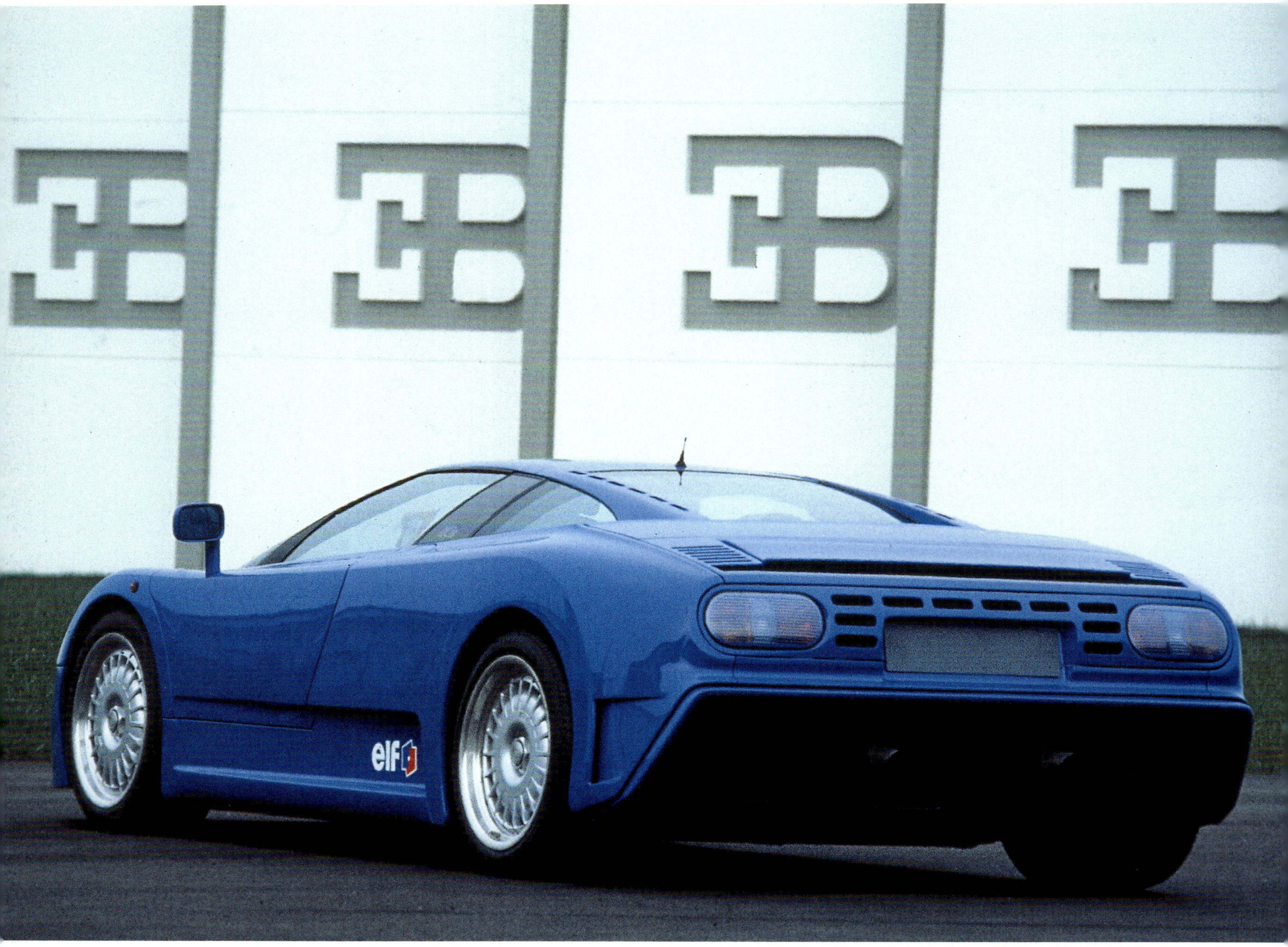

1991: Ein neuer Supercar

Molsheim, 15. September 1991
Treffen im Elsass

24 Stunden nach der großen Show in Paris sind die Einwohner von Molsheim dran mit ihrer Präsentation des EB 110. Der Wagen steht auf einem roten Teppich, und Romano Artioli fährt ihn vor. Doch hier, im Zentrum des elsässischen Dorfes, liegt die Betonung eher auf dem gemeinsamen Erbe.

Der Historiker Paul Kestler war dabei behilflich. Viele Sammler nehmen am Ereignis teil und leihen ihre alten Bugattis aus. Ralph Lauren schickt seine beiden Schmuckstücke, den Typ 59 Grand Prix und den 57S Atlantic. Robert Aumaître, der einst für die Rennabteilung verantwortlich war, nimmt mit seinen 87 Jahren noch sehr rüstig und lebhaft an der Zeremonie teil.

AKT V
SZENE 2

Größe und Niedergang
1992–1997

Das italienische Abenteuer von Bugatti ist ebenso kurz wie aufregend. Vier Jahre lang bietet das Unternehmen von Romano Artioli eines der perfektesten Autos auf dem Weltmarkt an. Die zahlreichen in jener Zeit entstehenden Supercars bewirken eine geradezu euphorische Stimmung. Trotzdem wird die Firma Bugatti Automobili ein Opfer der Turbulenzen, die mit der weltweiten wirtschaftlichen Rezession einhergehen.

Der Bugatti EB 110 S bei voller Geschwindigkeit auf einer vereisten Piste, März 1995.

1992: Eine Supersport-Variante

Die Produktion des Bugatti EB 110 hat noch nicht begonnen, da wird schon eine Vergrößerung des Werks von Campogalliano verkündet. Dessen Oberfläche wächst von 72000 auf 240000 m².

Am Genfer Autosalon spricht Bugatti Automobili von einer wahrscheinlichen Rückkehr in den Rennsport und enthüllt dazu eine neue Version, den EB 110 S (für Supersport). Bugatti möchte von der ins Auge gefassten Organisation einer Weltmeisterschaft profitieren, die den Gran-Turismo-Wagen offen stehen soll. Tatsächlich bereiten drei begeisterte Männer die Gründung der BPR-Rennserie vor: Jürgen Barth (früher Rennfahrer und auch Rennleiter bei Porsche), Patrick Peter (Eventmanager und Organisator der Tour Auto Historique) und Stéphane Ratel (Marketingleiter bei Venturi). Mit dieser Rennserie, die 1994 ihren Anfang nimmt, wollen die drei den Geist des Gentlemanfahrers wiederbeleben.

Bugatti bereitet somit seine Teilnahme mit einem EB 110 S vor, der leichter und leistungsstärker sein soll als der normale EB 110. Dieser wird somit zum EB 110 GT. Das Gewicht verringert sich um 200 kg durch die Verwendung von Verbundwerkstoffen bei der Motorhaube und der Haube hinten, bei den Sitzen, beim Bug- und Heckspoiler, bei den Seitenfenstern und beim Heckfenster. Die Ausstattung ist spartanischer, denn man verzichtet auf die Klimaanlage und die elektrischen Fensterheber. Die Leistung des Motors wird auf 600 PS (442 kW) bei 8250 U/min, das Drehmoment auf 65 mkg (637 Nm) bei 4000 U/min gesteigert. Die Kompression beträgt 7,5:1. Aber diese Angaben sind noch provisorisch. Leistung und Drehmoment steigen noch, ebenso das Gewicht, das bei 1420 kg festgelegt wird. Im Vergleich zum EB 110 GT werden an der Karosserie mehrere

Veränderungen angebracht. Man findet sie beim Chassis Nr. 39009, das aber noch kein ganz echter EB 110 S ist: die Unterkante des vorderen Spoilers leicht verlängert, zusätzliche Lufteinlässe vom NACA-Typ auf der Haube hinten und anstelle der Heckscheibe (9 Öffnungen), Räder mit sieben Speichen.

Der Typ EB 110 S, wie er auf
dem Genfer Autosalon 1992
präsentiert wurde.

1992: Der eigentliche Start

Nardo, Mai 1992
Letzte Abstimmungen

Die Testfahrten gehen weiter, während man darauf wartet, dass der Produktionsprozess beginnen kann. Jean-Philippe Vittecoq kümmert sich um die letzten Abstimmungen und versucht vor allem, die vom Konstrukteur vorherbestimmten Leistungen zu erreichen. Auf dem Geschwindigkeitskurs von Nardo in Süditalien erreicht der EB 110 (Nr. 39007) eine Spitzengeschwindigkeit von 342 km/h. Damit ist man nicht mehr weit von den versprochenen 350 km/h entfernt. Auch die Beschleunigung nähert sich den vorausberechneten Werten: 3,46 sec bis auf 100 km/h und 11,4 sec, bis die Nadel des Tachometers die Marke von 200 km/h erreicht!

Auer/Ora, 15. September 1992
Derivate

Die Kollektion Ettore Bugatti wird offiziell präsentiert. Sie besteht aus Produkten, die die Firma Ettore Bugatti SRL entwickelt hat.

Paris, 8. bis 18. Oktober 1992
Bereit für die Markteinführung

An der Mondial de l'Automobile in Paris ist der Bugatti EB 110 GT nunmehr bereit für den Verkauf. Für Frankreich ist bereits ein Importeur benannt. Es handelt sich um die Firma British Motors von Edgar Bensoussan mit Sitz im 16. Arrondissement an der Rue La Fontaine. Der Journalist und frühere Pilot José Rosinski ist mit der Öffentlichkeitsarbeit betraut. Die Daten des Bugatti EB 110 S werden nun bekannt gegeben. Die Leistung beträgt 611 PS und ist damit besser als anfänglich vorausgesagt. Doch das Gewicht steigt um 150 kg, was nun wirklich nicht so gut ist.

Campogalliano, Dezember 1992
Neue technische Leitung

Mauro Forghieri übernimmt die technische Leitung bei Bugatti Automobili. Er bleibt bis 1994 im Unternehmen. Von diesem Zeitpunkt an führt er eine eigene Firma, Oral Engineering genannt.

Mauro Forghieri wurde am 13. Januar 1935 in Modena geboren und erhielt sein Diplom als Maschinenbauer von der Universität Bologna. Den größten Teil seiner Laufbahn verbrachte er bei Ferrari, von 1962 bis 1987. Bei Lamborghini Engineering war er von 1987 bis 1992.

Campogalliano, 1. Dezember 1992
Erste Auslieferung

Bugatti Automobili verkauft das erste Fahrzeug (Nr. 390015) an den Schweizer Bugatti-Liebhaber Franz Wassmer.

Die Produktionsstraße des EB 110.

Ein nach Frankreich importierter EB 110, aufgenommen auf der Place de la Concorde in Paris (linke Seite).

Daten zum Bugatti EB 110 S	
Chassis	Verbundwerkstoffe
Karosserie	Aluminium
Motor	Zwölfzylinder-V-Motor, Bankwinkel 60°
Anordnung	In der Mitte längs eingebaut
Hubraum	3499,92 cm³ (81 x 56,6 mm)
Ventilsteuerung	Zwei oben liegende Nockenwellen, fünf Ventile pro Zylinder
Gemisch	Elektronische Multipoint-Einspritzung, vier Turbokompressoren IHI 1,2 bar
Leistung	611 PS (450 kW) bei 8250 U/min
Drehmoment	66,3 mkg (650 Nm) bei 4200 U/min
Verdichtung	7,8:1
Kraftübertragung	Vierradantrieb
Gangschaltung	Sechs Gänge
Vorderradaufhängung	Schraubenfedern, Querlenker
Hinterradaufhängung	Schraubenfedern, Querlenker
Bremsen	Belüftete Scheibenbremsen (332 mm) mit ABS Bosch/Bugatti
Lenkung	Zahnstangenlenkung
Reifen	Vorne 245/40 R 18, hinten 325/30 R 18
Maße	440 x 196 x 110,9 cm
Radstand x Spurweite	255 x 155 x 161,8 cm
Gewicht	1570 kg (2,57 kg/PS)
Höchstgeschwindigkeit	351 km/h
Beschleunigung	In 3,26 sec von Null auf 100 km/h
Produktion	30 Stück

1993: Das Angebot vergrößert sich

Romano Artioli auf dem
Genfer Autosalon 1993.

Das Modell der Limousine
EB 112, gestaltet von der
Firma Italdesign 1993.

London, 4. Februar 1993
Über den Ärmelkanal
Bugatti Automobili beginnt mit einer weltweiten Werbekampagne, die Reise nimmt ihren Anfang in Großbritannien.

Genf, März 1993
Eine Limousine von Giugiaro
Giorgetto Giugiaro gelingt es, Romano Artioli dazu zu überreden, dass er am Abenteuer Bugatti teilnehmen darf. Er übernimmt das Projekt EB 112, bei dem es um

eine Gran-Turismo-Limousine geht. Die mechanische Plattform hat nichts mit der des EB 110 GT und S zu tun. Der Wagen ist konventioneller aufgebaut mit dem Motor vorne. Die Kraftübertragung auf alle vier Räder wird jedoch beibehalten. Der Zwölfzylinder-Motor unterscheidet sich von dem des EB110. Der Hubraum wird von 3,5 auf fast 6 Liter erhöht, mit streng quadratischen Brennkammern. Die Vergrößerung des Hubraums kompensiert das Verschwinden der Turbokompressoren.

Die Entwicklungsarbeiten an dieser Limousine führen im März 1993 zu einem typischen Profil mit zwei Volumina und runden weichen Formen, die teilweise an das Erbe der Bugatti erinnern: etwa der Kühlergrill mit der traditionellen Hufeisenform der alten Bugattis oder der Kiel, der in der Wagenmitte über dem Dach verläuft. Später rettet Gildo Pallanca Pastor den Prototyp, der die Seriennummer ZA9CC030ERCD3900 trägt.

Der Stand von Bugatti,
Genfer Autosalon 1993.

1993: Nahaufnahme des EB 112

Die von Giorgetto Giugiaro
entworfene Limousine EB 112
(Foto: Xavier de Nombel).

Detail des EB 112 von
Gildo Pallanca Pastor
(Foto: Xavier de Nombel).

Daten zum Bugatti EB 112

Chassis	Verbundwerkstoffe
Karosserie	Aluminium
Motor	Zwölfzylinder-V-Motor, Bankwinkel 60°
Anordnung	Vorne längs eingebaut
Hubraum	5994,7 cm³ (86 x 86 mm)
Ventilsteuerung	Zwei oben liegende Nockenwellen, fünf Ventile pro Zylinder
Gemisch	Elektronische Multipoint-Einspritzung, vier Turbokompressoren IHI 1,2 bar
Leistung	460 PS (339 kW) bei 6300 U/min
Drehmoment	60,1 mkg (590 Nm) bei 3000 U/min
Verdichtung	11:1
Kraftübertragung	Vierradantrieb
Gangschaltung	Fünf Gänge
Vorderradaufhängung	Schraubenfedern, Querlenker
Hinterradaufhängung	Schraubenfedern, Querlenker
Bremsen	Belüftete Scheibenbremsen (vorne 327 mm, hinten 318 mm) mit ABS Bosch/Bugatti
Lenkung	Zahnstangenlenkung
Reifen	255/55 R 17
Maße	507 x 196 x 140,5 cm
Radstand x Spurweite	310 x 166,7 x 168,6 cm
Gewicht	1830 kg (3,98 kg/PS)
Höchstgeschwindigkeit	270 km/h
Beschleunigung	In 5,0 sec von Null auf 100 km/h
Produktion	2 Stück

1993: Internationalisierung

Kobe, 3. April 1993
Aufgehende Sonne

Die Leitung von Bugatti Automobili ahnte voraus, dass sich in Fernost neue Märkte für außergewöhnliche Autos auftun würden. So präsentiert sich die Marke erstmals in Japan anlässlich einer Ausstellung über das kulturelle Erbe der Familie Bugatti, mit Unterstützung der Stadtverwaltung von Kobe.

Nardo, 29. Mai 1993
Pure Geschwindigkeit

Ein EB 110 Supersport wird auf der Piste von Nardo mit 351 km/h gemessen, und das beweist, dass der Supercar sein Versprechen hält.

Campogalliano, 26. August 1992
Der Kauf von Lotus

Der Ehrgeiz der Firma Bugatti Automobili bestätigt sich. Abgesehen von der Wieder-

Den Bugatti EB 110 erkennt man vor allem an seinen Felgen.

Einige Zitate aus dem
Formenschatz des Atlantic …
(Foto: Xavier de Nombel).

auferstehung der elsässischen Automarke will das Unternehmen noch weitere Marken dazu erwerben. So befand sich auch die kleine Firma Lotus, die General Motors gehörte, im Visier von Bugatti … Die General-Motors-Gruppe überlässt schließlich der Bugatti International SAH alle Aktien der Gruppe Lotus PLC und von Lotus Cars USA. Damit sind die gesamte Produktion, die Entwicklung und der Vertrieb eingeschlossen, nicht aber der Rennstall der Formel 1. Das passt gut, denn Lotus befindet sich bei den Grand Prix nicht mehr in bester Verfassung. Die Firma hatte dort in den Jahren 1963, 1965, 1968, 1972, 1973 und 1978 dominiert. In diesem Jahr beendet Lotus die Weltmeisterschaft an sechster Stelle der Konstrukteurswertung mit einem Einsitzer des Typs 107B mit dem Motor Ford HB V8 und den Piloten Johnny Herbert, Alessandro Zanardi und Pedro Lamy.

Kanagawa-ken, 15. September 1993
Promotion für Nicole Racing

Weniger als fünf Monate nach der Präsentation von Kobe bekommt die Firma Nicole Racing Japan Co. Ltd (Tode Sawai-ku, Kawasaki-shi, Kanagawa-ken 201) von Nico Roehreke das Alleinvertriebsrecht von Bugatti für Japan. Das Unternehmen vertritt bereits BMW und die von Alpina getunten Fahrzeuge dieser Marke. Der Bugatti EB 110 Supersport heißt in Japan Sport Stradale.

1994: Variationen eines Themas

Der Typ EB 110 America.

Der EB 110 S auf der Autoshow in Detroit 1994.

America auf der Autoshow in Detroit. Das Fahrzeug wird den amerikanischen Normen angepasst; der Fahrer und sein Passagier bekommen Airbags und Dreipunktgurte. Ein kleiner zweiter Blinker ist an der Seite des vorderen Kotflügels vorgesehen.

Bei den Leistungen gibt es einige Veränderungen: 611 PS (449 kW) bei 8250 U/min, maximales Drehmoment 63,8 mkg (593 Nm), Verdichtung 8:1, Gewicht 1651 kg (2,75 kg/PS), Höchstgeschwindigkeit 344 km/h, in 3,46 sec von Null auf 100 km/h.

Paris, 7. Januar 1994
Accessoires

Renata Artioli Kettmeir, die Präsidentin der Luxusartikelfirma Ettore Bugatti, eröffnet an der Rue Lamennais 5 im 8. Pariser Arrondissement eine Boutique für Accessoires. Sie wird von Jean-Paul Jubineau und Patricia de La Palme geleitet. Der Showroom zeigt eine ganze Palette von Luxusartikeln, etwa Krawatten und Schals aus Seide, entworfen von Mantero in Zusammenarbeit mit dem Centre Style Bugatti, Brillen mit

Detroit, 6. bis 16. Januar 1994
Der America in Nordamerika

Die Bugatti-Lotus Group richtet ihren nordamerikanischen Stützpunkt am 1655 Lakes Parkway in Lawrenceville, Georgia, ein. Die neue Organisation präsentiert den EB 110

Zeiss-Gläsern, einen Kugelschreiber, eine Agenda, eine Tasche, ein Herrenparfüm, Automodelle in Massivgold und sogar einen Champagner des Hauses Castellane.

Aigle, 11. Januar 1994
Positiver Entscheid

Der Bugatti EB 110 GT wird nach Untersuchungen der Motorfahrzeugkontrolle in der Schweiz zugelassen.

Genf, 8. März 1994
Freigegeben für das Tuning

Bugatti bestätigt, dass die Abstimmung des EB 112 weitergeht. Dabei konzentriert man sich auf die Verringerung des Lärmpegels, die Verbesserung der Leistung und die Einhaltung der Umweltschutzbestimmungen.

Einen Bugatti kann man auch außerhalb des Bugatti-Standes sehen. Die Firma Rinspeed AG aus dem schweizerischen Zumikon, die sich auf Tuning spezialisiert hat, verändert auch einen EB 110 GT und schafft daraus den Cyan. Die Motorhaube des blau lackierten Wagens wird neu gestaltet und verliert das kleine Hufeisen. Dieses Motiv erscheint dafür weiter oben als Lufteinlass für die Klimaanlage. Die großen Glasabdeckungen der Scheinwerfer werden von zwei Reihen zu je drei ellipsenförmigen Scheinwerfern ersetzt. Die Außenspiegel ragen weniger weit

hervor als beim Serienmodell. Direkt hinter dem Fahrersitz ist ein Spoiler befestigt.

Der Cyan bekommt Reifen P Zero von Pirelli (vorne 245/40 ZR 18, hinten 335/30 ZR 18). Der Motor ist der des EB 110 Supersport, aber der Auspuff wird von der Firma Remus neu gestaltet. Der Fahrersitz, das Armaturenbrett und die Zentralkonsole sind mit blauem Leder überzogen, dessen Farbton natürlich auf die Lackierung abgestimmt ist. Die Displays stammen von der österreichischen Firma Burg Design. Ein Mobiltelefon Nokia 2110 GSM vervollständigt die Ausrüstung. Der Pilot Jochen Mass zeigt sich am Steuer des Cyan und verleiht ihm dadurch eine unangefochtene Legitimität.

1994: Rückkehr nach Le Mans

Auer/Ora, 5. bis 10. Juni 1994
Den Mythos pflegen

Das Centro Culturale Bugatti organisiert das internationale Treffen »Bugatti – Kunst, Kultur und Emotion« mit einer Fahrt durch Cremona, Mantua und Venedig.

Insgesamt sind 105 Oldtimer und 15 Fahrzeuge der neuen Generation unterwegs. Die erste Etappe beginnt an der Piazza del Torrazzo in Cremona und endet an der Piazza Sordello in Mantua. Dann erwartet die Venezianer und die Touristen, die gerade die Serenissima besuchen, ein geradezu surrealistischer Anblick: 40 Bugatti, darunter sechs Berlinettes EB 110 GT und Supersport, stehen aufgereiht vor dem Palazzo Ducale auf dem Markusplatz.

Nach dieser außergewöhnlichen Demonstration gelangt der Konvoi nach Campogalliano.

Le Mans, 18. und 19. Juni 1994
Pistentaufe

Beim 24-Stunden-Rennen von Le Mans setzt Michel Hommell, der Chef der nach ihm benannten Pressegruppe, einen EB 110 GT ein. Das Exemplar mit der Nummer 38086 wird in den Werkstätten der Firma Synergie von Lucien Monté in Champagné nahe Le Mans darauf vorbereitet. Das Gewicht wird um 200 kg gesenkt, indem noch mehr Karbonfaser und Aluminium für die Karosserie Verwendung finden.

Der Motor muss an einigen Stellen verändert werden. Der Querschnitt der Saugrohre muss nach den Bestimmungen der GT-Meisterschaft verengt werden. So bleibt die Leistung auf 600 PS begrenzt, die man im Bereich von 6200 bis 7200 U/min erreicht.

Nach der achten Rennstunde belegt das

Der Bugatti EB 110 GT beim Start zum 24-Stunden-Rennen von Le Mans 1994.

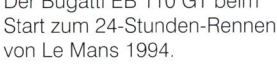

Fahrzeug mit der Nummer 34, gefahren von Jean-Christophe Bouillon, Alain Cudini und Éric Hélary, den sechsten Platz. Beim Start hatte es noch an der 15. Stelle gestanden. Aber der Bugatti muss plötzlich an die Boxen, um die Turbokompressoren auszutauschen. Die vom Reglement verlangten Veränderungen an den Saugrohren führten zu einem übermäßigen Verschleiß der Turbinenschaufeln.

Der Bugatti startet erneut und steht 48 Minuten vor dem Ende des Rennens auf dem 17. Platz, als Jean-Christophe Bouillon plötzlich das Steuer herumreißen muss, um einem Dodge Viper auszuweichen, der in der Kurve von Hunaudières die Kontrolle verloren hat. Der schöne Bugatti kommt an den Leitplanken zum Stehen …

Er wird repariert und später am Manoir de l'Automobile als Teil der wundervollen Sammlung ausgestellt, die Michel Hommell im bretonischen Ort Lohéac präsentiert.

Nardo, 3. Juliu 1994
Schnell und sauber

Ein Bugatti mit einem Greengas-System (elektronisch gesteuerte Flüssiggaseinspritzung) erreicht eine Spitzengeschwindigkeit von 344,7 km/h.

Dieses Bugatti-Greengas-System wurde von der Abteilung Bugatti Electronics SRL abgestimmt. Es umfasst eine Steuerung mit einem Mikroprozessor und eine Einspritzanlage, die auf die ursprüngliche Anlage aufgesetzt wird. Damit kann man umweltunschädliche Treibstoffe wie Flüssiggas oder Erdgas (Methan) einsetzen.

1995: Ein jähes Ende

Oulu, 2. März 1995
Rekord auf Eis

Ein Serienfahrzeug des Typs EB 110 Supersport pulverisiert 750 km nördlich von Helsinki, 200 km unterhalb des Polarkreises, den Geschwindigkeitsrekord auf Eis und erreicht dabei 296,34 km/h.

Der Wagen trägt die Farben des Rennstalls MRT (Monaco Racing Team) und wird von Gildo Pallanca Pastor gefahren. Er hat Michelinreifen vom speziell für Schnee geeigneten Typ XM + S(330). Das Gewicht des Wagens wurde um 270 kg verringert. Die Gewichtsverteilung beträgt 40 Prozent vorne und 60 Prozent hinten. Damit die Leistung anerkannt wird, muss sie über einen Kilometer in beiden Richtungen erbracht werden. Die Spitze liegt dabei bei 315 km/h. Die Außentemperatur beträgt 2 °C.

Genf, 7. bis 17. März 1995
Rekorde auf engem Raum

Beim Genfer Autosalon liegt das Thema des Bugattistands auf der Hand. Es treten die drei Weltrekordhalter auf: der EB 110 Supersport, der im Mai 1993 351 km/h auf der Piste in Nardo erreichte; der EB 110 GT, der im

Juli 1994 am selben Ort mit Flüssiggas als Treibstoff auf 344,7 km/h kam; und der EB 110 Supersport, der gerade von seinem geglückten Rekordversuch auf Eis aus Finnland zurückkehrt.

Während dieses 65. Genfer Autosalons verkündet Bugatti, dass die Abstimmungsarbeiten an der Limousine EB 112 dem Ende entgegengehen. Die Produktion solle bald anlaufen, »die Markteinführung sei für die ersten Monate des folgendes Jahres vorgesehen«. Da muss man aber bald zurückstecken …

Vence, Juli bis September 1995
Hommage an die Dynastie

Die Familie Bugatti wird erneut geehrt: Werke von Carlo (Möbel), Rembrandt (Tierplastiken), Ettore und Jean (Autos) werden in der Galérie Beaubourg von Marianne und Pierre Nahon im Château Notre-Dame-des-Fleurs gezeigt.

Suzuka, 23. August 1995
Letzter Versuch

Nur ganz selten nimmt ein EB 110 an einem Rennen teil. Beim 1000-Kilometer-Rennen von Suzuka, dem neunten Lauf der

Gildo Pallanca Pastor neben seinem EB 110 S, nachdem er sich im März 1995 den Geschwindigkeitsrekord auf Eis geholt hat.

BPR-Meisterschaft 1995, setzt Gildo Pallanca Pastor einen EB 110 S ein und steuert ihn zusammen mit Éric Hélary. Die Gangschaltung lässt sie jedoch im Stich, und sie müssen aufgeben. Gewinner sind die McLaren F1 GTR.

Campogalliano, 23. September 1995
Ende des zweiten Teils

Das Unternehmen Bugatti Automobili SpA ist bankrott. Die Abwicklung wird der Fallimento Bugatti Automobili unter der Leitung von Gabriele Candrini anvertraut.

Abgesehen von eventuellen Managementfehlern liegt es auf der Hand, dass der Bugatti EB 110 vor allem ein Opfer der Zeitläufte ist. Die Bedingungen für den Verkauf superlativischer Autos verschlechterten sich dramatisch in der Mitte der 1990er-Jahre. Während der Euphorie der späten 1980er-Jahre hatten sich zahlreiche Konstrukteure auf den viel versprechenden Markt der Supercars vorgewagt. Ferrari gab den Ton an mit seinem 288GTO (1984) und seinem F40 (1987). Dann folgten Porsche mit dem 959 (1987), Jaguar mit dem XJ 220 (1991) und McLaren mit dem F1 (1992) – von den zahlreichen abgebrochenen Versuchen ganz zu schweigen, etwa bei Yamaha, Méga oder Vector. Viele überleben diese Rezession nicht. Venturi wirft 1996 das Handtuch, McLaren 1998, nachdem beide versucht hatten, ihre Supercars zu rezyklieren, indem sie sie in Rennwagen umbauten.

Für den Bugatti EB 110 kommt das Ende doch nicht so plötzlich. Jean-Marc Borel gründet die Firma B-Engineering, um den Edonis zu produzieren, der die Plattform des Bugatti EB 110 verwendet. Für die technische Entwicklung zeichnet Nicola Materazzi verantwortlich, für das Design der Karosserie Marc Deschamps, ehemals Mitarbeiter bei Bertone. Zwischen 2001 und 2003 werden 21 Stück des Edonis gefertigt; so feiert man den Eintritt ins dritte Jahrtausend.

Die deutsche Firma Dauer kauft die Einzelteile, die in der Fabrik in Campogalliano vorzufinden sind, und baut daraus sechs neue Fahrzeuge zusammen, die unter eigenem Namen verkauft werden (Fahrgestellnummern 39153, 39158, TP7289, TP 7489, TP 7498).

Der Edonis der Firma B-Engineering auf der Grundlage des Bugatti EB 110.

AKT VI
Zweite Renaissance
1998–2008

Im Jahre 1998 erfährt die Marke Bugatti eine unverhoffte zweite Auferstehung, dieses Mal im Schoß der Volkswagen-Gruppe.

Auf Betreiben von Ferdinand Piëch, der von Glanz und Luxus fasziniert ist, wird eine neue Gesellschaft Bugatti Automobiles SAS gegründet.

Das neue Unternehmen wählt bewusst Molsheim im Elsass als neuen Sitz – den Ort, von dem aus sich die von Ettore Bugatti gegründete Firma in der Zeit von 1910 bis 1956 ausgebreitet hatte. Nach fünfjähriger Entwicklung ist der Veyron 16.4 bereit, um als neuer Star am Autohimmel zu glänzen.

Der Veyron 16.4 bei einer Testfahrt auf einer Hochgeschwindigkeitspiste.

AKT VI

SZENE 1

Erkundungen
1998–1999

Einige Monate nach dem Kauf der Marke Bugatti beginnt die Volkswagen-Gruppe zusammen mit der Firma Italdesign mit einem ersten Projekt. Zwei weitere Prototypen folgen, bevor man sich für einen Typ entscheidet und diesen dann bis zur Reife einer Kleinproduktion weiterentwickelt.

Der EB 18/4 Chiron atmet
deutlich den Geist der
früheren Bugattis, 1999.

1998: Der Star von Paris

Ferdinand Piëch mit einem schneckenförmigen Stuhl von Carlo Bugatti, aufgenommen von Peter Vann 1999.

Präsentation des Bugatti EB 118 bei der Mondial de l'Automobile (Foto: Xavier de Nombel).

Wolfsburg, April 1998
Der Erwerb eines Mythos

Ganz diskret kauft die Volkswagen-Gruppe die Nutzungsrechte an der Marke Bugatti. Dieses Ereignis findet ganz ohne Echo in den Medien statt.

Seit den 1980er-Jahren kauft die Volkswagen-Gruppe unter der Leitung von Ferdinand Piëch neue Marken zu. Schon vor langer Zeit, im Jahre 1965, hatte Volkswagen Audi absorbiert, die letzte überlebende Marke der Gruppe Auto Union, die einst Audi, Horch, DKW und Wanderer umfasst hatte. Die Auto Union stand einige Jahre, von 1958 bis 1965, unter dem Schutz von Mercedes-Benz und tat sich dann 1969 unter der Ägide von Volkswagen mit NSU zusammen. Im Jahre 1986 hatte Volkswagen auch die Firma Seat übernommen, das ehemalige 1950 gegründete spanische Tochterunternehmen von Fiat. 1991 kam die tschechische Firma Škoda hinzu, die zu Beginn des 20. Jahrhunderts gegründet worden war.

Dann wollte Volkswagen eine Prestigemarke kaufen, um auch Luxuswagen in seinem Reich anbieten zu können. 1998 kam es zu einem zähen Ringen zwischen BMW und Volkswagen um das Unternehmen Rolls-Royce Motors, das zwei Marken umfasste: Rolls-Royce und Bentley. Rolls-Royce ging am 1. Januar 2003 an BMW, während Volkswagen seit 1998 über Bentley mit seiner Fabrik, dem Personal und allen Produkten gebietet. In diesem selben Jahr 1998 gelangt die Firma Lamborghini Automobili, die seit 1994 Megatech gehört hatte, in den Besitz von Audi. Die Volkswagen-Gruppe besteht seither aus zwei kulturell und geografisch getrennten Einheiten, die man Nordeuropa und Südeuropa zuordnen kann. Die Volkswagen Brand Group umfasst die nördlichen Marken mit Volkswagen, Škoda, Bentley und nunmehr auch Bugatti. Die Audi Brand Group wacht über die südlichen Marken um Audi, das heißt Lamborghini und Seat.

Paris, 27. September 1998
Hundert Jahre

Der Pariser Autosalon, der in Mondial de l'Automobile umbenannt wurde, feiert sein hundertjähriges Bestehen. Zu diesem Anlass wird ein gigantischer Aufmarsch zwischen der Place de l'Etoile, den Champs-Elysées und der Esplanade des Invalides organisiert. Dank zahlreichen Sammlern ist die Marke Bugatti reichlich vertreten.

Paris, 29. September 1998
Wiedererstanden!

Die Volkswagen-Gruppe hält für die Besucher der Mondial de l'Automobile eine große Überraschung bereit. Die Journalisten erfahren sie als Erste bei der Pressekonferenz am Volkswagen-Stand in der Halle 1, am Dienstagmorgen um 9 Uhr. Ferdinand Piëch persönlich, der Chef der Volkswagen AG, ergreift das Wort und enthüllt das flamboyante Projekt.

Der Bugatti EB 118, zugelassen im Département Bas-Rhin, thront auf einem Sockel, zwei Schritte von Polo, Golf und Passat entfernt. Es handelt sich um ein großes

zweitüriges Coupé mit vier Sitzen, gestaltet von Italdesign. Die Mannschaft um Giorgetto Giugiaro zögerte nicht, mehrere Reminiszenzen an die alten Bugattis einzubauen. Das Seitenfenster erinnert an den Typ 50, der zentrale Grat an den 57S Atlantic. Der Kühlergrill in Hufeisenform an der runden Front ist eine Hommage an die gesamte Linie der »Pur-Sang«. Für dieses erste Projekt eines Bugatti unter der Leitung von Volkswagen übernahm Giorgetto Giugiaro die wichtigsten Themen, die er schon sechs Jahre zuvor für den EB 112 verwendet hatte. Die Auswirkungen sind nicht so deutlich zu erkennen, vielleicht wegen der anderen Farbe: Blau ist wohl nicht die angebrachte Farbe für ein derart bedeutsames Auto wie den Bugatti EB 118.

An der Mondial de l'Automobile macht die Volkswagen-Gruppe nur vage Angaben über die kommerzielle Weiterentwicklung des Projekts. Aber wer die Persönlichkeit von Ferdinand Piëch kennt, muss vermuten, dass der Ankauf der Marke Bugatti und die Finanzierung eines ersten Prototyps nicht nur Spielereien sind. Die Firma Volkswagen spricht immerhin über ihren

technischen Ehrgeiz. Der wiedererstandene Bugatti, wenn er denn eine Zukunft haben soll, wird außergewöhnlich sein! Sein 18-Zylinder-W-Motor (!) leistet 555 PS. Er ruht auf einem kompakten, leichten Block (315 kg). Die drei Zylinderreihen stehen in einem Winkel von jeweils 60°. Für die Steuerung sorgen zwei oben liegende Nockenwellen in jeder Zylinderreihe und vier Ventile pro Zylinder, was insgesamt ... 72 Ventile ergibt. Der W18-Motor, den die Ingenieure von Volkswagen entwickelt haben, erhält eine Direkteinspritzung. Die Schmierung erfolgt im Trockensumpf über einen außen liegenden Kreislauf mit 15 Litern. Der Bugatti EB 118 bekommt einen permanenten Vierradantrieb. Chassis und Karosserie sind aus Aluminium.

In den Wandelgängen der Mondial de l'Automobile werden viele Fragen zur Renaissance der Marke Bugatti im Schoß der Volkswagen-Gruppe gestellt. Steckt mehr dahinter als nur ein vereinzelter Prototyp in einer Firmengeschichte, die reich ist an nie weitergeführten Projekten? Die weitere Folge dieses Abenteuers jedenfalls wird die Skeptiker widerlegen.

Das Coupé Napoléon unternahm eine Reise nach Paris, um seine beiden italienischen Nachkommen zu treffen, den EB 110 und den EB 112. Anlass für den großen Umzug vor allem historischer Wagen war der hundertjährige Geburtstag der Ausstellung Mondial de l'Automobile im September 1998. (Foto: Cyril de Plater).

1998: Achtzehn Zylinder

EB 118: der Bugatti der zweiten Renaissance, 1998.

Die Hinteransicht erinnert an den EB 112.

Der 18-Zylinder-Motor.

Blick in den Innenraum.

Daten zum Bugatti EB 118

Chassis	Space Frame aus Aluminium
Karosserie	Aluminium
Motor	18-Zylinder-W-Motor, Bankwinkel 2 x 60°
Anordnung	Vorne längs eingebaut
Hubraum	6255 cm³ (76,5 x 75,6 mm)
Ventilsteuerung	3 x zwei oben liegende Nockenwellen, vier Ventile pro Zylinder
Gemisch	Elektronische Multipoint-Einspritzung
Leistung	555 PS (408 kW)
Drehmoment	66,3 mkg (650 Nm) bei 4000 U/min
Verdichtung	11,5:1
Kraftübertragung	Vierradantrieb
Gangschaltung	–
Vorderradaufhängung	–
Hinterradaufhängung	–
Bremsen	Belüftete Scheibenbremsen mit ABS
Lenkung	Zahnstangenlenkung
Maße	505 x 199 x 142 cm
Radstand x Spurweite	–
Gewicht	–
Höchstgeschwindigkeit	–
Beschleunigung	–
Produktion	1 Stück

Der Bugatti EB 118,
Seitenansicht.

1998: Giugiaros Rückkehr

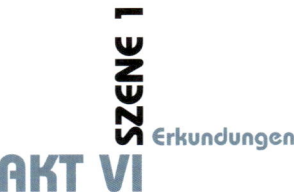

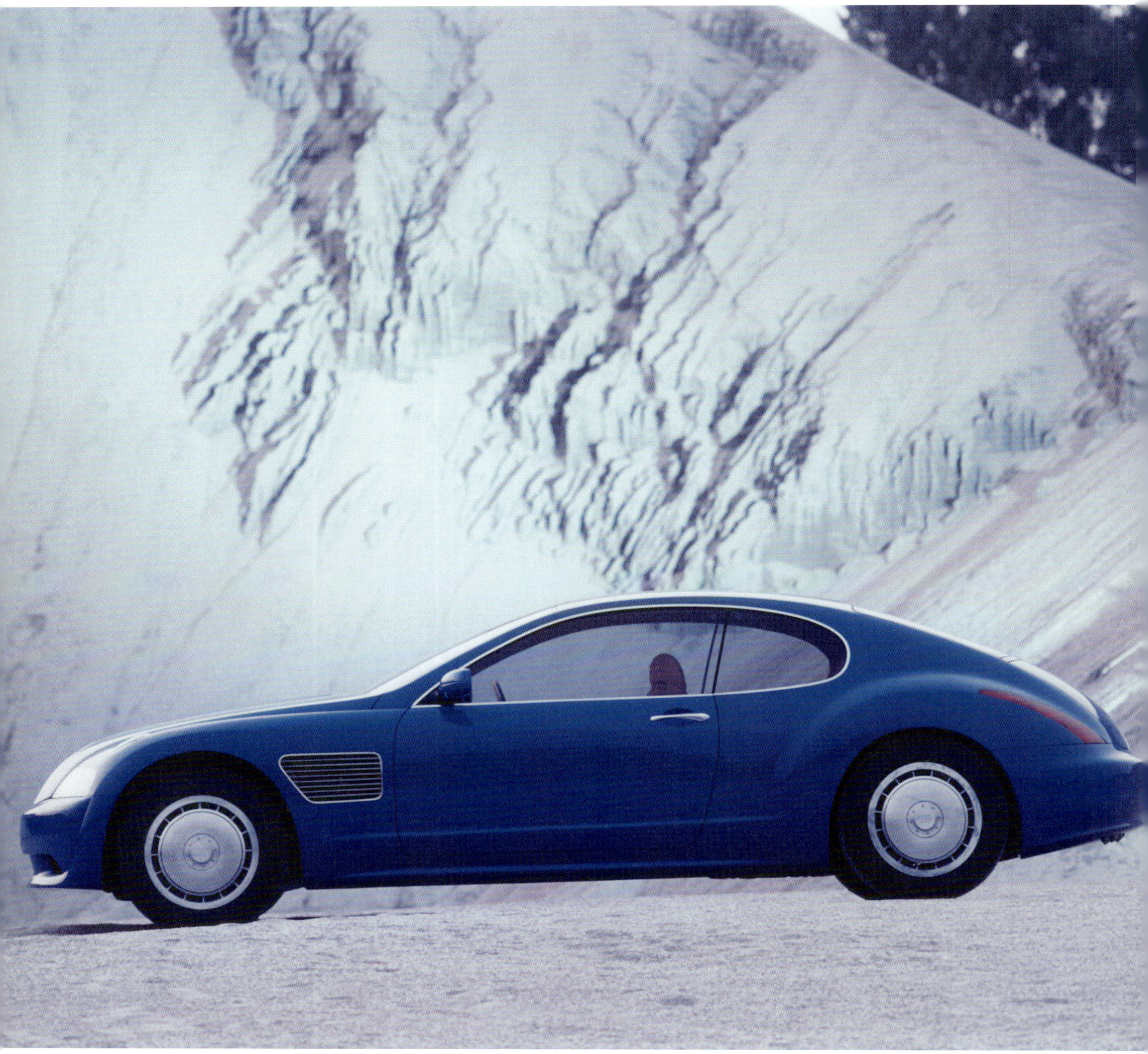

1999: Präsentation des EB 218

Amsterdam, 18. Dezember 1998 bis 7. März 1999

Hommage an die Bugatti-Dynastie

Einmal mehr wird die Familie Bugatti geehrt. Im Saal der Beurs van Berlage aus dem Jahre 1903 in Amsterdam findet eine schöne Ausstellung statt. Werke aller Familienmitglieder sind hier zu sehen: Silberschmuck und Bronzelampen von Carlo Bugatti, 25 Tierplastiken von Rembrandt sowie 14 Autos, die an Ettore und Jean erinnern (Typen 35, 40, 46, 55 usw.).

Genf, 11. bis 21. März 1999

Präsentation der Limousine EB 218

Weniger als sechs Monate nach der Ankündigung, es werde wieder Bugattis geben, enthüllt die Volkswagen-Gruppe einen zweiten Prototyp, der dessen Ambitionen unterstreicht. Dieses Mal handelt es sich um eine viertürige Limousine mit dem allgemeinen Aufbau des Coupés EB 118. Die Bezeichnung lautet EB 218. Die mechanische Plattform ist dieselbe, besonders mit dem 18-Zylinder-Motor und dem Space Frame aus Aluminium. Der Stil wirkt rund und geht auf Italdesign-Giugiaro zurück. Er führt die Themen weiter, die bei der Limousine EB 112 angedeutet und beim Coupé EB 118 vertieft wurden.

Mit dieser Limousine zeigt es sich, dass die Strategen der Volkswagen-Gruppe eher das Luxusimage von Bugatti als dessen Sportlichkeit beibehalten möchten. In ihren Vorstellungen dominieren eher die Royale als die vielen Grand-Prix-Wagen …

Umschlag des Katalogs der Bugatti-Ausstellung in Amsterdam, 1998/1999.

Der Bugatti EB 218, entworfen von Giugiaro, 1999.

Blick von hinten auf den EB 218.

Die Armaturentafel des EB 218.

1999: Eine perfekte große Straßenlimousine

Der Bugatti EB 218 mit Paul Frère am Steuer, 1999.

Antriebsaggregat des Bugatti EB 218, 1999.

Daten zum Bugatti EB 218	
Chassis	Space Frame aus Aluminium
Karosserie	Aluminium
Motor	18-Zylinder-W-Motor, Bankwinkel 2 x 60°
Anordnung	Vorne längs eingebaut
Hubraum	6255 cm³ (76,5 x 75,6 mm)
Ventilsteuerung	3 x zwei oben liegende Nockenwellen, vier Ventile pro Zylinder
Gemisch	Direkteinspritzung
Leistung	555 PS (408 kW) bei 6800 U/min
Drehmoment	66,3 mkg (650 Nm) bei 4000 U/min
Verdichtung	11,5:1
Kraftübertragung	Vierradantrieb
Gangschaltung	Fünf Gänge, Automatik
Vorderradaufhängung	Viellenker
Hinterradaufhängung	Viellenker
Bremsen	Belüftete Scheibenbremsen
Lenkung	Zahnstangenlenkung
Reifen	285/50 R 18
Maße	446,2 x 199,8 x 120,4 cm
Radstand x Spurweite	271 x 172,3 x 163,2 cm
Gewicht	1888 kg (3,4 kg/PS)
Höchstgeschwindigkeit	–
Beschleunigung	–
Produktion	1 Stück

1999: Ein Schloss voller Symbole

Molsheim, September 1999
Rückkehr nach Molsheim

In Wolfsburg wird eine hoch symbolische Entscheidung getroffen: Ferdinand Piëch möchte, dass das Unternehmen Bugatti Automobiles SAS seinen Sitz wieder an der historischen Adresse in Molsheim hat! So kauft die Volkswagen AG das Château Saint-Jean, das den Namen einer Kommende aus dem 15. Jahrhundert trägt und das für mehrere fruchtbare Jahrzehnte der Automobilgeschichte steht. In diesem bürgerlichen Gebäude von 1857 übernahm König Leopold seinen Typ 59, und der künftige marokkanische König Hassan II. probierte hier noch als Kind die verkleinerte Elektroversion des Typs 52 aus.

Hier, am Eingang nach Molsheim, 25 km westlich von Strasbourg, verlebte die Familie Bugatti ihre glücklichsten und ihre schmerzhaftesten Stunden. Carlo Bugatti, der Vater von Ettore, bewohnte als Einziger das Haus. Er verbrachte hier die letzten fünf Jahre seines Lebens und starb hier auch. In nicht allzu großer Entfernung fand Jean Bugatti auf der Nationalstraße 1939 den Tod. Ein paar Dutzend Meter vom Château entfernt produziert weiterhin die Firma Messier-Bugatti. In ihrem Umfeld erkennt man immer noch die einstigen Gebäude, die Ställe und die Villa, in der die Familie Bugatti lebte. Heute beherbergt sie die Büros des französischen Gewerkschaftsbundes CGT. Ettore Bugatti hätte diesen Zynismus der Geschichte nicht verdient!

Ettore Bugatti hatte 1909 seinen Wohnsitz in dieser von Handwerkern und Weinbauern bewohnten Ortschaft genommen, die zuvor als religiöses Zentrum einen Aufschwung erlebt hatte. Das große Jahrhundert Molsheims begann 1580 mit der Gründung eines bedeutenden Jesuitenkollegs. Dann kamen die Kapuziner und die Kartäuser. So wurde Molsheim im 17. Jahrhundert zur religiösen Hauptstadt des Elsass. Im Musée de la Chartreuse zeigt die Fondation Bugatti eine Dauerausstellung dazu. Wenn man die Orte des Forgerons, das letzte Überbleibsel der Befestigungen aus dem 14. Jahrhundert, durchschreitet, kommt man auf die Place de l'Hôtel-de-la-Ville, das eigentliche Stadtzentrum mit dem Renaissancegebäude der Metzig, dem Versammlungshaus der Metzgergilde. An einer Seite steht eine zweiarmige Treppe, die von einem Turmaufbau mit Glockendach und einer Uhr mit Stundenschlag bekrönt wird.

Das Château Saint-Jean im Zustand, in dem es von der Volkswagen AG gekauft wurde.

1999: Hommage an Louis Chiron

Frankfurt, 16. September 1999
Der EB 18/3 Chiron, gestaltet von
Giugiaro

Nachdem die Volkswagen-Gruppe suggeriert hatte, Bugatti könne durch zwei große viersitzige Straßenlimousinen, das Coupé EB 118 und die Limousine EB 218, wieder zum Leben erweckt werden, probiert sie nun auch einen anderen Weg aus, der mit dem Markenimage besser übereinzustimmen scheint. Bugatti präsentiert eine zweisitzige Gran-Tourismo-Berlinette mit Mittelmotor. Das Projekt mit der Bezeichnung EB 18/3 Chiron geht wiederum auf Italdesign zurück. In stilistischer Hinsicht erscheint es bei der Behandlung der Volumina, beim Dekor und bei den Fenstern moderner als seine Vorläufer. Durch seine geschärften Formen, den Schnitt der Seitenfenster und die buckelige Heckpartie nähert sich der EB 18/3 dem Geist des Bugatti 57S Atlantic von 1937.

Die Nomenklatur hat sich geändert: Der Prototyp trägt die Bezeichnung 18/3, um an die 18 Zylinder und an die Tatsache zu erinnern,

dass es sich um das dritte Projekt der Ära Volkswagen handelt. Chauvinisten können sich nicht beklagen: Der neue Bugatti trägt an den Flanken den Schriftzug eines großen französischen Piloten, dem von Louis Chiron. Er gewann für Bugatti zahlreiche Grand-Prix-Rennen: Europa 1928, Spanien 1929, Belgien 1930, Monaco und ACF 1931, Tschechoslowakei 1932 ... Ferdinand Piëch hat ein Gefühl für diese Art der Hommage. Die Karosserie ist in einem Blauton lackiert, den die Franzosen als Côte d'Azur bezeichnen. Im Innenraum kommen zwei Lederarten zur Anwendung, ein glattes blaues Leder (Farbton Pacifico) und ein sandfarbenes Dänischleder. Für die Räder schuf Giugiaro achtspeichige Felgen, die deutlich an die des Typs 35 erinnern. Der Benzintank umfasst 120 Liter und ist in zwei Elemente unterteilt, um eine bessere Verteilung der Massen zu gewährleisten. Der Heckspoiler kann drei verschiedene Stellungen annehmen. Der Motor des Chiron beruht auf dem Typ EA 111 der Modelle EB 118 und EB 218.

Der Chiron, aufgenommen 2003 im Museum von Italdesign in Moncalieri.

1999: Das Markenzeichen von Giugiaro

Berlin, 18. Oktober 1999
Königlicher Kauf

Im Volkswagen Auto Center, Adresse Unter den Linden, unweit des Brandenburger Tors, ist ein majestätischer Royale ausgestellt. Durch Vermittlung der Firma Blackhawk hat die Volkswagen-Gruppe den Bugatti Royale Nr. 41-111 mit der Karosserie von Binder gekauft. Nach dem Château Saint-Jean im vergangenen Sommer erwirbt Ferdinand Piëch damit ein weiteres starkes Symbol und schafft sich ein Vermächtnis. Ursprünglich ist Piech ein hervorragender Ingenieur. Erst in zweiter Linie wurde er zum Industriellen. Und er kennt sich zunächst nicht so sehr in der Automobilgeschichte aus. Die Geschichte der Familie Bugatti, in die er nun hineingeheiratet hat, lernt er abends am Kaminfeuer aus Büchern kennen. Sein Wissen ist improvisiert und impulsiv. Die Leidenschaften des Ferdinand Piëch paaren sich mit einer instinktsicheren Faszination für die Macht. In diesem anspruchsvollen und zynischen Wirtschaftslenker findet man auch Eigenschaften von Ettore Bugatti.

Daten zum Typ EB 18/3 Chiron	
Chassis	–
Karosserie	Karbonfaser
Motor	18-Zylinder-W-Motor, Bankwinkel 2 x 60°
Anordnung	Mittelmotor, längs eingebaut
Hubraum	6255 cm³ (76,5 x 75,6 mm)
Ventilsteuerung	3 x zwei oben liegende Nockenwellen, vier Ventile pro Zylinder
Gemisch	Direkteinspritzung, vier Turbokompressoren
Leistung	555 PS (408 kW)
Drehmoment	66,3 mkg (650 Nm) bei 4000 U/min
Verdichtung	11,5:1
Kraftübertragung	Vierradantrieb
Gangschaltung	Sequenzielle Gangschaltung
Vorderradaufhängung	Doppelte Querlenker
Hinterradaufhängung	Doppelte Querlenker
Bremsen	Belüftete Scheibenbremsen
Lenkung	Zahnstangenlenkung
Reifen	Vorne 265/30 R 20, hinten 335/30 R 20
Maße	442 x 199,4 x 115 cm
Radstand x Spurweite	265 x 165,7 x 164,8 cm
Gewicht	–
Höchstgeschwindigkeit	Über 300 km/h
Beschleunigung	–
Produktion	1 Stück

Der erste EB 18/4 Veyron (rechte Seite; Foto: Peter Vann, 1999).

Der Fahrersitz im Veyron (Foto: Peter Vann, 1999).

1999: Die Entwicklung des Veyron

Tokio, 20. Oktober 1999
Neuausrichtung

Bei der Tokyo Motor Show zeigt Bugatti ein weiteres völlig neues Auto: das vierte Modell in der Ära Volkswagen, was ihm die Bezeichnung EB 18/4 einträgt. Diesmal wird Pierre Veyron als Namenspatron geehrt. Er teilte sich mit Jean-Pierre Wimille 1939 einen historischen Sieg beim 24-Stunden-Rennen von Le Mans. Das Sportwagencoupé EB 18/4 Veyron hat dieselbe Plattform wie der 18/3 von Frankfurt, doch die Karosserie ist ganz anders. Zu jener Zeit weiß man es noch nicht: Aber der neue Stil nimmt die definitiven Formen des künftigen Bugatti vorweg. Das Design geht auf die Group of Excellence des Design Center von Volkswagen zurück. Verantwortlich ist Jozef Kaba, der unter der Leitung von Hartmut Warkuss arbeitet. Kaba kam am 4. Januar 1973 auf die Welt und erhielt seine Ausbildung an der Kunst- und Designakademie in Bratislava. Der junge Slowake bekam auch einen Master-Titel von der Royal College of Arts in London. 1997 ging er zur Volkswagen-Gruppe, die ihn schon während des Studiums unterstützt hatte.

Nachdem Ferdinand Piëch die Planung und Realisierung seiner ersten drei Bugattis Italdesign überlassen hatte, ließ er nun seine eigenen Designer zum Zug kommen, die vor Ungeduld schon mit den Hufen scharrten.

Kurz bevor er sechzig wurde, krönte Hartmut Warkuss seine Karriere, indem er am Abenteuer Bugatti teilnahm. Er war 1940 im schlesischen Breslau auf die Welt gekommen und hatte seine Ingenieursausbildung an der Fachschule für Metallgestaltung und Metalltechnik in Solingen absolviert. Er begann bei Mercedes-Benz (1964–1966), arbeitete zwei Jahre lang bei Ford (1966–1968) und ging dann zu Audi. Nach sechs Jahren in Ingolstadt wurde er 1974 Leiter des Designs bei Audi und hatte somit einen großen Anteil an der Expansion dieser Marke. Unter seiner Leitung wurden erst der aerodynamische Audi 100 von 1982, dann alle weiteren modernen Audis gestaltet, angefangen vom Audi 80, der 1986 den Ton angab.

Im Jahre 1993 ging Hartmut Warkuss von Ingolstadt nach Wolfsburg und übernahm die Leitung des Designstudios von Volkswagen. Ferdinand Piëch übertrug ihm parallel dazu die Leitung des Designs für die gesamte Gruppe. Das bedeutete, dass Warkuss nicht nur die Arbeiten für Volkswagen in Wolfsburg, sondern auch für Audi in Ingolstadt und München, für Škoda in der Tschechischen Republik, für Seat in Spanien, für Lamborghini in Italien und für Bentley in Großbritannien überwachen musste. Dazu kamen noch dezentral arbeitende Teams in Sitges in Katalonien, Simi Valley in Kalifornien und Autolatina in Argentinien. Insgesamt arbeitete eine geballte kreative Kraft unter der Leitung von Warkuss. Die Aufgabe entsprach diesem Mann mit der imposanten Statur und der energischen Stirn.

Für das Design des Bugatti EB 18/4 kommen neben Wolfsburg noch weitere Studios zum Zug, besonders das von Martorell, wo Walter de'Silva, der neue Designchef von Seat, tätig ist. Das Thema, das Jozef Kaba vorgibt, ist in mehrfacher Hinsicht bemerkenswert. Fünf Wochen nach dem Vorschlag von Italdesign, bringt der deutsche Prototyp eine

In der Umgebung von Molsheim
(Foto: Peter Vann, 1999).

Der Motor W18
(rechte Seite oben;
Foto: Peter Vann, 1999).

neue Sichtweise. Der EB 18/4 verwendet ein sinnlicheres Vokabular mit wuchtigeren Volumina, einer gedrungeneren Silhouette und weicheren Linien. Die großen Lufteinlassschlitze auf der Motorhaube verleihen dem Auto eine gewisse Aggressivität und sind etwas zu viel Flitterwerk. Im Gegensatz zum EB 18/3 von Giugiaro will der EB 18/4 von Warkuss zweifarbig sein, wie dies auch Jean Bugatti geliebt hatte. Eine elegante Schleife, in der sich ein Lufteinlass verbirgt, bildet die Grenze zwischen den beiden Lackierungen in Schwarz und Marineblau. Seit der Enthüllung des EB 118 an der Mondial de l'Automobile in Paris 1998 bedient sich Ferdinand Piëch der Firma Bugatti, um Volkswagen um so mehr in Geltung zu bringen. Er besetzt das Terrain, schickt die Kommentatoren auf unterschiedliche Fährten, verliert sie, indem er sich wahllos verzettelt. Die Positionierung jeder einzelnen Marke der Volkswagen-Gruppe bleibt unbestimmt. Die ins Auge gefassten Projekte für Lamborghini, Bugatti und Bentley überschneiden sich. Indem Piëch Bugatti in eine Umlaufbahn um Volkswagen platziert, ärgert er Audi, denn dieses Unternehmen muss sich mit Lamborghini als Satelliten begnügen. In der gleichen Art und Weise verärgern Projekte wie der Volkswagen W12 (1997–1998) die Männer von Audi, die in den letzten Jahrzehnten durch ihre Arbeit die ganze Gruppe weiter oben positioniert haben. Heute fühlen sie sich in den Schatten gestellt, und das von einer im Wesen »volkstümlichen« Marke! Noch stärker Machiavellist als Megalomane, spielt Ferdinand Piëch mit den Rivalitäten, teilt Demütigungen aus, nährt den Groll, bestraft Audi, beunruhigt Italdesign und verachtet Bentley. Er gefällt sich darin, Kränkungen auszuteilen und die kleinen Eitelkeiten bloßzustellen. Er verwischt seine Spuren und widerspricht sich … Weiß Ferdinand Piëch wirklich, was er mit seinem ganzen Gebäude anfangen will? Für den Augenblick baut er eine Utopie.

Daten zum Typ EB 18/4 Veyron

Chassis	–
Karosserie	Karbonfaser
Motor	18-Zylinder-W-Motor, Bankwinkel 2 x 60°
Anordnung	Mittelmotor, längs eingebaut
Hubraum	6255 cm³ (76,5 x 75,6 mm)
Ventilsteuerung	3 x zwei oben liegende Nockenwellen, vier Ventile pro Zylinder
Gemisch	Direkteinspritzung, vier Turbokompressoren
Leistung	555 PS (408 kW)
Drehmoment	66,3 mkg (650 Nm) bei 4000 U/min
Verdichtung	11,5:1
Kraftübertragung	Vierradantrieb
Gangschaltung	–
Vorderradaufhängung	Doppelte Querlenker
Hinterradaufhängung	Doppelte Querlenker
Bremsen	Belüftete Scheibenbremsen
Lenkung	Zahnstangenlenkung
Reifen	Vorne 265/30 R 20, hinten 335/30 R 20
Maße	438 x 199,4 x 120,6 cm
Radstand x Spurweite	265 x 171,2 x 164 cm
Gewicht	–
Höchstgeschwindigkeit	Über 300 km/h
Beschleunigung	–
Produktion	1 Stück (Modell)

AKT VI
SZENE 2

Entstehung
2000–2003

Die Volkswagen-Gruppe legt ihre Strategie fest, um die Marke wieder auf den Markt zu bringen. Damit können die Entwicklungsarbeiten beginnen. Es wird ein in jeder Hinsicht superlativisches Auto werden, durch seine Leistungen, seine Qualitäten auf der Straße, seine Verarbeitung, seine Raffinesse und seinen Preis. Deswegen wird die Abstimmung lange dauern und mühsam sein. In der gleichen Zeit steht dem Standort Molsheim eine Renaissance unter neuen Auspizien bevor.

Erster Blick auf den
Bugatti EB 16/4 Veyron, in
Dreiviertelansicht von vorne,
September 2000.

2000: Sechzehn Zylinder

Mulhouse, 26. März 2000
Wiedereröffnung

Das Musée National de l'Automobile ist einer der Tempel des Bugattikults. Nach einer langwierigen Renovierung und Umstrukturierung öffnet es erneut seine Pforten.

Paris, 30. September
bis 15. Oktober 2000
Von 18 auf 16

Der Bugatti EB 18/4 Veyron macht bei der Mondial de l'Automobile in Paris dem EB 16/4 Veyron Platz. Die neue Version hat nunmehr einen Motor, der sich mit nur 16 Zylindern begnügt. Die Ingenieure hatten darauf verzichtet, den komplexen 18-Zylinder-Motor weiter zu entwickeln.

Nur wenige Konstrukteure bauen Motoren mit 16 Zylindern. Sie gehören zu einem geschlossenen Klub, der folgende Mitglieder umfasst, geordnet nach dem Datum des Eintritts:

▶ Maserati mit einem enormen Einsitzer, der beim italienischen Grand Prix 1929 sein Debüt hatte.

▶ Bugatti mit seinem Typ 45 aus dem Jahre 1930.

▶ Bucciali im selben Jahr, dessen virtueller Motor aus zwei Achtzylindermotoren bestand. Sie waren über Getrieberäder und die Kurbelwellen miteinander verbunden.

▶ Cadillac mit dem Sixteen, präsentiert auf dem New Yorker Autosalon von 1930. Er wurde in zwei Reihen eingebaut, die 452 von 1930 bis 1935 und die 90 von 1936 bis 1940.

▶ Marmon (1931–1933), der als einziger Konstrukteur Cadillac nachfolgte.

▶ Peerless produzierte 1932 den Prototyp einer Limousine mit einem V16-Motor (Projekt XD).

▶ Auto Union mit seinen Grand-Prix-Rennwagen Typ A, B und C, von 1934 bis 1936.

Der Innenraum ist ganz mit Leder und Aluminium verkleidet.

▶ Trossi Monaco: Ein Grand-Prix-Wagen, konzipiert von Augusto Monaco für Carlo Felice Trossi, mit den Plänen von Mario Revelli de Beaumont. Er nahm aber nur an den Vorläufen zum Grand Prix d'Italia 1935 statt.

▶ Alfa Romeo baute unter den Farben der Scuderia Ferrari den Einsitzer 316, entworfen von Gioacchino Colombo 1938. 1940 kam der 162 von Wilfredo Ricart.

▶ BRM war bei der ersten Fahrerweltmeisterschaft 1950 mit einem komplexen Auto vertreten. Entworfen hatten es Raymond Mays und Peter Berthon. Dieser erneuerte die Erfahrung 1966 mit einem 16-Zylinder-H-Motor, den Lotus und BRM einsetzten.

▶ Coventry Climax plante einen 16-Zylinder-Boxermotor unter der Ägide der Formel 1 (1500 cm³), doch er wurde nie bei Rennen eingesetzt.

▶ Cizeta-Moroder mit einem Sportcoupé, 1988 entworfen von Marcello Gandini.

▶ Bentley baute in sein Konzeptauto Hunaudières, präsentiert am Genfer Autosalon 1999, einen 16-Zylinder-Motor ein, der die Technik und die Architektur des Volkswagenmotors VR6 verwendete.

Der W-Motor des Bugatti beruht in der Tat auf der Technik der VR-Motoren. Zwei V8-Blöcke werden in einem Bankwinkel von 72° miteinander verbunden, wobei die beiden Zylinderbänke jedes V8-Motors unter sich wiederum einen Winkel von 15° einhalten. Ästhetisch gesehen bleibt der Bugatti EB 16/4 Veyron seinem in Tokio präsentierten Vorbild EB 18/4 sehr nahe. Die zweifarbige Lackierung verbindet ein »Moonlight Blue« mit einem »Silver Arrow«. Die Armaturentafel, die Türverkleidungen, die Sitze und das Dach sind mit Nubukleder verkleidet.

Der Übergang zu nur … 16 Zylindern, 2000.

Eine neue Inneneinrichtung für das Museum in Mulhouse. Das Coupé Napoléon bleibt aber weiterhin das Highlight der Ausstellung (März 2000).

2000: L'art pour l'art

Der Bugatti EB 16/4 Veyron, 2000.

Daten zum Typ EB 16/4 Veyron (Prototyp)

Struktur	Monocoque aus Karbonfaser mit Aluminiumbauteilen vorne und hinten
Karosserie	Aluminium
Motor	16-Zylinder-W-Motor
Anordnung	Mittelmotor, längs eingebaut
Hubraum	8006 cm³ (84 x 90,3 mm)
Ventilsteuerung	2 x zwei oben liegende Nockenwellen, vier Ventile pro Zylinder
Gemisch	Direkteinspritzung, vier Turbokompressoren
Leistung	630 PS (463 kW) bei 6000 U/min
Drehmoment	77,5 mkg (760 Nm) bei 4000 U/min
Verdichtung	10,75:1
Kraftübertragung	Vierradantrieb
Gangschaltung	–
Vorderradaufhängung	–
Hinterradaufhängung	–
Bremsen	Belüftete Scheibenbremsen
Lenkung	Zahnstangenlenkung
Reifen	Vorne 265/30 R 20, hinten 335/30 R 20
Maße	438 x 199,4 x 120,6 cm
Radstand x Spurweite	265 x 171,2 x 164 cm
Gewicht	–
Höchstgeschwindigkeit	–
Beschleunigung	–

2000: Gez. Jozef Kaban

Wolfsburg, 15. Dezember 2000
Strukturierung

Die Gesellschaft Bugatti Automobiles SAS wird offiziell als Tochterunternehmen von Volkswagen France gegründet. Karl-Heinz Neumann wird Präsident und zugleich technischer Leiter. Er stieß 1965 zu Volkswagen, nachdem er sein Maschinenbaudiplom von der Universität Braunschweig bekommen hatte. Zehn Jahre später leitete er die Abteilung Fahrwerk. Im Jahre 1993 wurde er zum Leiter der Dieselmotorenentwicklung ernannt. Parallel dazu lehrte er stets an der Universität Kaiserslautern. Seine Ernennung zum Präsidenten und technischen Leiter der Firma Bugatti Automobiles SAS bedeutete so etwas wie höhere Weihen und eine Auszeichnung.

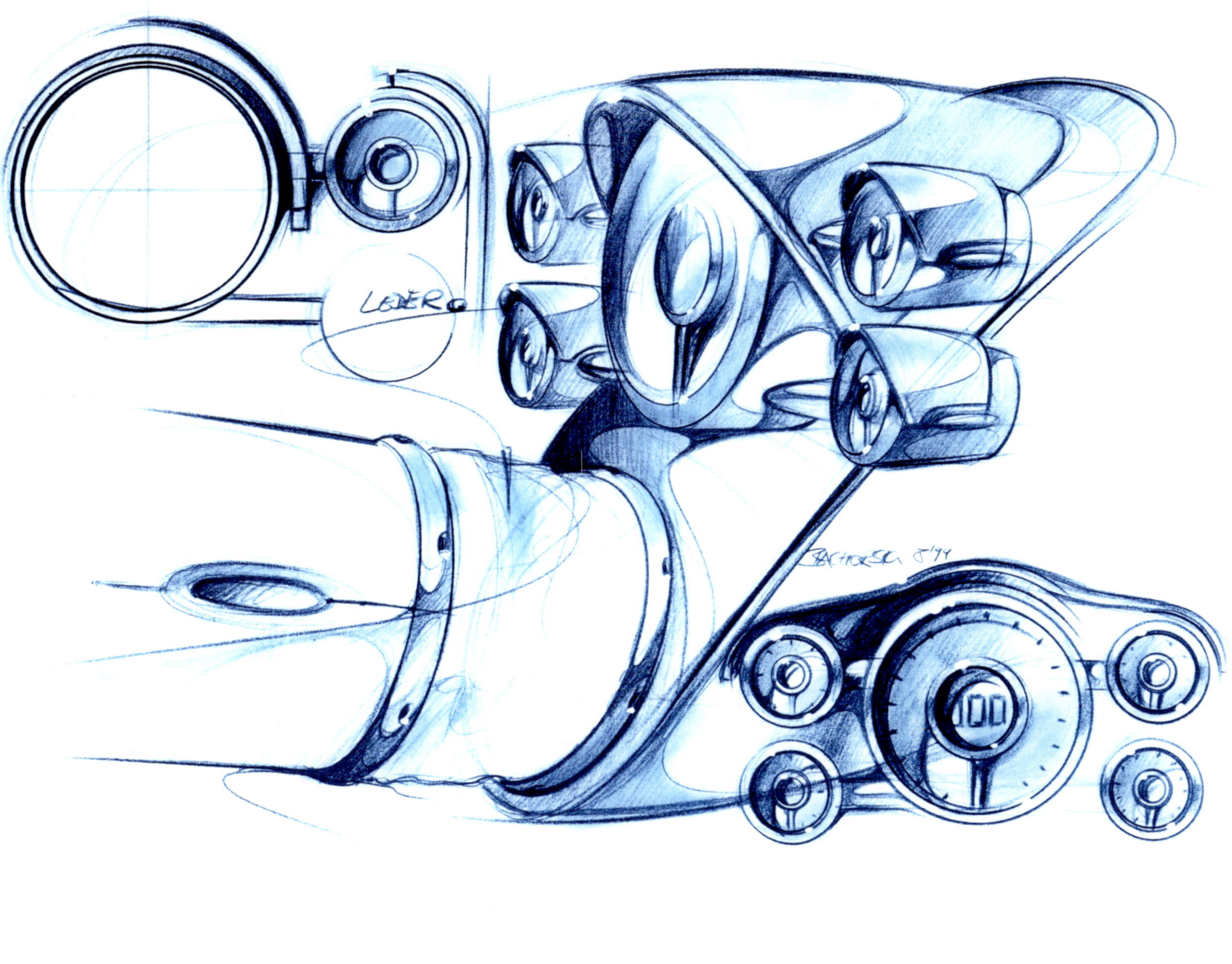

Designskizzen für den Veyron von Jozef Kaban.

2001: Ein Jahr des Übergangs

Der Royale mit der Karosserie von Binder im Hafen von Bergerac, Juni 2001.

Der Veyron auf dem Genfer Autosalon 2001 (Foto: Xavier de Nombel).

Innenraum des Wagens, der auf der Frankfurter IAA 2001 ausgestellt wurde
(rechte Seite oben;
Foto: Xavier de Nombel).

Der majestätische 16-Zylinder-Motor in Genf, 2001.

Die Leitung der Ausstellung liegt in den Händen von Marie-Madeleine Massé.

Monestier, 12. und 13. Juni 2001
Königlicher Wettbewerb

Der zweite Concours d'Élégance de Bergerac kann den Bugatti Royale begrüßen, den die Volkswagen-Gruppe gekauft hat. Die Veranstaltung wurde von Claude Lobo, dem früheren Leiter der Designabteilung von Ford, ins Leben gerufen. Sie erstreckt sich über zwei Tage, inmitten der Weinberge zwischen Bergerac und dem Château des Vigiers.

Frankfurt, 11. September 2001
Nine eleven

Die nur Journalisten zugängliche Vorpremiere der 59. Internationalen Automobil Ausstellung findet an diesem Tag statt, der sich in unser aller Gedächtnis eingegraben hat. Im Herzen der Finanzhauptstadt Kontinentaleuropas zeigen die Autobauer die

Paris, 10. April bis 15. Juli 2001
Carlo Bugatti in Orsay

Das Musée d'Orsay widmet dem Werk von Carlo Bugatti eine superbe Retrospektive.

Symbole ihres Reichtums und ihrer Kreativität. Gerade diese Symbole wollen einige
Extremisten vernichten. Es hat tatsächlich
etwas unendlich Lächerliches an sich, wenn
der Westen in Entzücken gerät über seinen
eigenen Protz, während man gleichzeitig im
Fernsehen live mitverfolgen kann, wie die
Zwillingstürme einstürzen. Aber die Show
geht weiter.

Bugatti zeigt einen 57SC Atalante neben einer deutlich weiterentwickelten Version des
Veyron, die nunmehr Veyron 16.4 heißt. Die
allgemeinen Linien bleiben unverändert, nur
die Räder zeigen ein neues Design, und der
Kühlergrill ist weiter nach unten gezogen.
Er erscheint durch den Kontrast zwischen
Schwarz und Rot aufgewertet. Die technischen Daten klingen wie eine Provokation!
Für die Volkswagenleitung sind für Bugatti
nur Superlative gut genug. Die nunmehr ver-
öffentlichten Angaben für den Bugatti Veyron 16.4 übersteigen alles bisher da Gewe-
sene. Der Motor leistet 1001 PS und hat ein
maximales Drehmoment von 1250 Nm! Diese außergewöhnlichen Werte führen zu phä-
nomenalen Fahrleistungen: 406 km/h als
Spitzengeschwindigkeit und in weniger als
14 sec von Null auf 300 km/h! Der Radstand
wird um 50 mm verlängert und erreicht nunmehr 270 cm. Aus aerodynamischen Gründen sind auch die Außenmaße gestiegen:
Die Länge um 8,6 cm, die Breite um einige Millimeter. Es erscheint ein automatisch ausfahrbarer Heckspoiler. Die Firma
Michelin entwickelt für diesen Wagen, der
über 400 km/h schnell ist, sein System Pax.
Zur selben Zeit bekommt der Komfort seinen letzten Schliff. Den Angaben des Her-
stellers zufolge wird Dieter Burmester das
High-End-Audiosystem liefern.

Daten zum Typ Veyron 16.4	
Struktur	Monocoque aus Karbonfaser mit Aluminiumbauteilen vorne und hinten
Karosserie	Aluminium
Motor	16-Zylinder-W-Motor
Anordnung	Mittelmotor, längs eingebaut
Hubraum	7993 cm³ (86 x 86 mm)
Ventilsteuerung	2 x zwei oben liegende Nockenwellen, vier Ventile pro Zylinder
Gemisch	Vier Turbokompressoren
Leistung	1001 PS (736 kW) bei 6000 U/min
Drehmoment	127,5 mkg (1250 Nm) zwischen 2200 und 5500 U/min
Verdichtung	9,0:1
Kraftübertragung	Vierradantrieb
Gangschaltung	Sieben Gänge, sequenzielles Doppelkupplungsgetriebe
Vorderradaufhängung	Doppellenker
Hinterradaufhängung	Doppellenker
Bremsen	Belüftete Scheibenbremsen
Lenkung	Zahnstangenlenkung
Reifen	Vorne 245-690 R 520, hinten 335-710 R 540
Maße	446,6 x 199,8 x 120,6 cm
Radstand x Spurweite	270 x 172,3 x 163,2 cm
Gewicht	–
Höchstgeschwindigkeit	406 km/h
Beschleunigung	In weniger als 14 sec von Null auf 300 km/h

Der EB 16.4 der IAA 2001 in Frankfurt bekommt neue Felgen, und sein Kühlergrill ist weiter nach unten gezogen.
(Foto: Xavier de Nombel).

Detail des Heckspoilers.

2002: Evolutionen

Genf, 7. bis 17. März 2002
Lob auf den Sechzehnzylinder

Auf dem Genfer Autosalon zeigt Bugatti einen 16-Zylinder-Motor des Typs 45 von 1928 und einen Veyron 16.4. Das ausgestellte Modell ist wiederum schwarz und rot lackiert. Der Unterboden umfasst einen Diffusor, mit dem man den Anpressdruck optimieren kann. Zwei Diamanten, die »Spirit Diamonds«, funkeln auf den Nadeln des Tachometers und des Drehzahlmessers. Sie stammen aus der Manufaktur von Dr. Ulrich Freiesleben.

Ehra-Lessien, 9. August 2002
Erste Testfahrten

Die Tests mit dem Veyron beginnen auf dem Privatgelände der Volkswagen-Gruppe in Norddeutschland.

Das Antriebsaggregat des EB 16.4.

Der Typ EB 16.4 Veyron, Genfer Autosalon 2002.

Private Präsentation im Gestüt
Stonepine im August 2002.

2002: Vorpremiere

Carmel Valley, 15. August 2002
Privater Abend

In jedem Sommer, um den 15. August, wird die Region von Monterey zum Zentrum der automobilen Leidenschaft. Den Höhepunkt bildet natürlich der berühmte Concours d'Élégance von Pebble Beach am Sonntag. Doch schon in der ganzen Woche davor werden in der Umgebung zahlreiche Treffen organisiert. Alle Gemeinden der Halbinsel Monterey organisieren Events, die neue

Julius Kruta, Andrea Zagato und
Karl-Heinz Neumann (von links),
Jurymitglieder beim Concours
d'Élégance von Pebble Beach,
2002.

Besucher anziehen sollen. Das alles beginnt am Mittwoch.

Die Firma Bugatti SAS profitiert davon, dass Tausende von Autoliebhabern kommen und organisiert in Carmel Valley einen privaten Abend. Einige Happy Few werden unter strengster Geheimhaltung in das Gestüt Stonepine geladen, wo Karl-Heinz Neumann, der Präsident von Bugatti, und Georges Keller, sein Public-Relations-Chef, die Gäste begrüßen. Einige darunter dürfen einen Prototyp des Veyron (Nr. 1.4) sehen und mit ihm sogar einige Kilometer fahren …

Dorlisheim, 16. September 2002
Grundsteinlegung

Es wird der Grundstein gelegt für das Werk, das neben dem Château Saint-Jean auf dem Boden der Gemeinde Dorlisheim entstehen soll. Karl-Heinz Neumann, der Chef von Bugatti Automobiles SAS, hält vor 400 Geladenen eine Ansprache. Darunter sind auch Laurent Furst und Gilbert Roth, die

Bürgermeister von Molsheim bzw. Dorlisheim. Eine Flasche Pinot Noir zerschellt am Grundstein … Das alles findet im Rahmen des Festival Bugatti statt.

Monaco, 25. September 2002
Mondäne Welt

Der Veyron beginnt eine Promotion Tour, die keines der kleinen Paradiese unseres Planeten auslässt. Der Weg führt über Monte Carlo, wo der Veyron auf der Monaco Yacht Show zu sehen ist.

Paris, 28. September 2002
Mondial de l'Automobile

In der weit entfernten Halle 4, die zur Hauptsache der Volkswagen-Gruppe zur Verfügung steht, ist am Stand von Bugatti ein schwarz und rot lackierter Veyron 16.4 neben einem Chassis des Typs 47 zu sehen.

Der Prototyp Veyron Nr. 1.4 in Stonepine, August 2002.

Öffentliche Präsentation in Pebble Beach, August 2002.

Private Präsentation in Stonepine. Potenzielle Kunden dürfen dabei einige Kilometer fahren (August 2002).

2003: Intensive Tests

Genf, 6. bis 16 März 2003
Ungeduld und Neugier

So lange die komplexen Abstimmungsarbeiten auf den Versuchspisten weitergehen, können noch keine konkreten Daten für die Kommerzialisierung garantiert werden. Der Public-Relations-Chef von Bugatti Automobiles hat in dieser Zeit die Aufgabe, dem

Traum weiter Nahrung zu geben, das Verlangen aufrecht zu erhalten und gleichzeitig die Ungeduld zu zügeln. Georges Keller, der seit langen Jahren die prestigeträchtigsten Autofirmen in der Schweiz vertritt, vor allem Bentley, empfängt die Besucher mit seinem unerschütterlichen Humor.

Dieses Jahr präsentiert Bugatti einen neuen

Der Stand von Bugatti,
Genfer Autosalon 2002.

Prototyp in zwei Grautönen: Silber und Titan. Die gesamte Inneneinrichtung ist mit elfenbeinfarbenem Leder überzogen: Sitze, Armaturentafel, Dach, Türverkleidung, Mittelkonsole, Lenkrad …

Kapstadt, Februar 2003
Südhalbkugel
Bugatti beendet die stets etwas künstlichen Testfahrten auf Rundkursen und stellt sich nun den realen Umständen auf echten Straßen. Drei Prototypen werden nach Südafrika geschickt, wo sie von wenig befahrenen, hervorragenden Straßen, angenehmen Wetterbedingungen und Vertraulichkeit profitieren können.

Wolfsburg, April 2003
Ein neuer Leiter der Designabteilung
Hartmut Warkuss hat die Altersgrenze erreicht und gibt die Leitung des Designs bei Volkswagen ab. An seine Stelle tritt Murat Günak, der den größten Teil seiner Karriere bei Mercedes-Benz verbrachte. Von 1994

bis 1998 leitete er allerdings das Centre Style von Peugeot. Dann kehrte er nach Deutschland zurück. An der Spitze der Group of Excellence muss er schwierige Entscheidungen über das Erscheinungsbild der verschiedenen Marken der Gruppe fällen.

Monaco, 6. bis 9. Juni 2003
Kunst und Automobil
Der Veyron wird im Rahmen der Ausstellung Art de l'Automobile gezeigt. Bei dieser Gelegenheit kann man bemerken, dass ein zusätzlicher Luftauslass vor der Tür angebracht wurde.

Hochwertige Uhren und außergewöhnliche Autos passen seit jeher gut zusammen. Deswegen schließt Bugatti Automobiles einen Partnervertrag mit der Uhrenmanufaktur Parmigiani Fleurier.

Murat Günak, der neue Leiter der Designabteilung bei der Volkswagen-Gruppe, hier aufgenommen beim Concours von Bergerac im Jahre 2000.

Karl-Heinz Neumann in
Carmel Valley, August 2003.

2003: Weltpremiere

Carmel Valley, 15. August 2003
Offizielle Präsentation

Um genau 21 Uhr lüftet Karl-Heinz Neumann den Schleier über dem Bugatti Veyron 16.4 in Kalifornien. Anwesend sind Besitzer alter Bugattis und einige potenzielle Käufer des neuen Modells. Diese Präsentation findet wie letztes Jahr im Gestüt Stonepine, Carmel Valley, statt, aber vor mehr Anwesenden, und sie fällt deutlich feierlicher aus. In derselben Woche meldet das Nachrichtenmagazin *Der Spiegel* Neumanns Ausscheiden. Aber der Chef von Bugatti Automobiles SAS bleibt ganz gelassen. Er weiß, dass er die Aufgabe erfüllt hat, die ihm Ferdinand Piëch anvertraut hat: Er sollte die erste Phase der Renaissance von Bugatti managen. Wie sein früher Vorgänger Ettore Bugatti ist Karl-Heinz Neumann ein leidenschaftlicher

Der Bugatti Veyron 16.4 als
Pace Car in Laguna Seca,
August 2003.

Techniker. Es ging ihm weniger darum, die Marke Bugatti wieder zum Leben zu erwecken, als vielmehr eine technische Meisterleistung zu vollbringen. Neumann ist Ingenieur, kein sentimentaler Mensch. Und er ist ein guter Soldat. Treu und unverzagt verbrachte er seine gesamte berufliche Laufbahn im Umkreis von Wolfsburg.

Seit der Tokyo Motor Show 1999 hat sich die allgemeine Form des Veyron nur wenig weiterentwickelt. Die wichtigsten Veränderungen, die angebracht wurden, standen in Zusammenhang mit der Aerodynamik. Große Luftauslässe befinden sich an den vorderen Kotflügeln direkt hinter den Radkästen. Der einziehbare Heckspoiler wurde entsprechend seinen verschiedenen Funktionen als Bremse und Stabilisator verändert. In die Rückspiegel wurden die Blinker integriert. Die enormen Räder tragen in der Mitte das Logo EB.

Die Farbkarte wurde festgelegt: Das Designstudio schlägt fünf Farbkombinationen vor; sie alle werden vom Farbspiel inspiriert, das einst bei den großen Klassikern der Marke Verwendung fand. Eine dominante dunkle Farbe bedeckt die Motorhaube, den Innenraum und das Heck. Die Kotflügel und die Seiten erhalten eine kontrastierende Farbe. Der schwarze Lack erhält als Ergänzung Rot, Gelb, Blau oder Silbergrau. Ein fünfter Vorschlag verbindet Silbergrau mit Marineblau. Aber bei dem Verkaufspreis werden natürlich alle Sonderwünsche anspruchsvoller Kunden in Betracht gezogen.

Die Inneneinrichtung stimmt mit dem überein, was man schon bei früheren Prototypen gesehen hat. Leder überzieht den gesamten Innenraum und hebt dadurch das zentrale Motiv hervor, das eine Hufeisenform zeigt und das aus gebürstetem Aluminium besteht.

Bugatti hält seine Versprechen bei den technischen Daten. Das Monster weist die ins Auge gefassten 1001 PS auf, und sein Drehmoment ist entsprechend. Die sequenzielle Gangschaltung umfasst sieben Gänge, die man auf eine neue direkte Weise

Der Bugatti Veyron 16.4 in Pebble Beach, August 2003.

wählen kann. Auch die passive Sicherheit wird nicht vernachlässigt: Das Monocoque aus Karbon zeigt eine außergewöhnliche Widerstandsfähigkeit.

Die Kommerzialisierung rückt näher, und Bugatti Automobiles ist dabei, ein Universum aufzubauen, in dem sich der Veyron entfalten kann. Der Designer Ulrich Freiesleben entwirft eine Schmuckreihe mit der Bezeichnung »AutoMobile Diamonds«. Sie erinnert an die Diamanten in der Tachometer- und Drehzahlanzeige. Bei den Uhren tut sich Bugatti mit der schweizerischen Firma Parmigiani Fleurier zusammen, während bei den Brillen die jurassische Firma Odo eine Partnerschaft eingeht.

Laguna Seca, 16. August 2003
Erste Runden

Das Sportcoupé Nr. 2.2, das am Vorabend in Carmel Valley gezeigt wird, fährt seine ersten öffentlichen Runden auf dem Kurs von Laguna Seca. Es dient als Pace Car für ein

Rennen, an dem mehrere Dutzend Grand-Prix-Bugattis teilnehmen.

Die Beschleunigung des Veyron ist einzigartig, sein Drehmoment phänomenal. Das Geräusch des 16-Zylinder-Motors überrascht durch seine Diskretion. Das schwarz und rot lackierte Auto nimmt die verräterischen Kurven des kalifornischen Rundkurses mit der Leichtigkeit eines echten Sportwagens. Es rast steile Gefällstrecken hinunter und bremst mit ungeheurer Kraft, unterstützt vom Heckspoiler. Dann durchfährt das zugkräftige gedrungene Sportcoupé eine enge Kurve, ohne die geringste Rollbewegung zu zeigen. Der Vierradantrieb hält das mechanische Pferdchen auf imaginären Schienen. Es hat Rasse und schöne Gangarten und sieht von hinten richtig kraftvoll aus. Da ist ein Vollblut entstanden: muskulös, untersetzt, gut ausgestattet. Ettore Bugattis Ehre ist gerettet!

Die Darbietung geht vorzeitig mit einem weniger angebrachten Dreher zu Ende …

2003: Hommage für den 57S

Pebble Beach, 17. August 2003
Der Typ 57S als Superstar

Dieses Jahr steht Bugatti eindeutig im Zentrum aller Events auf der Halbinsel Monterey. Beim Concours d'Élégance von Pebble Beach ist eine Kategorie für den Typ 57S reserviert. Dreizehn Fahrzeuge haben sich angemeldet: fünf Coupés Atalante, die beiden noch im Originalzustand befindlichen Atlantic, die beiden von Gangloff realisierten Cabriolets, ein Cabriolet von Vanvooren und drei Kreationen von Corsica. Bei einer solchen Anzahl kann man sich eine gute Vorstellung machen von ihrem Zustand, der Erhaltung und von deren Transformation …:

Der Torpedo 57S mit der Karosserie von Corsica (Nr. 57-512/S) in Pebble Beach.

- ▶ Nr. 57-374/S, Atlantic, in Originalform und ursprünglicher graublauer Lackierung restauriert, präsentiert von Peter Willamson von Lyme, New Hampshire. Die minutiöse Restaurierung führte Jim Stramberg (High Mountains Classics) in Colorado durch.
- ▶ Nr. 57-384/S, Coupé Atalante mit Schiebedach, rot und schwarz lackiert, ohne Stoßstangen und ohne Abdeckungen an den Felgen, dafür mit den alten oben angebrachten ellipsoidalen Scheinwerfern. Das Stück befindet sich heute in der Schweiz in der Sammlung von Franz Wassmer.
- ▶ Nr. 57-472/S, Coupé Atalante, mit integrierten Scheinwerfern, orange und schwarz lackiert, seit 1988 in der Sammlung von Gale und Henry Petronis, Maryland.
- ▶ Nr. 57-482/S, Cabriolet von Vanvooren, im schwarzen Originalzustand, seit 1999 in der Sammlung Samuel Mann, New Jersey.
- ▶ Nr. 57-512/S, Torpedo von Corsica, im Originalzustand, schwarz lackiert, konserviert

Das Cabriolet 57S von Gangloff (Nr. 57-533/S) in Carmel.

Der Atlantic mit der Auszeichnung Best of Show in Pebble Beach.

in der Sammlung Blackhawk, Kalifornien, aber ohne Flansche an den Rädern.

► Nr. 57-531/S, Roadster von Corsica, im Originalzustand und seinem berühmten Campbell-Blau präsentiert von Arturo Keller, Kalifornien.

► Nr. 57-533/S, Cabriolet von Gangloff, schwarz und bordeauxrot lackiert anstelle des ursprünglichen Blaugrau, erworben von Arturo Keller im Juni 2000.

► Nr. 57-551/S, Coupé Atalante, gelb und cremefarben lackiert anstelle des ursprüng-

lichen einheitlichen Schwarz, mit abgesenkten Scheinwerfern, hintere Kotflügel verlängert in der Veränderung von 1945, heute in der Sammlung James Patterson, Kentucky.

► Nr. 57-562/S, Coupé Atalante, in seiner gelb-schwarzen Lackierung restauriert und mit V-förmiger Zeichnung an den Seiten, heute in der Sammlung William E. Connor, Hongkong.

► Nr. 57-563/S, Cabriolet von Gangloff, pechschwarz restauriert von Ralph Lauren.

► Nr. 57-573/S, Coupé Atalante, präsentiert von Peter Williamson in Himmel- und Marineblau (anstelle des einfarbigen Blau beim Pariser Autosalon 1937), ohne Stoßstangen.

► Nr. 57-591/S, Atlantic, von Ralph Lauren schwarz lackiert.

► Nr. 57-593/S, Roadster von Corsica, nach dem Kauf durch John Mozart schwarz und silberfarben lackiert.

Bei dieser Auswahl fällt der Jury die Entscheidung nicht leicht. Best of Show wird der Atlantic von Peter Williamson.

Ein wiederaufgebauter 57S Torpedo in Quail Lodge.

2003: Skulpturengarten

Frankfurt, 10. bis 21. September 2003
Ein echter Veyron

Bugatti stellt seinen Veyron 16.4 Nr. 2.3 aus. Er ist grau mit grenadinefarbenem Innenraum. Zum ersten Mal zeigt Bugatti bei einem Autosalon einen fahrenden Prototyp und nicht nur ein Modell.

Dem der zuhören will, gibt Karl-Heinz Neumann zu verstehen, dass er sich ärgert über die Presseberichte zu seinem Rückzug und zu den Problemen während der Entwicklung des Veyron.

Tokio, 22. Oktober bis 2. November 2003
Noch ein echter Veyron

Auch das japanische Publikum hat das Recht einen Veyron der Vorserie , schwarz und rot lackiert, präsentiert zu bekommen. Die Besucher der Tokyo Motor Show erleben den letzten Auftritt von Karl-Heinz Neumann in seiner Funktion als Präsident der Firma Bugatti Automobiles.

Wolfsburg, 1. Dezember 2003
Ein Pilot am Steuer von Bugatti

Thomas Bscher wird Präsident von Bugatti Automobiles SAS. Der ehemalige Rennfahrer leitete von 1986 bis 1995 die Abteilung Corporate Finance and Financial Markets im Bankhaus Sal. Oppenheim Jr. & Cie. in Köln. Er nahm an zahlreichen Ausdauerprüfungen teil und gewann die BPR-Meisterschaft 1995 am Steuer eines McLaren F1 GTR. Seine weiteren besten Platzierungen waren jeweils ein dritter Platz 1997 in Hockenheim und Helsinki.

Typ 35, Detail des Rades.

Typ 57S Atalante,
Detailaufnahme.

Typ 59, Kabelzüge,
Detailaufnahme.

Typ 35, gebürstetes Aluminium.

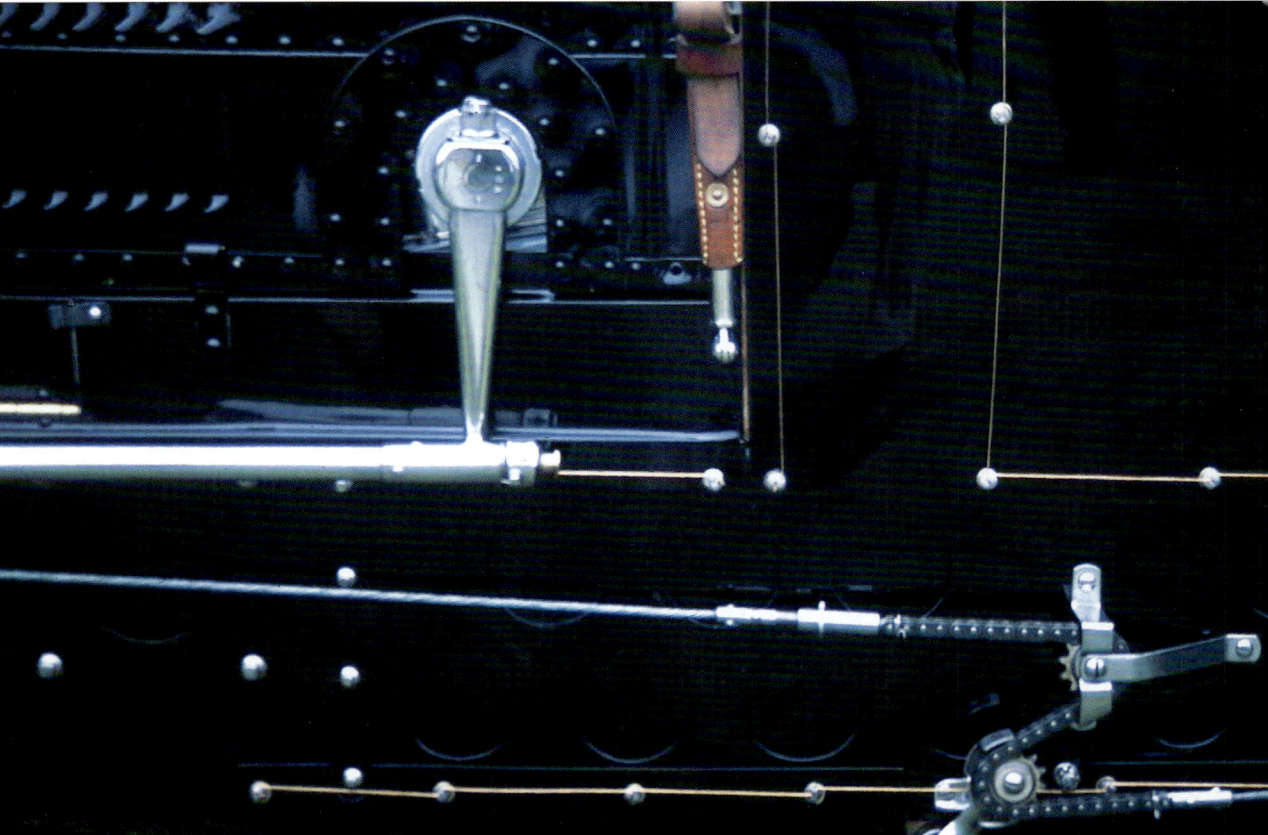

Typ 46, Detailaufnahme eines
Rades.

Typ 57 S, Cabriolet von Gangloff,
Detailaufnahme.

Typ 35, Kabelzüge,
Detailaufnahme.

Typ 59, Rad, Detailaufnahme.

SZENE 3

Rückkehr nach Molsheim
2004–2008

Im Gegensatz zur Wiederbelebung der Marke in Italien durch die Firma Bugatti Automobili, stützt sich die von der Volkswagen-Gruppe orchestrierte Renaissance auf eine starke Symbolik und integriert darin auch den historischen Standort im elsässischen Molsheim. Dort finden die endgültige Abstimmung und der Bau des ersten Wagens statt. 94 Jahre nach der Niederlassung von Ettore Bugatti im Elsass schließt sich der Kreis wieder.

Phantombild mit dem
Antriebsaggregat und der
Kraftübertragung auf die
vier Räder, 2005.

2004: Abstimmungen

Papenburg, Februar 2004
Hochgeschwindigkeitstests

Louis Bicocchi testet den Prototyp 2.8 auf der Piste des Papenburg Contidroms, das Continental Bugatti zur Verfügung stellt.

Genf, 4. bis 14. März 2004
Verzögerung

Traditionsgemäß stellt Bugatti einen wie immer zweifarbig lackierten Veyron aus, nachtblau und titanblaugrau. Man kann ihn in Gesellschaft eines Typs 57 Ventoux ohne Heckscheibenfenster bewundern. In einer Pressemitteilung gibt Bugatti Automobiles zu, dass die Abstimmung des Veyron 16.4 länger als vorgesehen dauert und dass sich die Markteinführung deswegen erneut verzögert. Man spricht nunmehr vom zweiten Trimester 2004 für die ersten Auslieferungen. »Der Veyron will technisch perfekt sein. Das verlangt Zeit, und wir nehmen uns die Zeit, die wir dafür brauchen«, präzisiert Thomas Bscher für die allzu Ungeduldigen …

Paris, 25. September
bis 10. Oktober 2004
Mondial de l'Automobile

Der Veyron 16.4 fehlt nicht auf dem Autosalon in Paris und präsentiert sich dort in einem nachtblauen und silberfarbenen Kleid.

Das Personal des Werks Molsheim, versammelt vor dem Château Saint-Pierre, um den ersten Prototyp zu feiern, den sie an Ort und Stelle zusammengebaut haben (Oktober 2004).

Dorlisheim, 7. Oktober 2004
Made in Alsace

Das ist ein wichtiger Augenblick für alle An-gestellten der Volkswagen-Gruppe, die nach Molsheim versetzt wurden. Im Gegensatz zu den ersten acht Prototypen, die in Wolfsburg gebaut wurden, ist das Fahrzeug mit der Nummer 3.2 das Erste, das im nunmehr fer-tig gestellten Atelier Veyron realisiert wird. Es ist das erste Mal, dass ein Bugatti seit 1957 wieder am historischen Standort der Familie entsteht.

Die Villa, in der die Familie Bugatti wohnte.

Das Werk Messier-Bugatti.

Die Stallungen von Ettore Bugatti.

Die Orangerie bleibt im Originalzustand erhalten.

Die Hostellerie du Pur-Sang in Molsheim.

Im Sommer 2005 legen die Arbeiter in Molsheim letzte Hand an die Reihe der Prototypen und beginnen dann mit dem Bau der Vorserienwagen.

Das Atelier Veyron

Wien, 20. bis 23. Februar 2005
Neue Eroberung

Der Bugatti Veyron 16.4 zeigt sich zum ersten Mal in Österreich anlässlich einer Autoausstellung im Messezentrum.

Genf, 3. bis 13. März 2005
Luftauslässe in den Türen

Bugatti stellt einen Veyron in zwei Grautönen aus, in Silbergrau und Mittelgrau. An den Türen befinden sich immer noch Luftauslässe.

Ehra-Lessien, 29. April 2005
Noch ein Rekord

Ein Veyron überschreitet 400 km/h auf der Versuchspiste von Volkswagen. Die Leistung wird vom deutschen TÜV bestätigt.

Molsheim, 29. Juli 2005
Produktionsbeginn

Wenige Tage vor der Markteinführung des ersten Bugatti Veyron 16.4 ist am Sitz von Bugatti Automobiles SAS keine Aufregung zu spüren. Georges Keller, der sich um die

Öffentlichkeitsarbeit kümmert, empfängt die Besucher mit einem Bentley und einer ebenso britischen Gelassenheit. Die letzte der fünf experimentellen Vorserien geht mit dem Bau des Fahrgestells Nr. 5.5 zu Ende. Es handelt sich dabei um den 27. und letzten Prototyp.

Die Montagewerkstatt liegt in einem ganz neuen ovalen Gebäude von Gunter Henn, dem ständigen Architekten der Volkswagen-Gruppe, auf den auch die Gläserne Manufaktur in Dresden und die Pavillons der Autostadt Wolfsburg zurückgehen. Im Atelier Veyron sollen die Wagen aus in Deutschland hergestellten Einzelteilen montiert werden. Im Werk trifft man nur auf deutsche Angestellte, doch Rüdiger Meinicke, der für die Produktion verantwortlich ist, verspricht, dass von der Serienfertigung an auch acht französische Arbeiter an der Montage beteiligt sein werden. Auch bei den Lieferanten sind die französischen Firmen unterrepräsentiert. Michelin zählt zu den wenigen französischen Teilhabern am Bugatti-Abenteuer. Aber immerhin: Die Endmontage findet von

Hand in Dorlisheim bei Molsheim statt, wo ein richtiger Kult um die Marke entstanden ist.

Die Gesamtproduktion wird auf 300 Exemplare festgelegt, wobei jedes Jahr 70 Wagen fertig gestellt werden sollen.

Bugatti enthüllt die Geheimnisse der Zelle des Veyron 16.4, einer zentralen Monocoquestruktur aus Karbon mit einem Gewicht von weniger als 110 kg. Diese sehr verwindungssteife Zelle trägt vorne einen Aluminiumrahmen mit 34 kg Gewicht. Der hintere Teil umfasst eine Art Längsträger, an denen die Stützstreben der Radaufhängung befestigt sind. Ein Querträger aus Karbon ist mit Bolzen an den beiden Längsträgern befestigt. Ein tiefer gelegter Rahmen aus Stahl trägt den Motor.

Aus Sicherheitsgründen umgibt der Treibstoffbehälter, der 98 Liter fasst, sattelförmig die Kraftübertragung.

Für die Aufbauten zeichnet Albert Finkbeiner verantwortlich. Im Lauf der Entwicklung des Veyron ist sein Stil nicht gealtert, sondern nur reifer geworden.

Das Innere des Atelier Veyron.

Zusammenbau der Zelle.

Blick ins Heck des Veyron.

Molsheim, 3. September 2005
Offizielle Einweihung

Im Château Saint-Jean findet ein großes Fest statt. Man sieht den Veyron 16.4. in definitiver Gestalt, und so unterschiedliche Persönlichkeiten wie George Clooney und Alain Prost sind anwesend.

Nach einer gewissenhaften Restaurierung wird das Château Saint-Jean offiziell eingeweiht. Es beherbergt die Verwaltung, darunter besonders auch die Abteilung, die sich mit dem Erbe der Firma unter der Leitung von Julius Kruta beschäftigt. Die Mauern sind mit riesigen Bildern des Malers Paul Bouvot aus der Franche-Comté geschmückt, der den Patron vorbehaltlos bewunderte. Im ersten Stock steht der Tisch, auf dem Ferdinand Piëch in Braunschweig den Kauf von

Bugatti besiegelte. Das Château Saint-Jean ist von zwei älteren Gebäuden umgeben: einer Remise im Süden von 1788, und einer Remise im Norden von 1853. Die erste steht gegenüber der Orangerie, die im Originalzustand belassen wird, und enthält einen Ausstellungssaal, wo die Kunden die Wahl der Lackfarbe, des Leders und der Teppiche treffen können.

Eine Restaurierungswerkstatt für historische Bugattis ist ebenfalls vorgesehen.

Frankfurt, 15. September 2005
Bemerkenswertes Fehlen

Während die Markteinführung des Veyron 16.4 anscheinend unmittelbar bevorsteht, lässt Bugatti Automobiles die IAA in Frankfurt 2005 aus.

Das Atelier Veyron, Außenansicht.

Georges Keller, Leiter der Öffentlichkeitsarbeit bei Bugatti Automobiles SAS, in der Empfangshalle des Château Saint-Jean.

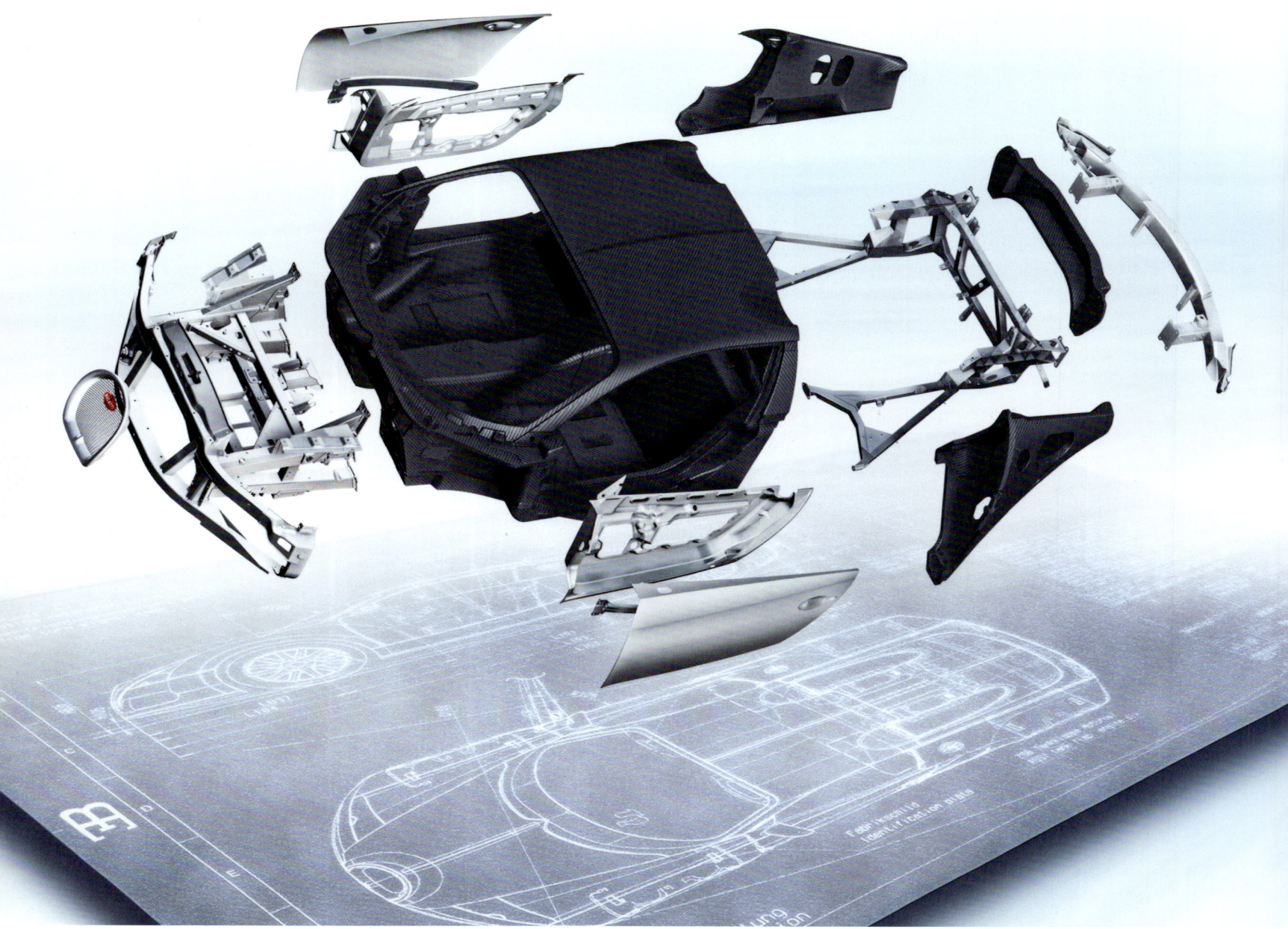

Strukturelemente, 2005

2005: Luxushandwerk

Castelbuono, 11. bis 18. Oktober 2005
Pressepräsentation

Fünf Exemplare des Veyron 16.4 werden nach Sizilien geschickt, um sie der internationalen Presse vorzustellen. Die Testfahrten finden auf zwei Routen statt: auf dem Rundkurs bei Enna Pergusa und auf öffentlichen Straßen im Gebiet der Madonie, wo einst die Targa Florio stattfand.

Auf den ersten Blick hat sich nichts geändert seit der ersten Präsentation des EB 16/4 auf der Mondial de l'Automobile 2000. Diese Konstanz beweist, dass die anfänglichen aerodynamischen und ästhetischen Bewertungen Bestand hatten. Die Veränderungen, die in den letzten fünf Jahren am Veyron angebracht wurden, sind aber nicht weniger tief greifend und bestimmend.

bis 1.5 im Jahre 2002), acht der zweiten Serie (Nr. 2.1 bis 2.8 im Jahre 2003), fünf der dritten Serie (Nr. 3.1 bis 3.5 im Jahre 2004, wobei die beiden letzten für Crashtests vorgesehen waren), vier der vierten Serie (Nr. 4.1 bis 4.4, zwischen Februar und Mai 2005) und schließlich fünf der fünften Serie, genannt »Serie 0« (Nr. 5.1 bis 5.5 zwischen Mai und Juli 2005).

Das Design, das Jozef Kaba unter der Leitung von Hartmut Warkuss 1999 entwickelte, hatte Bestand im Lauf der Jahre. Geblieben ist die sinnliche muskulös wirkende Silhouette. Im Jahre 2006 ging Jozef Kaba

Bugatti Veyron 16.4, Detail der Bremsen vorne, 2005.

Bisweilen wurde über die endlose Abstimmung des Bugatti gelästert, wobei oft aerodynamische Probleme angeführt wurden, um die Verzögerungen zu erklären. Die Störungen, die die Stabilität bei hoher Geschwindigkeit beeinträchtigten, hatten ihren Grund im Wesentlichen im vorderen Fahrwerk. Dieses wurde von Grund auf neu konstruiert. Bei der Aerodynamik ergaben sich bedeutsame Retuschen nur beim beweglichen Heckspoiler. Die Luftauslässe, die man hinter den vorderen Radkästen angebracht hatte, erzeugten eine unglückliche Saugwirkung auf die Tür, sodass man sie beim definitiven Modell wegließ. Nach zahlreichen Testfahrten in allen geografischen Breiten merkte man, dass diese Öffnungen für die heiße Abluft der vorderen Bremsen unnötig waren.

Die Veränderungen wurden unter der technischen Leitung von Wolfgang Schneider und mit Zustimmung von Thomas Bscher angebracht, nachdem dieser im Jahre 2003 die Leitung von Bugatti Automobiles übernommen hatte.

In drei Jahren wurden 27 Prototypen gebaut: fünf der ersten Serie (Fahrgestellnummer 1.1

Daten zum Typ Veyron 16.4 (Produktion)	
Struktur	Monocoque aus Karbonfaser mit Aluminiumbauteilen vorne und hinten
Karosserie	Aluminium
Motor	16-Zylinder-W-Motor
Anordnung	Mittelmotor, längs eingebaut
Hubraum	7993 cm³ (86 x 86 mm)
Ventilsteuerung	2 x zwei oben liegende Nockenwellen, vier Ventile pro Zylinder
Gemisch	Vier Turbokompressoren
Leistung	1001 PS (736 kW) bei 6000 U/min
Drehmoment	127,5 mkg (1250 Nm) zwischen 2200 und 5500 U/min
Verdichtung	9,0:1
Kraftübertragung	Vierradantrieb, ESP
Gangschaltung	Sieben Gänge, sequentielles Doppelkupplungsgetriebe
Vorderradaufhängung	Schraubenfedern, Doppellenker
Hinterradaufhängung	Schraubenfedern, Doppellenker
Bremsen	Belüftete Scheibenbremsen aus Karbon/Keramik
Lenkung	Zahnstangenlenkung
Reifen	Vorne Michelin Pilot Sport PS2 PAX, 265-6680 ZR 500A, hinten 365-710R 540A
Maße	446,2 x 199,8 x 120,4 cm
Radstand x Spurweite	271 x 172,3 x 163,2 cm
Gewicht	1888 kg (1,89 kg/PS)
Höchstgeschwindigkeit	406 km/h
Beschleunigung	In 2,5 sec von Null auf 100 km/h, in 7,3 sec von Null auf 200 km/h

Der Motor W16, 2005.

erst zu Audi, im Januar 2008 als Ersatz für Jens Manske schließlich zu Škoda. Das Bugatti-Team wurde nach Potsdam verlegt, wo ein Designstudio zunächst das katalanische Team ersetzte. Bugatti hält seine Versprechen auch bei den technischen Daten. Der W16-Motor, gebaut in Salzgitter, leistet die versprochenen 1001 PS mit entsprechendem enormem Drehmoment. Das sequenzielle Doppelkupplungsgetriebe der britischen Firma Ricardo umfasst sieben Gänge mit einer neuen direkten Wählweise. Die Aluminiumstruktur der Firma Heggemann Aerospace AG verspricht eine außergewöhnliche Festigkeit. Die Karosserieteile aus Karbon stammen von der italienischen Firma ATR, die Bremsen aus Karbon und Keramik vom britischen Unternehmen AP Racing.

Tokio, 19. Oktober 2005
Weltpremiere

Der große Tag ist endlich da! Der nunmehr produktionsreife Bugatti Veyron 16.4 feiert sein Debüt in Makuhari im Rahmen der Tokyo Motor Show. Für seinen ersten Auftritt nach dem Beginn der Produktion wählte man eine azurblaue und nachtblaue Lackierung. Die Firma Nicole Racing Japan Co. Ltd von Nico Roehreke wird zum Importeur von Bugatti in Japan ernannt. Sie hatte in einem früheren Leben dieselbe Rolle für Bugatti Automobili gespielt.

Ausschnitt aus dem
aerodynamischen System, 2005.

Der Veyron in der
Vogesenlandschaft.

2006: Am Steuer des Veyron

Genf, 2. bis 12. März 2006
Das Netz

Die Firma Bugatti kann stolz darauf sein, dass sie über ein weltweites Servicenetz mit ungefähr zwanzig »Authorized Bugatti Partners for Sale and Service« verfügt. Die Vereinigten Staaten stellen dabei den wichtigsten Absatzmarkt dar, gefolgt von Deutschland, Großbritannien, der Schweiz und Frankreich. Es gibt Verkaufsstellen und Servicecenter in Dubai und Doha. Bugatti Automobiles denkt noch darüber nach, einen Stützpunkt auch in China einzurichten.

Auf dem Stand des Genfer Autosalons steht ein Veyron 16.4 in zwei Blautönen: Azurblau und Marineblau.

Molsheim, 13. April 2006
Hand anlegen …

Es wird Tag in Molsheim. Es ist ein grauer, feuchter Tag. Ein ekelhafter Sprühregen verhüllt das Château Saint-Jean. Der Bugatti Veyron dröhnt im Leerlauf mit den festgelegten rund 900 Umdrehungen pro Minute. Er läuft sich warm und stößt durch den großen zentralen Auspuff einige kringelförmige Wolken aus. Man nimmt das Steuer einer Legende ganz anders in die Hand als das eines beliebigen anderen Autos.

Bei der Ergonomie scheint der Bugatti am ehesten gealtert zu sein. Der Zugang wird durch den Schweller erschwert, über den man erst steigen muss, um sich dann auf den zu niedrigen Sitz fallen lassen zu können. Dann kann man die Beine am umfangreichen Radkasten entlang nach vorne strecken. Schräg nach hinten hat man fast keine Sicht, und auch die vordere Fahrzeugsäule verdeckt einen großen Bereich des Gesichtsfeldes. Die Sitze umhüllen den Fahrer perfekt, aber man muss sie wie auch das Lenkrad manuell einstellen. Die Endverarbeitung ist einzigartig mit einer idealen Verbindung zwischen Leder und subtilem Aluminium, poliert oder gebürstet.

Der Veyron 16.4 (Nr. VF9NA15B06M795504) im Dorf Cotroy-la-Roche, April 2006.

2006: Stille Kraft

Der Veyron 16.4 in elsässischen Weinbergen, April 2006 (rechte Seite).

Man braucht nur 2,5 Sekunden, um auf 100 km/h zu kommen, 7,3 Sekunden bis zur Grenze der 200 km/h und 17 Sekunden bis zu den 300 km/h. Die Aerodynamik passt sich stufenweise der Geschwindigkeit an. In der Standardposition beträgt die Bodenfreiheit 12,5 cm. Jenseits der 220 km/h geht das Fahrgestell automatisch in die Position »Handling«. Die beiden übereinander liegenden Heckspoiler halten einen Winkel zwischen 15° und 27° ein, und die Bodenfreiheit beträgt vorne 80 mm, hinten 95 mm. Die Position »Topspeed« wird jenseits der 375 km/h empfohlen …

Ein eigener Schlüssel links vom Sitz erlaubt es dann, die Klappen des Frontdiffusors zu schließen und den Abstand von der Fahrbahn vorne auf 65 und hinten auf 70 mm abzusenken.. Der c_w-Wert sinkt dabei auf 0,355 – in der Standardposition beträgt er 0,393. Um bei dieser Geschwindigkeit zu bremsen, braucht man nur 400 m und 10 Sekunden: Die Karbon-Keramik-Bremsscheiben sind enorm (vorne 400 mm, mit vier Sätteln und acht Zylindern, hinten 380 mm mit sechs Zylindern). Der Heckspoiler wirkt wie eine Luftbremse und nimmt einen Winkel von 55° ein, wobei der c_w-Wert auf 0,682 steigt! Abgesehen von Grenzsituationen überrascht

der Veyron durch seine Geschmeidigkeit. Aber die Furie lässt sich in ihm leicht wecken. Der von den vier pfeifenden Turbokompressoren unterstützte Schub fühlt sich wie ein Katapult an – ohne dass man vorerst auf die Funktion »LC« für besonders heftige Beschleunigung zurückgreift. Der Vierradantrieb mit Antriebsschlupfregelung kümmert sich um die Wetterbedingungen. Das Doppelkupplungsgetriebe lässt sich automatisch oder manuell mit Schaltern am Lenkrad betätigen.

In diesem Auto gibt es keine überflüssige Funktion; die Firma hat ihr gesamtes Können für eine extravagante authentische Technik eingesetzt. Ein Blick beim Einstellen des Rückspiegels erinnert einen daran. Die Krone der 16 Zylinder ist der freien Luft ausgesetzt und bildet eine ins Magnesium ziselierte Horizontlinie. Trotz der verwendeten Leichtmetalllegierungen wiegt der Motor 400 kg, sehr viel mehr als der V12-Motor des Ferrari Enzo mit seinen 225 kg. Dank seiner Architektur nimmt er aber nicht mehr Raum ein.

Auf die Aktion folgt die Kontemplation. Die Stille, die auf das Ausstellen des Motors folgt, hat immer noch etwas von Bugatti.

Der Veyron 16.4 auf der Straße mit ausgefahrenem Heckspoiler.

Ein superber Blick auf den
Veyron 16.4 schräg von hinten.

2006: In zauberhaftem Licht

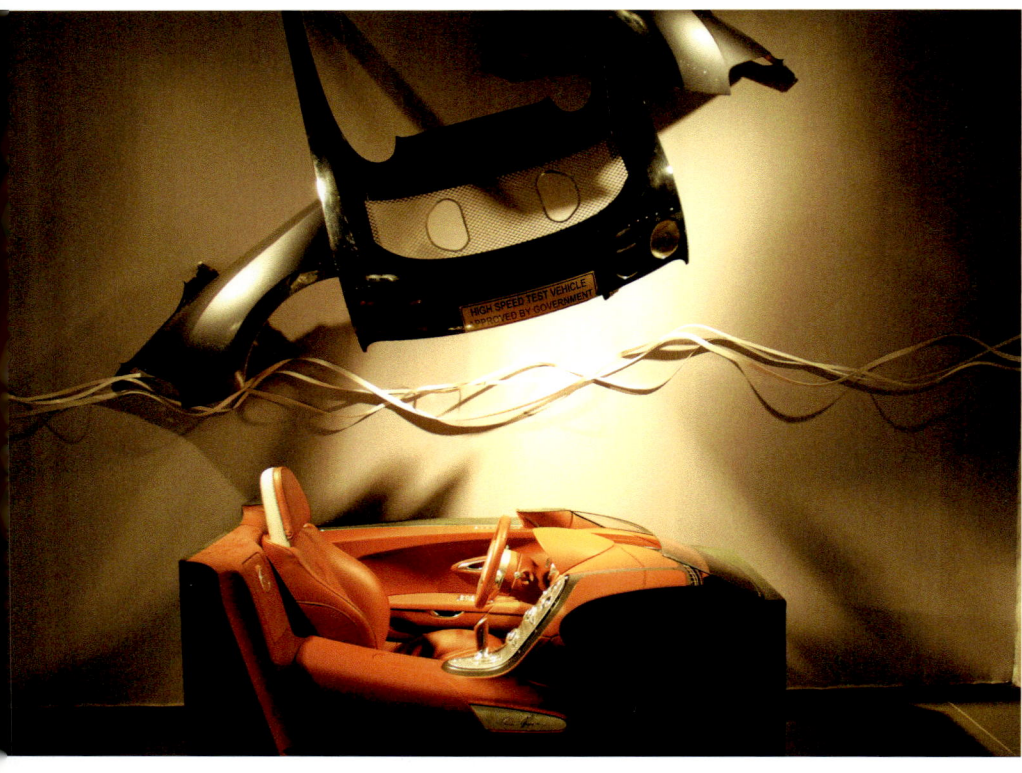

**Mulhouse, 14. April
bis 5. November 2006
Die jüngste Geschichte**

Das Architekturbüro Milou verpasst in Zusammenarbeit mit Jacques Ringenbach dem Musée de L'Automobile eine Verjüngungskur. Bei dieser Gelegenheit wird eine wunderschöne Ausstellung mit märchenhaften Lichteffekten und dem Spiel von Hell und Dunkel eröffnet. Dank der Firma Bugatti Automobiles, besonders ihrem Markenhistoriker Julius Kruta und dank dem Sammler Gildo Pallanca Pastor kann diese Ausstellung die zweifache Renaissance von Bugatti nachzeichnen: die von 1987, angeregt von Romano Artioli, und die von 1998, in Gang gesetzt von Ferdinand Piëch, damals Präsident der Volkswagen-Gruppe. Alle Modelle sind vertreten, vom EB 110 über den EB 112, den EB 118, den Chiron bis zum Veyron 16.4.

Lichteffekte im Musée National
de l'Automobile, April 2006
(linke Seite oben).

Ein Bugatti EB 110, ausgestellt
im Musée National de
l'Automobile, April 2006
(linke Seite unten).

Der Bugatti EB 118 als
Wiederentdeckung in Mulhouse,
April 2006 (links).

Die neu gestaltete Fassade des
Musée National de l'Automobile
in Mulhouse (unten).

2006-2007: Neue Leitung

Rieste, April 2006

Während der Veyron Realität wird, erscheint der Atlantic immer noch als eine der emblematischsten Kreationen der Bugattisaga. Diese Gewissheit veranlasst Dr. Peter Borstel dazu, sich den Prototyp dieses Juwels neu bauen zu lassen: den Aérolithe. Die Firma Carismatic Classic Car im deutschen Rieste bekommt den Auftrag dazu und verwendet das entsprechend gekürzte Fahrgestell Nr. 57-645.

Ein vollständig verschwundenes Werk zu rekonstruieren ist ein zulässiges Unternehmen. Das ursprüngliche Design aber frei zu verändern, um eigene Eitelkeiten zu befriedigen, ist kaum nachvollziehbar. Aber genau das tat der deutsche Sammler, denn er verlangte wegen seiner Körpergröße eine

Anhebung des Dachs und ließ der unglücklichen Kopie eine alberne blaue Lackierung verpassen ... mit der Begründung, er liebe als Mäzen Grau nicht!

Paris, 4. bis 19. Oktober 2006
Erneutes Fehlen

Bugatti hält es nicht für notwendig, bei der Mondial de l'Automobile einen Stand in der Halle 4 zu haben, die ganz für die Volkswagen- und die Toyota-Gruppe reserviert ist.

Genf, 6. bis 18. März 2007
Erfolg bestätigt

Jedes Jahr ist am Bugatti-Stand ein anderer Oldtimer zu sehen. Diesmal ist es ein Typ 55, der den Veyron 16.4 begleitet. Beide Modelle zeigen dieselbe Farbharmonie: Azurblau und Schwarz.

Bugatti verkündet, dass im ersten Produktionsjahr schon 60 Veyron 16.4 verkauft wurden. »Wir beabsichtigen, die Produktion im Jahre 2007 zu steigern, denn im Auftragsbuch sind schon fast 140 Käufer verzeichnet, und wir möchten nicht, dass unsere Kunden mehr als ein Jahr auf ihren Bugatti warten müssen«, erklärt Thomas Bscher.

Die Vereinigten Staaten stellen die wichtigste Destination für Bugatti dar. Nordamerika übernimmt 30 Prozent der Produktion. Von den 26 Vertriebsstellen von Bugatti auf der ganzen Welt befinden sich neun in den USA: fünf an der Westküste, eine in Florida und drei in der New Yorker Umgebung.

Molsheim, 13. März 2007
Ein neuer Präsident

Der 62-jährige Dr. Ing. Franz-Josef Paefgen wird neuer Präsident der Unternehmen Bugatti Automobiles SAS (Moslheim) und Bugatti International SA (Luxemburg). Er tritt die Nachfolge von Thomas Bscher an, der das Unternehmen »in gegenseitigem Einvernehmen« verlässt, wie VW versichert.

Der rekonstruierte 57S Aérolithe nimmt sich bei der Farbe und den Proportionen einige Freiheiten heraus.

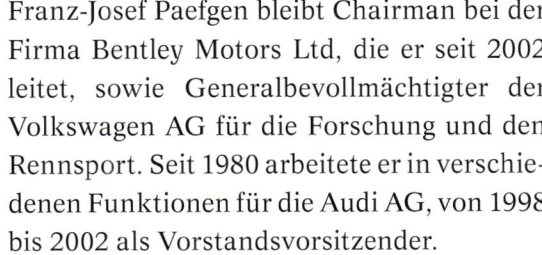

Franz-Josef Paefgen bleibt Chairman bei der Firma Bentley Motors Ltd, die er seit 2002 leitet, sowie Generalbevollmächtigter der Volkswagen AG für die Forschung und den Rennsport. Seit 1980 arbeitete er in verschiedenen Funktionen für die Audi AG, von 1998 bis 2002 als Vorstandsvorsitzender.

Von 2003 bis 2005 hatte Paefgen die Firma Bugatti Engineering geleitet und war damit verantwortlich für die Entwicklung des Veyron 16.4.

Frankfurt, 13. bis 23. September 2007 Das Sondermodell Pur Sang

Neunzig Veyron sind schon ausgeliefert, und für weitere 70 gibt es Bestellungen. Da präsentiert Bugatti ein Sondermodell. Dieser Veyron Pur Sang Limited Edition ist 100 kg leichter, vor allem weil die Lackierung fehlt. Die Werkstoffe sind in ihrem Originalzustand zu sehen: das Aluminium in einem samtweichen Licht, das Karbon in tiefem Schwarz. Von dieser außergewöhnlichen Modellreihe werden nur fünf Exemplare gefertigt.

Um den Veyron im Gespräch zu halten, realisiert Bugatti das Sondermodell Pur Sang. Es verzichtet auf eine Lackierung, sodass die natürlichen Eigenschaften der verwendeten Werkstoffe, der Kohlefasern wie des Aluminiums, voll zur Geltung kommen.

Der große französische Designer
Paul Bracq, der für Mercedes-
Benz, BMW und Volkswagen
arbeitete, hielt seine Vision von
einem modernen Bugatti fest.

2008

Bordeaux, 1. Januar 2008
Viel Glück im neuen Jahr

Nach seiner Pensionierung zog sich Paul
Bracq, der ehemalige Leiter des Centre de
Style Peugeot (zusammen mit Gérard Welter), in die Region Bordeaux zurück. Er hör-
te aber nie auf, automobile Formen zu erfin-
den und aufs Papier zu bringen. Auf dieser
Glückwunschkarte für das Neujahr 2008
zeigt er seine eigene Version eines Bugatti.

Paris, 7. bis 17. Februar 2008
Große Premiere

Das Hôtel des Invalides beherbergt zum ersten Mal eine superbe Ausstellung von Concept Cars. Sie vereinigt 18 Traumautos, von
denen viele neu sind für das Pariser Publikum. Den ungewöhnlichen Ort setzte
der Architekt Jean-Pierre Wilmotte in Szene. Die Ausstellung kam auf Initiative von
Rémi Depoix zustande, der 1988 das Festival Automobile International gegründet
hatte. Um die 40 Jahre Designtätigkeit von
Giugiaro zu feiern, wählte das Festival das

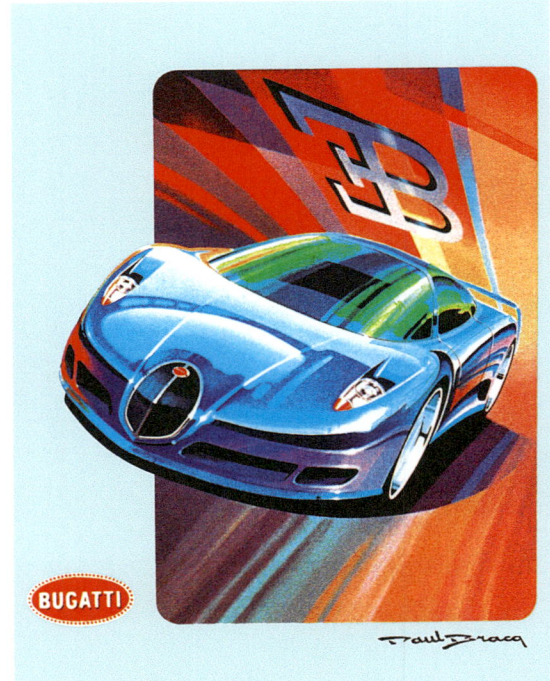

Modell Bugatti EB 18/3 Chiron, das an der
Frankfurter IAA enthüllt worden war.

Genf, März 2008
Fbg par Hermès

Bugatti ist auf dem Genfer Autosalon immer
treu zur Stelle, und die Leute drängeln sich.

Der Bugatti EB 18/3 Chiron in
der superben von Jean-Michel
Wilmotte gestalteten Ausstellung
im Hôtel des Invalides, Paris.

Der Stand liegt dem von Bentley gegenüber, und mitten drin thront eine neue Version des Veyron, der »Veyron FBG par Hermès«. Das Pressedossier gibt ausgiebig Auskunft: »Hermès und der Designer Gabriele Petrini verleihen dem Veyron eine neue Linie und eine neue Gestik. Sie glätten den Rumpf und den Innenraum, machen die Polster weicher, gestalten die Türen und das Lenkrad etwas entspannter. Aus diesem virilen Boliden machen sie einen perfekten Gentleman, einen geschäftigen, aber doch ruhigen und heiteren Mann.« Das ist nicht der erste Vorstoß von Hermès auf das Gebiet des Automobilistik, denn schon der Royale von Ettore Bugatti besaß einen Koffer vom Haus im Faubourg Saint Honoré. Diese geradezu mythische Adresse taucht in der Typenbezeichnung »Fbg« wieder auf.

Die Räder haben achtspeichige Felgen aus poliertem Aluminium mit vierflügeligem Zentralverschluss, darauf ein »H«. Die Öffnungen am Rand der Felgen sollen an die Nähte der Hermès-Produkte erinnern! Der Kühlergrill und die Abdeckungen der seitlichen Lufteinlässe bestehen aus unendlich wiederholten »H«. Das Innere dieses Veyron Fbg par Hermès ist von Jungstierleder überzogen. Die Türgriffe erinnern an die flüssige Form der Griffe der Hermès-Gepäckstücke. Die Zentralkonsole, üblicherweise aus gebürstetem Aluminium, ist hier von Leder überzogen. Ein Ablagefach nimmt die signierten Reiseaccessoires auf. Die Sitze sind von zweifarbigem Jungstierleder verkleidet, ebenso die Trennwand, die normalerweise aus Karbonfaser besteht. Die gleiche Behandlung erfährt der Kofferraum, der ein maßgefertigtes Kofferset aus Gewebe und Leder aufnimmt.

Das Modell gibt es in zwei Farbharmonien: Ebenholz und Hanf sowie Ebenholz und Ziegelrot, zum Preis von 1,55 Millionen Euro vor Steuern. Einige Wochen später kündigt Bugatti erneut eine Sonderserie an, genannt »Sang Noir« mit einer einfarbigen pechschwarzen Lackierung.

Cernobbio, 26. und 27. April 2008
Belohnung

Am 1. September 1929 wurde die erste Coppa d'Oro di Villa d'Este organisiert. Dieser

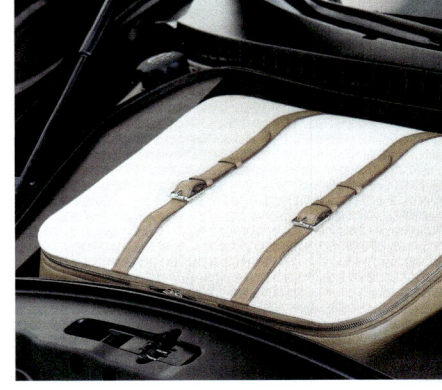

Die Sonderversion Fbg par Hermès nimmt die ästhetischen Codes der großen Luxusartikelfirma auf.

Wettbewerb fand anschließend von 1930 bis 1935 jedes Jahr, dann noch sporadisch in den Jahren 1937, 1947 und 1949 statt. Dann geriet er für mehrere Jahrzehnte in Vergessenheit. 1986 wurde er in einem isolierten Versuch wiederbelebt. Die Organisation in einem jährlichen Rhythmus begann erst wieder 1995. Seit jener Zeit tritt die Firma BMW als Sponsor des Concorso d'Eleganza Villa d'Este auf.

Das Treffen findet an zwei Tagen statt: am Samstag in der Villa d'Este und am Sonntag in der Villa Erba. Jedes Jahr nehmen ungefähr 50 klassische Oldtimer und einige Concept Cars daran teil. Im Jahre 2008 ist Bugatti eingeladen, neben Renault, Saab, Ford, Zagato und der wiedererstandenen Carozzeria Touring. Bugatti hat gerade keinen Concept Car, sondern präsentiert seine Sonderversion Fbg par Hermès. Dafür bekommt die Firma den Design Award, der vom Publikum verliehen wird, den »Preis für Concept Cars und Prototypen«. Das ruft den Zorn der Designer hervor, die echte Concept Cars präsentieren!

Abgesehen vom Veyron Fbg par Hermès kann man auch zwei besonders interessante Exemplare des Typs 57 bewundern: das Cabriolet Nr. 57-444 mit einer Karosserie von Graber aus dem Jahre 1936 und das Coupé 57 S Nr. 57-532/S mit einer der seltenen Karosserien von Gangloff, eben frisch restauriert. Damit geht dieses Tagebuch über die Familie Bugatti da zu Ende, wo es begonnen hat: am Comersee in der Lombardei, wo eine Künstlerdynastie herangewachsen ist, die schließlich eine der schönsten Automarken begründete.

Der Veyron Fbg par Hermès vor dem Grand Hotel Villa D'Este.

Das 57 Cabriolet Nr. 57-444 mit einem Kleid des schweizerischen Karosseriebauers Hermann Graber.

Einer der raren 57 S mit einer Coupé-Karosserie von Gangloff, die Nr. 57-532/S.

Pebble Beach, 16. August 2008
Der Veyron ohne Dach

Die Firma Bugatti Automobiles bleibt Pebble Beach treu, wenn es um Premieren geht. In diesem kalifornischen Ort wird erstmals der Veyron Grand Sport präsentiert, die offene Version des Veyron. Da das Dach als versteifendes Element entfiel, musste die Karosserie verstärkt und neu gestaltet werden. Diese Aufgabe übernahm Achim Anscheidt, der das Bugatti-Designstudio innerhalb der Volkswagen-Gruppe leitet.

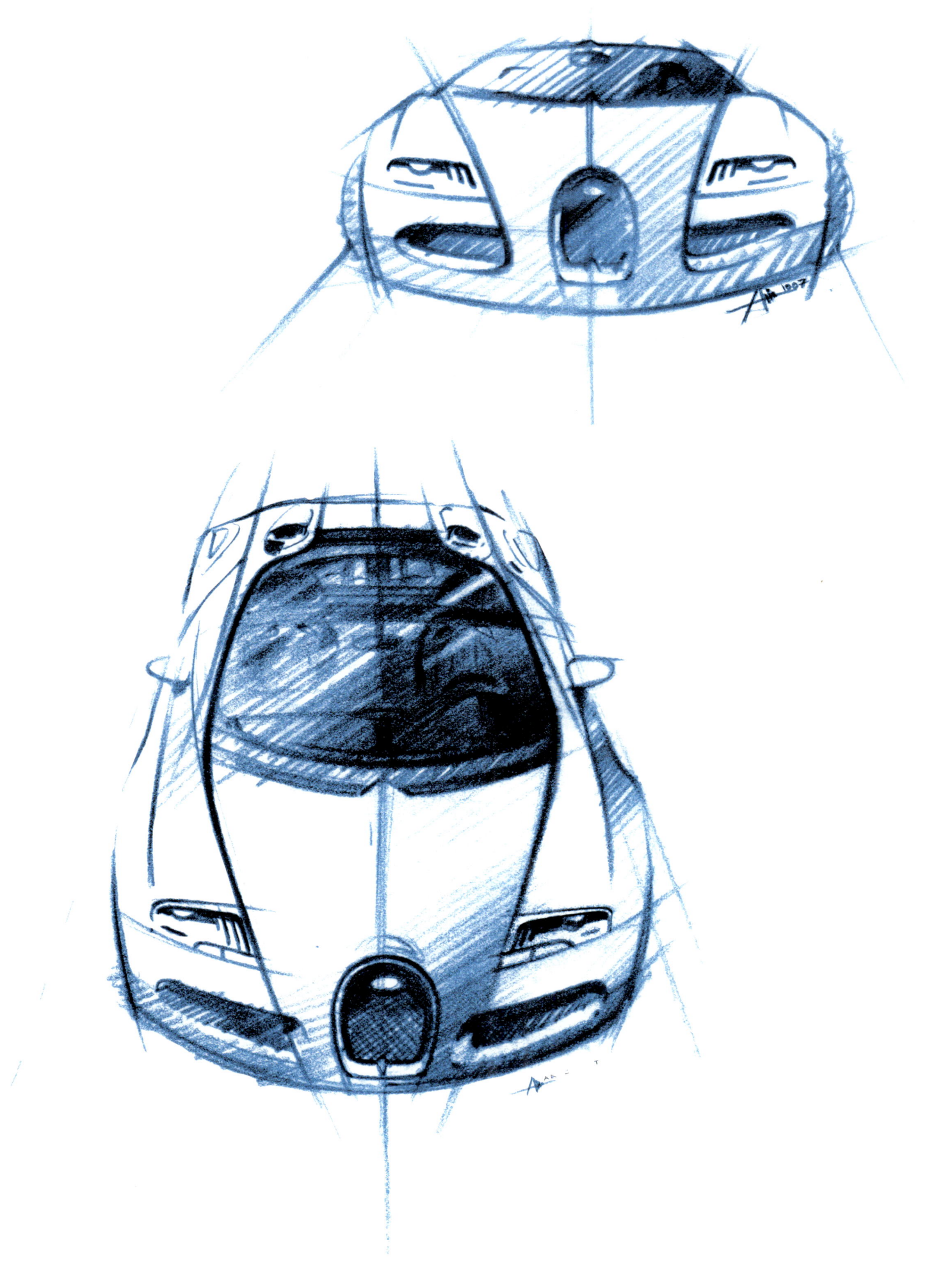

Literatur

Bellu, René: Toutes les Bugatti.
  Studio Germet

Borgé, Jacques und Nicolas Viashoff:
  La Bugatti. Balland 1977

Bugatti Marke Mythos Renaissance.
  Rindlisbacher & Co. 1999

Centenaire Ettore Bugatti 1881–1981.
  Fondation Prestige Bugatti 1981

Conway, Hugh und Jacques Greilsamer:
  Bugatti. Éditions Modélisme, 1978

Conway, Hugh: Bugatti, le pur-sang de
  l'automobile. Foulis/Haynes, 1963, 1968,
  1974, 1987

*Drehsen, Wolfgang, Werner Haas und
  Hans-Jürgen Schneider:* Die Automobile
  der Gebrüder Schlumpf, eine Dokumen-
  tation. Schrader 1977

Dumont, Pierre: Bugatti. Les pur-sang de
  Molsheim. E/P/A 1975

Jarraud, Robert: Bugatti. Doubles arbres.
  Éditions de l'Automobiliste 1977

Kestler, Paul: Bugatti, l'évolution d'un style.
  Edita/Denoël 1975

Laugier, Pierre-Yves: Bugatti. Les 57 Sport.
  2 Bände. Éditions Bugattibook 2004

Price, Barrie und Jean-Louis Arbey: Bugatti
  Type 40. Veloce Publishing 2000

Price, Barrie und Jean-Louis Arbey:
  Bugatti. The 8 cylinder touring cars.
  Veloce Publishing 2007

Price, Barrie: Album Bugatti 57.
  Veloce Publishing 1992, E/P/A 1994

Price, Barrie: Bugatti 57. The last French
  Bugatti. Veloce Publishing 1992, 2003

Price, Barrie: Bugatti Type 46 & 50.
  The big Bugattis. Veloce Publishing 2007

Sauzay, Maurice und Xavier de Nombel:
  Fantastiques Bugatti. E/P/A 1995

Schimpf, Eckhard und Julius Kruta:
  Bugatti. Die Renngeschichte von 1920 bis
  1939. Delius Klasing Verlag 2006

Simon, Bernard und Julius Kruta:
  The Bugatti Type 57S. M & V Verlags- und
  Vertriebsgemeinschaft 2003

Wood, Jonathan: Bugatti. The man and the
  marque. The Crowood Press Ltd 1992

Zagari, Franco: Bugatti, la gloire.
  Automobilia 1993

Register

Die Personen

Die Unternehmen

Dank

Die Tradition bei der Oscar-Verleihung in Hollywood will es, dass die Preisträger alle jene aufzählen, die bei ihrem Werdegang und ihrem Werk eine Rolle gespielt haben. Meine Liste fällt kurz aus, doch den wenigen Genannten bin ich unendlich dankbar. Ich hatte nur wenige Komplizen bei der solitären Aufgabe, das Tagebuch des Mythos Bugatti zu verfassen, aber ihre Hilfe war mir unerlässlich. Am Anfang steht natürlich der Verleger, in diesem Fall die Verlegerin, Claudine Latouille. Sie gab mir die Gelegenheit, mich in die Reihe der Historiker einzureihen, die die Grundlagen des heutigen Wissens über die Marke legten, etwa Maurice Sauzay, Jean-Louis Arbey oder Hugh Conway. Claudine Latouille verfügt vor allem über die bemerkenswerte Fähigkeit, Aufgaben an die richtigen Persönlichkeiten zu delegieren. In meinem Fall übergab sie Liza Chantelauze die Aufgabe, über die Herstellung des Buches zu wachen. Man würde hinter ihrer ruhigen Stimme und ihrer diskreten Art niemals eine derart unglaubliche Effizienz vermuten.

Zur Illustration dieses Buches musste ich mich an Archive wenden. Die meines Vaters René Bellu öffneten sich einen Spalt weit und ergaben einige unerhoffte Trouvaillen. Um Farbe ins Buch zu bekommen, half mir Xavier de Nombel mit seinem ganz persönlichen Blick und seinem Talent. Einige Erinnerungen an Fahrten mit dem Veyron lieferte Peter Vann. Das Abenteuer der Firma Bugatti Automobiles konnte ich dank Georges Keller miterleben. Er öffnete mir die Pforten des Château Saint-Jean und die Türen seiner Autos. Dank seiner Vermittlung konnte ich auch den unnachahmlichen Julius Kruta treffen, den größte aller Bugattisten dieses Planeten.

Serge Bellu

Bildnachweis

Sofern nicht anders angegeben, stammen die Fotografien in diesem Buch aus dem Archiv von Serge Bellu.